スパイラル 数

解答編

1 (1) 次数 **3**，係数 **2**

(2) 次数 **2**，係数 **1**

(3) 次数 **4**，係数 $\boldsymbol{-5}$

(4) 次数 **3**，係数 $\boldsymbol{\frac{1}{3}}$

(5) 次数 **6**，係数 $\boldsymbol{-4}$

2 (1) 次数 **1**，係数 $\boldsymbol{3a^2}$

(2) 次数 **3**，係数 $\boldsymbol{2x}$

(3) 次数 **3**，係数 $\boldsymbol{5ax^2}$

(4) 次数 **3**，係数 $\boldsymbol{-\frac{1}{2}x^2}$

3 (1) $3x-5+5x-10+4$

$=3x+5x-5-10+4$

$=(3+5)x+(-5-10+4)$

$\boldsymbol{=8x-11}$

(2) $3x^2+x-3-x^2+3x-2$

$=3x^2-x^2+x+3x-3-2$

$=(3-1)x^2+(1+3)x+(-3-2)$

$\boldsymbol{=2x^2+4x-5}$

(3) $-5x^3+x-3-x^3+6x^2-2x+3+x^2$

$=-5x^3-x^3+6x^2+x^2+x-2x-3+3$

$=(-5-1)x^3+(6+1)x^2+(1-2)x+(-3+3)$

$\boldsymbol{=-6x^3+7x^2-x}$

(4) $2x^3-3x^2-x+2-x^3+x^2-x-3+2x^2-x+1$

$=2x^3-x^3-3x^2+x^2+2x^2-x-x-x+2-3+1$

$=(2-1)x^3+(-3+1+2)x^2$

$\quad+(-1-1-1)x+(2-3+1)$

$\boldsymbol{=x^3-3x}$

4 (1) **2次式，定数項1**

(2) **3次式，定数項 −3**

(3) **1次式，定数項 −3**

(4) **3次式，定数項1**

5 (1) $x^2+2xy-3x+y-5$

$\boldsymbol{=x^2+(2y-3)x+(y-5)}$

x^2 の項の係数は **1**，x の項の係数は

$\boldsymbol{2y-3}$，定数項は $\boldsymbol{y-5}$

(2) $4x^2-y+5xy^2-4+x^2-3x+1$

$=4x^2+x^2+5xy^2-3x-y-4+1$

$\boldsymbol{=5x^2+(5y^2-3)x+(-y-3)}$

x^2 の項の係数は **5**，x の項の係数は

$\boldsymbol{5y^2-3}$，定数項は $\boldsymbol{-y-3}$

(3) $2x-x^3+xy-3x^2-y^2+x^2y+2x+5$

$=-x^3-3x^2+x^2y+2x+xy+2x-y^2+5$

$\boldsymbol{=-x^3+(y-3)x^2+(y+4)x+(-y^2+5)}$

x^3 の項の係数は $\boldsymbol{-1}$，x^2 の項の係数は $\boldsymbol{y-3}$，

x の項の係数は $\boldsymbol{y+4}$，定数項は $\boldsymbol{-y^2+5}$

(4) $3x^3-x^2-xy-2x^3+2x^2y-2xy$

$\quad+y-y^2+5x-7$

$=3x^3-2x^3-x^2+2x^2y-xy-2xy+5x$

$\quad-y^2+y-7$

$\boldsymbol{=x^3+(2y-1)x^2+(-3y+5)x+(-y^2+y-7)}$

x^3 の項の係数は **1**，x^2 の項の係数は $\boldsymbol{2y-1}$，

x の項の係数は $\boldsymbol{-3y+5}$，

定数項は $\boldsymbol{-y^2+y-7}$

6 (1) $A+B$

$=(3x^2-x+1)+(x^2-2x-3)$

$=3x^2-x+1+x^2-2x-3$

$=(3+1)x^2+(-1-2)x+(1-3)$ ← 同類項をまとめる

$\boldsymbol{=4x^2-3x-2}$

$A-B$

$=(3x^2-x+1)-(x^2-2x-3)$

$=3x^2-x+1-x^2+2x+3$

$=(3-1)x^2+(-1+2)x+(1+3)$

$\boldsymbol{=2x^2+x+4}$

(2) $A+B$

$=(4x^3-2x^2+x-3)+(-x^3+3x^2+2x-1)$

$=4x^3-2x^2+x-3-x^3+3x^2+2x-1$

$=(4-1)x^3+(-2+3)x^2+(1+2)x+(-3-1)$

$\boldsymbol{=3x^3+x^2+3x-4}$

$A-B$

$=(4x^3-2x^2+x-3)-(-x^3+3x^2+2x-1)$

$=4x^3-2x^2+x-3+x^3-3x^2-2x+1$

$=(4+1)x^3+(-2-3)x^2+(1-2)x+(-3+1)$

$\boldsymbol{=5x^3-5x^2-x-2}$

(3) $A+B$

$=(x-2x^2+1)+(3-x+x^2)$

$=x-2x^2+1+3-x+x^2$

$=(-2+1)x^2+(1-1)x+(1+3)$

$=\boldsymbol{-x^2+4}$

$A-B$

$=(x-2x^2+1)-(3-x+x^2)$

$=x-2x^2+1-3+x-x^2$

$=(-2-1)x^2+(1+1)x+(1-3)$

$=\boldsymbol{-3x^2+2x-2}$

別解 (1)

$$\begin{array}{rrrr} & 3x^2 & -\ x & +1 \\ +) & x^2 & -2x & -3 \\ \hline & \boldsymbol{4x^2} & \boldsymbol{-3x} & \boldsymbol{-2} \end{array} \qquad \begin{array}{rrrr} & 3x^2 & -\ x & +1 \\ -) & x^2 & -2x & -3 \\ \hline & \boldsymbol{2x^2} & \boldsymbol{+\ x} & \boldsymbol{+4} \end{array}$$

(2)

$$\begin{array}{rrrrr} & 4x^3 & -2x^2 & +\ x & -3 \\ +) & -x^3 & +3x^2 & +2x & -1 \\ \hline & \boldsymbol{3x^3} & \boldsymbol{+\ x^2} & \boldsymbol{+3x} & \boldsymbol{-4} \end{array}$$

$$\begin{array}{rrrrr} & 4x^3 & -2x^2 & +\ x & -3 \\ -) & -x^3 & +3x^2 & +2x & -1 \\ \hline & \boldsymbol{5x^3} & \boldsymbol{-5x^2} & \boldsymbol{-\ x} & \boldsymbol{-2} \end{array}$$

(3)

$$\begin{array}{rrrr} & -2x^2 & +x & +1 \\ +) & x^2 & -x & +3 \\ \hline & \boldsymbol{-x^2} & & \boldsymbol{+4} \end{array} \qquad \begin{array}{rrrr} & -2x^2 & +x & +1 \\ -) & x^2 & -x & +3 \\ \hline & \boldsymbol{-3x^2} & \boldsymbol{+2x} & \boldsymbol{-2} \end{array}$$

7

(1) $A+3B$

$=(3x^2-2x+1)+3(-x^2+3x-2)$

$=3x^2-2x+1-3x^2+9x-6$

$=(3-3)x^2+(-2+9)x+(1-6)$

$=\boldsymbol{7x-5}$

(2) $3A-2B$

$=3(3x^2-2x+1)-2(-x^2+3x-2)$

$=9x^2-6x+3+2x^2-6x+4$

$=(9+2)x^2+(-6-6)x+(3+4)$

$=\boldsymbol{11x^2-12x+7}$

(3) $-2A+3B$

$=-2(3x^2-2x+1)+3(-x^2+3x-2)$

$=-6x^2+4x-2-3x^2+9x-6$

$=(-6-3)x^2+(4+9)x+(-2-6)$

$=\boldsymbol{-9x^2+13x-8}$

8

(1) $(A-B)-C$

$=A-B-C$

$=(2x^2+x-1)-(-x^2+3x-2)-(2x-1)$

$=(2+1)x^2+(1-3-2)x+(-1+2+1)$

$=\boldsymbol{3x^2-4x+2}$

(2) $A-(B-C)$

$=A-B+C$

$=(2x^2+x-1)-(-x^2+3x-2)+(2x-1)$

$=(2+1)x^2+(1-3+2)x+(-1+2-1)$

$=\boldsymbol{3x^2}$

9

考え方 直接代入しないで，式を整理してから代入する。

(1) $3(A+B)-(2A+B-2C)$

$=3A+3B-2A-B+2C$

$=A+2B+2C$

$=(x+y-z)+2(2x-3y+z)+2(x-2y-3z)$

$=(1+4+2)x+(1-6-4)y+(-1+2-6)z$

$=\boldsymbol{7x-9y-5z}$

(2) $A+2B-C-\{2A-3(B-2C)\}$

$=A+2B-C-(2A-3B+6C)$

$=A+2B-C-2A+3B-6C$

$=-A+5B-7C$

$=-(x+y-z)+5(2x-3y+z)-7(x-2y-3z)$

$=(-1+10-7)x+(-1-15+14)y+(1+5+21)z$

$=\boldsymbol{2x-2y+27z}$

10

(1) $a^2\times a^5=a^{2+5}=\boldsymbol{a^7}$

(2) $x^7\times x=x^{7+1}=\boldsymbol{x^8}$

(3) $(a^3)^4=a^{3\times 4}=\boldsymbol{a^{12}}$

(4) $(x^4)^2=x^{4\times 2}=\boldsymbol{x^8}$

(5) $(a^3b^4)^2=(a^3)^2\times(b^4)^2=a^{3\times 2}\times b^{4\times 2}=\boldsymbol{a^6b^8}$

(6) $(2a^2)^3=2^3\times(a^2)^3=8\times a^{2\times 3}=\boldsymbol{8a^6}$

11

(1) $2x^3\times 3x^4=2\times 3\times x^{3+4}=\boldsymbol{6x^7}$

(2) $xy^2\times(-3x^4)=-3\times x^{1+4}\times y^2$

$=\boldsymbol{-3x^5y^2}$

(3) $(-2x)^3\times 4x^3=(-2)^3\times x^3\times 4\times x^3$

$=-8\times 4\times x^{3+3}$

$=\boldsymbol{-32x^6}$

(4) $(2xy)^2\times(-2x)^3$

$=2^2\times x^2\times y^2\times(-2)^3\times x^3$

$=4\times(-8)\times x^{2+3}\times y^2$

$=\boldsymbol{-32x^5y^2}$

(5) $(-xy^2)^3\times(x^4y^3)^2$

$=(-1)^3\times x^3\times(y^2)^3\times(x^4)^2\times(y^3)^2$

$=-1\times x^3\times x^{4\times 2}\times y^{2\times 3}\times y^{3\times 2}$

$=-x^{3+8}y^{6+6}$

$=\boldsymbol{-x^{11}y^{12}}$

(6) $(-3x^3y^2)^3\times(2x^4y)^2$

$=(-3)^3\times(x^3)^3\times(y^2)^3\times 2^2\times(x^4)^2\times y^2$

$=-27\times 4\times x^{3\times 3}\times x^{4\times 2}\times y^{2\times 3}\times y^2$

$=-108\times x^{9+8}\times y^{6+2}$
$=\mathbf{-108x^{17}y^8}$

12 (1) $x(3x-2)=x\times 3x+x\times(-2)$
$=\mathbf{3x^2-2x}$

(2) $(2x^2-3x-4)\times 2x$
$=2x^2\times 2x-3x\times 2x-4\times 2x$
$=\mathbf{4x^3-6x^2-8x}$

(3) $-3x(x^2+x-5)$
$=-3x\times x^2+(-3x)\times x+(-3x)\times(-5)$
$=\mathbf{-3x^3-3x^2+15x}$

(4) $(-2x^2+x-5)\times(-3x^2)$
$=-2x^2\times(-3x^2)+x\times(-3x^2)-5\times(-3x^2)$
$=\mathbf{6x^4-3x^3+15x^2}$

13 (1) $(x+2)(4x^2-3)$
$=x(4x^2-3)+2(4x^2-3)$
$=4x^3-3x+8x^2-6$
$=\mathbf{4x^3+8x^2-3x-6}$

(2) $(3x-2)(2x^2-1)$
$=3x(2x^2-1)-2(2x^2-1)$
$=6x^3-3x-4x^2+2$
$=\mathbf{6x^3-4x^2-3x+2}$

(3) $(3x^2-2)(x+5)$
$=3x^2(x+5)-2(x+5)$
$=\mathbf{3x^3+15x^2-2x-10}$

(4) $(-2x^2+1)(x-5)$
$=-2x^2(x-5)+1\times(x-5)$
$=\mathbf{-2x^3+10x^2+x-5}$

14 (1) $(2x-5)(3x^2-x+2)$
$=2x(3x^2-x+2)-5(3x^2-x+2)$
$=6x^3-2x^2+4x-15x^2+5x-10$
$=\mathbf{6x^3-17x^2+9x-10}$

(2) $(3x+1)(2x^2-5x+3)$
$=3x(2x^2-5x+3)+1\times(2x^2-5x+3)$
$=6x^3-15x^2+9x+2x^2-5x+3$
$=\mathbf{6x^3-13x^2+4x+3}$

(3) $(x^2+3x-3)(2x+1)$
$=(x^2+3x-3)\times 2x+(x^2+3x-3)\times 1$
$=2x^3+6x^2-6x+x^2+3x-3$
$=\mathbf{2x^3+7x^2-3x-3}$

(4) $(x^2-xy+2y^2)(x+3y)$
$=(x^2-xy+2y^2)\times x+(x^2-xy+2y^2)\times 3y$
$=x^3-x^2y+2xy^2+3x^2y-3xy^2+6y^3$
$=\mathbf{x^3+2x^2y-xy^2+6y^3}$

15 (1) $(x+2)^2$
$=x^2+2\times x\times 2+2^2=\mathbf{x^2+4x+4}$

(2) $(x+5y)^2$
$=x^2+2\times x\times 5y+(5y)^2$
$=\mathbf{x^2+10xy+25y^2}$

(3) $(4x-3)^2$
$=(4x)^2-2\times 4x\times 3+3^2$
$=\mathbf{16x^2-24x+9}$

(4) $(3x-2y)^2$
$=(3x)^2-2\times 3x\times 2y+(2y)^2$
$=\mathbf{9x^2-12xy+4y^2}$

(5) $(2x+3)(2x-3)$
$=(2x)^2-3^2$
$=\mathbf{4x^2-9}$

(6) $(3x+4)(3x-4)$
$=(3x)^2-4^2$
$=\mathbf{9x^2-16}$

(7) $(4x+3y)(4x-3y)$
$=(4x)^2-(3y)^2$
$=\mathbf{16x^2-9y^2}$

(8) $(x+3y)(x-3y)$
$=x^2-(3y)^2$
$=\mathbf{x^2-9y^2}$

16 (1) $(x+3)(x+2)$
$=x^2+(3+2)x+3\times 2$
$=\mathbf{x^2+5x+6}$

(2) $(x-5)(x+3)$
$=x^2+\{(-5)+3\}x+(-5)\times 3$
$=\mathbf{x^2-2x-15}$

(3) $(x+2)(x-3)$
$=x^2+\{2+(-3)\}x+2\times(-3)$
$=\mathbf{x^2-x-6}$

(4) $(x-5)(x-1)$
$=x^2+\{(-5)+(-1)\}x+(-5)\times(-1)$
$=\mathbf{x^2-6x+5}$

(5) $(x-1)(x+4)$
$=x^2+\{(-1)+4\}x+(-1)\times 4$
$=\mathbf{x^2+3x-4}$

(6) $(x+3y)(x+4y)$
$=x^2+(3y+4y)x+(3y)\times(4y)$
$=x^2+7y\times x+12y^2$
$=\mathbf{x^2+7xy+12y^2}$

(7) $(x-2y)(x-4y)$
$=x^2+\{-2y+(-4y)\}x+(-2y)\times(-4y)$
$=x^2-6y\times x+8y^2$

$=\boldsymbol{x^2-6xy+8y^2}$

(8) $(x+10y)(x-5y)$
$=x^2+\{10y+(-5y)\}x+10y\times(-5y)$
$=x^2+5y\times x-50y^2$
$=\boldsymbol{x^2+5xy-50y^2}$

(9) $(x-3y)(x-7y)$
$=x^2+\{(-3y)+(-7y)\}x+(-3y)\times(-7y)$
$=x^2-10y\times x+21y^2$
$=\boldsymbol{x^2-10xy+21y^2}$

17 (1) $(3x+1)(x+2)$
$=(3\times1)x^2+(3\times2+1\times1)x+1\times2$
$=\boldsymbol{3x^2+7x+2}$

(2) $(2x+1)(5x-3)$
$=(2\times5)x^2+\{2\times(-3)+1\times5\}x+1\times(-3)$
$=\boldsymbol{10x^2-x-3}$

(3) $(5x-1)(3x+2)$
$=(5\times3)x^2+\{5\times2+(-1)\times3\}x+(-1)\times2$
$=\boldsymbol{15x^2+7x-2}$

(4) $(4x-3)(3x-2)$
$=(4\times3)x^2+\{4\times(-2)+(-3)\times3\}x+(-3)\times(-2)$
$=\boldsymbol{12x^2-17x+6}$

(5) $(3x-7)(4x+3)$
$=(3\times4)x^2+\{3\times3+(-7)\times4\}x+(-7)\times3$
$=\boldsymbol{12x^2-19x-21}$

(6) $(-2x+1)(3x-2)$
$=(-2\times3)x^2+\{(-2)\times(-2)+1\times3\}x+1\times(-2)$
$=\boldsymbol{-6x^2+7x-2}$

18 (1) $(4x+y)(3x-2y)$
$=(4\times3)x^2+\{4\times(-2y)+y\times3\}x$
$\quad+y\times(-2y)$
$=\boldsymbol{12x^2-5xy-2y^2}$

(2) $(7x-3y)(2x-3y)$
$=(7\times2)x^2+\{7\times(-3y)+(-3y)\times2\}x$
$\quad+(-3y)\times(-3y)$
$=\boldsymbol{14x^2-27xy+9y^2}$

(3) $(5x-2y)(2x-y)$
$=(5\times2)x^2+\{5\times(-y)+(-2y)\times2\}x$
$\quad+(-2y)\times(-y)$
$=\boldsymbol{10x^2-9xy+2y^2}$

(4) $(-x+2y)(3x-5y)$
$=(-1\times3)x^2+\{(-1)\times(-5y)+2y\times3\}x$
$\quad+(2y)\times(-5y)$
$=\boldsymbol{-3x^2+11xy-10y^2}$

19 (1) $(a+2b+1)^2$
$=a^2+(2b)^2+1^2+2\times a\times2b$
$\quad+2\times2b\times1+2\times1\times a$
$=\boldsymbol{a^2+4b^2+4ab+2a+4b+1}$

(2) $(3a-2b+1)^2$
$=(3a)^2+(-2b)^2+1^2$
$\quad+2\times3a\times(-2b)+2\times(-2b)\times1+2\times1\times3a$
$=\boldsymbol{9a^2+4b^2-12ab+6a-4b+1}$

(3) $(a-b-c)^2$
$=a^2+(-b)^2+(-c)^2+2\times a\times(-b)$
$\quad+2\times(-b)\times(-c)+2\times(-c)\times a$
$=\boldsymbol{a^2+b^2+c^2-2ab+2bc-2ca}$

(4) $(2x-y+3z)^2$
$=(2x)^2+(-y)^2+(3z)^2$
$\quad+2\times2x\times(-y)+2\times(-y)\times3z+2\times3z\times2x$
$=\boldsymbol{4x^2+y^2+9z^2-4xy-6yz+12zx}$

20 (1) $(-2xy^3)^2\times\left(-\frac{1}{2}x^2y\right)^3$
$=(-2)^2\times x^2\times(y^3)^2\times\left(-\frac{1}{2}\right)^3\times(x^2)^3\times y^3$
$=4\times\left(-\frac{1}{8}\right)\times x^2\times x^{2\times3}\times y^{3\times2}\times y^3$
$=-\frac{1}{2}\times x^{2+6}\times y^{6+3}$
$=\boldsymbol{-\frac{1}{2}x^8y^9}$

(2) $(-3xy^3)^2\times(-2x^3y)^3\times\left(-\frac{1}{3}xy\right)^4$
$=(-3)^2\times x^2\times(y^3)^2\times(-2)^3\times(x^3)^3\times y^3\times\left(-\frac{1}{3}\right)^4\times x^4\times y^4$
$=9\times(-8)\times\frac{1}{81}\times x^2\times x^{3\times3}\times x^4\times y^{3\times2}\times y^3\times y^4$
$=-\frac{8}{9}\times x^{2+9+4}\times y^{6+3+4}$
$=\boldsymbol{-\frac{8}{9}x^{15}y^{13}}$

21 (1) $(3x-2a)(2x+a)$
$=(3\times2)x^2+\{3\times a+(-2a)\times2\}x$
$\quad+(-2a)\times a$
$=\boldsymbol{6x^2-ax-2a^2}$

(2) $(2ab-1)(3ab+1)$
$=(2\times3)(ab)^2+\{2\times1+(-1)\times3\}ab+(-1)\times1$
$=\boldsymbol{6a^2b^2-ab-1}$

(3) $(x+y-1)(2a-3b)$
$=(x+y-1)\times2a+(x+y-1)\times(-3b)$
$=2ax+2ay-2a-3bx-3by+3b$

$=\boldsymbol{2ax-3bx+2ay-3by-2a+3b}$

(4) $(a^2+3ab+2b^2)(x-y)$

$=(a^2+3ab+2b^2)\times x+(a^2+3ab+2b^2)\times(-y)$

$=\boldsymbol{a^2x+3abx+2b^2x-a^2y-3aby-2b^2y}$

22 (1) $(a+2)^2-(a-2)^2$

$=(a^2+4a+4)-(a^2-4a+4)$

$=\boldsymbol{8a}$

別解 $(a+2)^2-(a-2)^2$

$=\{(a+2)+(a-2)\}\times\{(a+2)-(a-2)\}$

$=2a\times4$

$=\boldsymbol{8a}$

(2) $(2x+3y)^2+(2x-3y)^2$

$=(4x^2+12xy+9y^2)+(4x^2-12xy+9y^2)$

$=\boldsymbol{8x^2+18y^2}$

(3) $(x+2y)(x-2y)-(x+3y)(x-3y)$

$=(x^2-4y^2)-(x^2-9y^2)$

$=\boldsymbol{5y^2}$

23 (1) $x+2y=A$ とおくと

$(x+2y+3)(x+2y-3)$

$=(A+3)(A-3)$

$=A^2-9$

$=(x+2y)^2-9$ （A を $x+2y$ にもどす）

$=\boldsymbol{x^2+4xy+4y^2-9}$

(2) $3x+y=A$ とおくと

$(3x+y-5)(3x+y+5)$

$=(A-5)(A+5)$

$=A^2-25$

$=(3x+y)^2-25$ （A を $3x+y$ にもどす）

$=\boldsymbol{9x^2+6xy+y^2-25}$

(3) $x^2-x=A$ とおくと

$(x^2-x+2)(x^2-x-4)$

$=(A+2)(A-4)$

$=A^2-2A-8$

$=(x^2-x)^2-2(x^2-x)-8$ （A を x^2-x にもどす）

$=x^4-2x^3+x^2-2x^2+2x-8$

$=\boldsymbol{x^4-2x^3-x^2+2x-8}$

(4) $x^2+2x=A$ とおくと

$(x^2+2x+1)(x^2+2x+3)$

$=(A+1)(A+3)$

$=A^2+4A+3$

$=(x^2+2x)^2+4(x^2+2x)+3$ （A を x^2+2x にもどす）

$=x^4+4x^3+4x^2+4x^2+8x+3$

$=\boldsymbol{x^4+4x^3+8x^2+8x+3}$

(5) $(x+y-3)(x-y+3)$

$=\{x+(y-3)\}\{x-(y-3)\}$

$y-3=A$ とおくと

$(x+A)(x-A)$

$=x^2-A^2$

$=x^2-(y-3)^2$ （A を $y-3$ にもどす）

$=x^2-(y^2-6y+9)$

$=\boldsymbol{x^2-y^2+6y-9}$

(6) $(3x^2-2x+1)(3x^2+2x+1)$

$=\{(3x^2+1)-2x\}\{(3x^2+1)+2x\}$

$3x^2+1=A$ とおくと

$(A-2x)(A+2x)$

$=A^2-(2x)^2$

$=A^2-4x^2$

$=(3x^2+1)^2-4x^2$ （A を $3x^2+1$ にもどす）

$=9x^4+6x^2+1-4x^2$

$=\boldsymbol{9x^4+2x^2+1}$

24 (1) $(x^2+9)(x+3)(x-3)$

$=(x^2+9)(x^2-9)$

$=\boldsymbol{x^4-81}$

(2) $(x^2+4y^2)(x+2y)(x-2y)$

$=(x^2+4y^2)(x^2-4y^2)$

$=\boldsymbol{x^4-16y^4}$

(3) $(a^2+b^2)(a+b)(a-b)$

$=(a^2+b^2)(a^2-b^2)$

$=\boldsymbol{a^4-b^4}$

(4) $(4x^2+9y^2)(2x-3y)(2x+3y)$

$=(4x^2+9y^2)(4x^2-9y^2)$

$=\boldsymbol{16x^4-81y^4}$

25 (1) $(a+2b)^2(a-2b)^2$

$=\{(a+2b)(a-2b)\}^2$

$=(a^2-4b^2)^2$

$=\boldsymbol{a^4-8a^2b^2+16b^4}$

(2) $(3x+2y)^2(3x-2y)^2$

$=\{(3x+2y)(3x-2y)\}^2$

$=(9x^2-4y^2)^2$

$=\boldsymbol{81x^4-72x^2y^2+16y^4}$

(3) $(-2x+y)^2(-2x-y)^2$

$=\{(-2x+y)(-2x-y)\}^2$

$=(4x^2-y^2)^2$

$=\boldsymbol{16x^4-8x^2y^2+y^4}$

(4) $(5x-3y)^2(-3y-5x)^2$

$=(5x-3y)^2\{-(5x+3y)\}^2$

$=(5x-3y)^2(5x+3y)^2$

$=\{(5x-3y)(5x+3y)\}^2$

$=(25x^2-9y^2)^2$
$=\mathbf{625x^4-450x^2y^2+81y^4}$

26 (1) $(x^2-x+1)(-x^2+4x+3)$
$=-x^4+4x^3+3x^2+x^3-4x^2-3x$
$\quad -x^2+4x+3$
$=-x^4+5x^3-2x^2+x+3$
よって　x^3 の係数は **5**

別解　展開式に x^3 の項が現れるのは
$x^2\times4x$, $(-x)\times(-x^2)$
すなわち
$4x^3$, x^3
であるから　x^3 の係数は **5**

(2) $(x^3-x^2+x-2)(2x^2-x+5)$
$=2x^5-x^4+5x^3-2x^4+x^3-5x^2$
$\quad +2x^3-x^2+5x-4x^2+2x-10$
$=2x^5-3x^4+8x^3-10x^2+7x-10$
よって　x^3 の係数は **8**

別解　展開式に x^3 の項が現れるのは
$x^3\times5$, $(-x^2)\times(-x)$, $x\times2x^2$
すなわち
$5x^3$, x^3, $2x^3$
であるから　x^3 の係数は **8**

27 (1) $(x+1)(x-2)(x-1)(x-4)$
$=(x+1)(x-4)\times(x-2)(x-1)$
$=(x^2-3x-4)(x^2-3x+2)$
ここで，$x^2-3x=A$ とおくと
$(A-4)(A+2)$
$=A^2-2A-8$
$=(x^2-3x)^2-2(x^2-3x)-8$　（A を x^2-3x にもどす）
$=x^4-6x^3+9x^2-2x^2+6x-8$
$=\mathbf{x^4-6x^3+7x^2+6x-8}$

(2) $(x+2)(x-2)(x+1)(x+5)$
$=(x+2)(x+1)\times(x-2)(x+5)$
$=(x^2+3x+2)(x^2+3x-10)$
ここで，$x^2+3x=A$ とおくと
$(A+2)(A-10)$
$=A^2-8A-20$
$=(x^2+3x)^2-8(x^2+3x)-20$　（A を x^2+3x にもどす）
$=x^4+6x^3+9x^2-8x^2-24x-20$
$=\mathbf{x^4+6x^3+x^2-24x-20}$

28 (1) $x^2+3x=x\times x+x\times3=\mathbf{x(x+3)}$
(2) $x^2+x=x\times x+x\times1=\mathbf{x(x+1)}$
(3) $2x^2-x=x\times2x-x\times1=\mathbf{x(2x-1)}$
(4) $4xy^2-xy=xy\times4y-xy\times1$
$=\mathbf{xy(4y-1)}$
(5) $3ab^2-6a^2b=3ab\times b-3ab\times2a$
$=\mathbf{3ab(b-2a)}$
(6) $12x^2y^3-20x^3yz$
$=4x^2y\times3y^2-4x^2y\times5xz$
$=\mathbf{4x^2y(3y^2-5xz)}$

29 (1) $abx^2-abx+2ab$
$=ab\times x^2-ab\times x+ab\times2$
$=\mathbf{ab(x^2-x+2)}$
(2) $2x^2y+xy^2-3xy$
$=xy\times2x+xy\times y-xy\times3$
$=\mathbf{xy(2x+y-3)}$
(3) $12ab^2-32a^2b+8abc$
$=4ab\times3b-4ab\times8a+4ab\times2c$
$=\mathbf{4ab(3b-8a+2c)}$
(4) $3x^2+6xy-9x$
$=3x\times x+3x\times2y-3x\times3$
$=\mathbf{3x(x+2y-3)}$

30 (1) $(a+2)x+(a+2)y$
$=\mathbf{(a+2)(x+y)}$
(2) $x(a-3)-2(a-3)$
$=\mathbf{(x-2)(a-3)}$
(3) $(3a-2b)x-(3a-2b)y$
$=\mathbf{(3a-2b)(x-y)}$
(4) $3x(2a-b)-(2a-b)$
$=3x(2a-b)-1\times(2a-b)$
$=\mathbf{(3x-1)(2a-b)}$

31 (1) $(3a-2)x+(2-3a)y$
$=(3a-2)x-(3a-2)y$
$=\mathbf{(3a-2)(x-y)}$
(2) $x(3a-2b)-y(2b-3a)$
$=x(3a-2b)+y(3a-2b)$
$=\mathbf{(x+y)(3a-2b)}$
(3) $a(x-2y)-b(2y-x)$
$=a(x-2y)+b(x-2y)$
$=\mathbf{(a+b)(x-2y)}$
(4) $(2a+b)x-2a-b$
$=(2a+b)x-(2a+b)$
$=(2a+b)x-(2a+b)\times1$
$=\mathbf{(2a+b)(x-1)}$

32 (1) x^2+2x+1

$=x^2+2\times x\times 1+1^2$

$=\boldsymbol{(x+1)^2}$

(2) $x^2-12x+36$

$=x^2-2\times x\times 6+6^2$

$=\boldsymbol{(x-6)^2}$

(3) $9-6x+x^2$

$=x^2-6x+9$

$=x^2-2\times x\times 3+3^2$

$=\boldsymbol{(x-3)^2}$ 参考 $(3-x)^2$ でもよい。

(4) $x^2+4xy+4y^2$

$=x^2+2\times x\times 2y+(2y)^2$

$=\boldsymbol{(x+2y)^2}$

(5) $4x^2+4xy+y^2$

$=(2x)^2+2\times 2x\times y+y^2$

$=\boldsymbol{(2x+y)^2}$

(6) $9x^2-30xy+25y^2$

$=(3x)^2-2\times 3x\times 5y+(5y)^2$

$=\boldsymbol{(3x-5y)^2}$

33 (1) $x^2-81=x^2-9^2=\boldsymbol{(x+9)(x-9)}$

(2) $9x^2-16$

$=(3x)^2-4^2=\boldsymbol{(3x+4)(3x-4)}$

(3) $36x^2-25y^2$

$=(6x)^2-(5y)^2$

$=\boldsymbol{(6x+5y)(6x-5y)}$

(4) $49x^2-4y^2$

$=(7x)^2-(2y)^2$

$=\boldsymbol{(7x+2y)(7x-2y)}$

(5) $64x^2-81y^2$

$=(8x)^2-(9y)^2$

$=\boldsymbol{(8x+9y)(8x-9y)}$

(6) $100x^2-9y^2$

$=(10x)^2-(3y)^2$

$=\boldsymbol{(10x+3y)(10x-3y)}$

34 (1) x^2+5x+4

$=x^2+(1+4)x+1\times 4$

$=\boldsymbol{(x+1)(x+4)}$

(2) $x^2+7x+12$

$=x^2+(3+4)x+3\times 4$

$=\boldsymbol{(x+3)(x+4)}$

(3) x^2-6x+8

$=x^2+(-2-4)x+(-2)\times(-4)$

$=\boldsymbol{(x-2)(x-4)}$

(4) $x^2-3x-10$

$=x^2+(-5+2)x+(-5)\times 2$

$=\boldsymbol{(x-5)(x+2)}$

(5) $x^2+4x-12$

$=x^2+(-2+6)x+(-2)\times 6$

$=\boldsymbol{(x-2)(x+6)}$

(6) $x^2-8x+15$

$=x^2+(-3-5)x+(-3)\times(-5)$

$=\boldsymbol{(x-3)(x-5)}$

(7) $x^2-3x-54$

$=x^2+(-9+6)x+(-9)\times 6$

$=\boldsymbol{(x-9)(x+6)}$

(8) $x^2+7x-18$

$=x^2+(-2+9)x+(-2)\times 9$

$=\boldsymbol{(x-2)(x+9)}$

(9) x^2-x-30

$=x^2+(-6+5)x+(-6)\times 5$

$=\boldsymbol{(x-6)(x+5)}$

35 (1) $x^2+6xy+8y^2$

$=x^2+(2y+4y)x+2y\times 4y$

$=\boldsymbol{(x+2y)(x+4y)}$

(2) $x^2+7xy+6y^2$

$=x^2+(y+6y)x+y\times 6y$

$=\boldsymbol{(x+y)(x+6y)}$

(3) $x^2-2xy-24y^2$

$=x^2+\{(-6y)+4y\}x+(-6y)\times 4y$

$=\boldsymbol{(x-6y)(x+4y)}$

(4) $x^2+3xy-28y^2$

$=x^2+\{(-4y)+7y\}x+(-4y)\times 7y$

$=\boldsymbol{(x-4y)(x+7y)}$

(5) $x^2-7xy+12y^2$

$=x^2+\{(-3y)+(-4y)\}x+(-3y)\times(-4y)$

$=\boldsymbol{(x-3y)(x-4y)}$

(6) $a^2-ab-20b^2$

$=a^2+\{(-5b)+4b\}a+(-5b)\times 4b$

$=\boldsymbol{(a-5b)(a+4b)}$

(7) $a^2+ab-42b^2$

$=a^2+\{(-6b)+7b\}a+(-6b)\times 7b$

$=\boldsymbol{(a-6b)(a+7b)}$

(8) $a^2-13ab+36b^2$

$=a^2+\{(-4b)+(-9b)\}a+(-4b)\times(-9b)$

$=\boldsymbol{(a-4b)(a-9b)}$

36 (1) $3x^2+4x+1$

$=\boldsymbol{(x+1)(3x+1)}$

1	╲╱	1	→	3
3	╱╲	1	→	1
3		1		4

(2) $2x^2+7x+3$
$=(\boldsymbol{x+3})(\boldsymbol{2x+1})$

$$\begin{array}{cccc} 1 & 3 & \to & 6 \\ 2 & 1 & \to & 1 \\ \hline 2 & 3 & & 7 \end{array}$$

(3) $2x^2-5x+2$
$=(\boldsymbol{x-2})(\boldsymbol{2x-1})$

$$\begin{array}{cccc} 1 & -2 & \to & -4 \\ 2 & -1 & \to & -1 \\ \hline 2 & 2 & & -5 \end{array}$$

(4) $3x^2-8x-3$
$=(\boldsymbol{x-3})(\boldsymbol{3x+1})$

$$\begin{array}{cccc} 1 & -3 & \to & -9 \\ 3 & 1 & \to & 1 \\ \hline 3 & -3 & & -8 \end{array}$$

(5) $3x^2+16x+5$
$=(\boldsymbol{x+5})(\boldsymbol{3x+1})$

$$\begin{array}{cccc} 1 & 5 & \to & 15 \\ 3 & 1 & \to & 1 \\ \hline 3 & 5 & & 16 \end{array}$$

(6) $5x^2-8x+3$
$=(\boldsymbol{x-1})(\boldsymbol{5x-3})$

$$\begin{array}{cccc} 1 & -1 & \to & -5 \\ 5 & -3 & \to & -3 \\ \hline 5 & 3 & & -8 \end{array}$$

(7) $6x^2+x-1$
$=(\boldsymbol{2x+1})(\boldsymbol{3x-1})$

$$\begin{array}{cccc} 2 & 1 & \to & 3 \\ 3 & -1 & \to & -2 \\ \hline 6 & -1 & & 1 \end{array}$$

(8) $5x^2+7x-6$
$=(\boldsymbol{x+2})(\boldsymbol{5x-3})$

$$\begin{array}{cccc} 1 & 2 & \to & 10 \\ 5 & -3 & \to & -3 \\ \hline 5 & -6 & & 7 \end{array}$$

(9) $6x^2+17x+12$
$=(\boldsymbol{2x+3})(\boldsymbol{3x+4})$

$$\begin{array}{cccc} 2 & 3 & \to & 9 \\ 3 & 4 & \to & 8 \\ \hline 6 & 12 & & 17 \end{array}$$

(10) $6x^2+x-15$
$=(\boldsymbol{2x-3})(\boldsymbol{3x+5})$

$$\begin{array}{cccc} 2 & -3 & \to & -9 \\ 3 & 5 & \to & 10 \\ \hline 6 & -15 & & 1 \end{array}$$

(11) $4x^2-4x-15$
$=(\boldsymbol{2x+3})(\boldsymbol{2x-5})$

$$\begin{array}{cccc} 2 & 3 & \to & 6 \\ 2 & -5 & \to & -10 \\ \hline 4 & -15 & & -4 \end{array}$$

(12) $6x^2-11x-35$
$=(\boldsymbol{2x-7})(\boldsymbol{3x+5})$

$$\begin{array}{cccc} 2 & -7 & \to & -21 \\ 3 & 5 & \to & 10 \\ \hline 6 & -35 & & -11 \end{array}$$

37 (1) $5x^2+6xy+y^2$
$=(\boldsymbol{x+y})(\boldsymbol{5x+y})$

$$\begin{array}{cccc} 1 & y & \to & 5y \\ 5 & y & \to & y \\ \hline 5 & y^2 & & 6y \end{array}$$

(2) $7x^2-13xy-2y^2$
$=(\boldsymbol{x-2y})(\boldsymbol{7x+y})$

$$\begin{array}{cccc} 1 & -2y & \to & -14y \\ 7 & y & \to & y \\ \hline 7 & -2y^2 & & -13y \end{array}$$

(3) $2x^2-7xy+6y^2$
$=(\boldsymbol{x-2y})(\boldsymbol{2x-3y})$

$$\begin{array}{cccc} 1 & -2y & \to & -4y \\ 2 & -3y & \to & -3y \\ \hline 2 & 6y^2 & & -7y \end{array}$$

(4) $6x^2-5xy-6y^2$
$=(\boldsymbol{2x-3y})(\boldsymbol{3x+2y})$

$$\begin{array}{cccc} 2 & -3y & \to & -9y \\ 3 & 2y & \to & 4y \\ \hline 6 & -6y^2 & & -5y \end{array}$$

38 (1) $x-y=A$ とおくと
$(x-y)^2+2(x-y)-15$
$=A^2+2A-15=(A+5)(A-3)$
$=\{(x-y)+5\}\{(x-y)-3\}$
$=(\boldsymbol{x-y+5})(\boldsymbol{x-y-3})$

(2) $x+2y=A$ とおくと
$(x+2y)^2-3(x+2y)-10$
$=A^2-3A-10=(A+2)(A-5)$
$=\{(x+2y)+2\}\{(x+2y)-5\}$
$=(\boldsymbol{x+2y+2})(\boldsymbol{x+2y-5})$

(3) $2x-y=A$ とおくと
$(2x-y)^2+4(2x-y)+4$
$=A^2+4A+4=(A+2)^2$
$=\{(2x-y)+2\}^2$
$=(\boldsymbol{2x-y+2})^2$

(4) $x-3=A$ とおくと
$2(x-3)^2-7(x-3)+3$
$=2A^2-7A+3$
$=(A-3)(2A-1)$
$=\{(x-3)-3\}\{2(x-3)-1\}$
$=(\boldsymbol{x-6})(\boldsymbol{2x-7})$

$$\begin{array}{cccc} 1 & -3 & \to & -6 \\ 2 & -1 & \to & -1 \\ \hline 2 & 3 & & -7 \end{array}$$

(5) $x+2y=A$ とおくと
$(x+2y)^2+2(x+2y)$
$=A^2+2A$
$=A(A+2)$
$=(x+2y)\{(x+2y)+2\}$
$=(\boldsymbol{x+2y})(\boldsymbol{x+2y+2})$

(6) $2(x-y)^2-x+y$
$=2(x-y)^2-(x-y)$
ここで，$x-y=A$ とおくと
$2A^2-A$
$=A(2A-1)$
$=(x-y)\{2(x-y)-1\}$
$=(\boldsymbol{x-y})(\boldsymbol{2x-2y-1})$

39 (1) $x^2=A$ とおくと
x^4-5x^2+4
$=A^2-5A+4=(A-1)(A-4)$
$=(x^2-1)(x^2-4)$
$=(\boldsymbol{x+1})(\boldsymbol{x-1})(\boldsymbol{x+2})(\boldsymbol{x-2})$

(2) $x^2=A$ とおくと
x^4-10x^2+9
$=A^2-10A+9=(A-1)(A-9)$
$=(x^2-1)(x^2-9)$
$=(\boldsymbol{x+1})(\boldsymbol{x-1})(\boldsymbol{x+3})(\boldsymbol{x-3})$

(3) $x^2=A$ とおくと

x^4-16
$=A^2-16=(A+4)(A-4)$
$=(x^2+4)(x^2-4)$
$=\boldsymbol{(x^2+4)(x+2)(x-2)}$

(4) $x^2=A$ とおくと
x^4-81
$=A^2-81=(A+9)(A-9)$
$=(x^2+9)(x^2-9)$
$=\boldsymbol{(x^2+9)(x+3)(x-3)}$

40 (1) $x^2+x=A$ とおくと
$(x^2+x)^2-3(x^2+x)+2$
$=A^2-3A+2=(A-2)(A-1)$
$=\{(x^2+x)-2\}\{(x^2+x)-1\}$
$=(x^2+x-2)(x^2+x-1)$
$=\boldsymbol{(x+2)(x-1)(x^2+x-1)}$

(2) $x^2-2x=A$ とおくと
$(x^2-2x)^2-(x^2-2x)-6$
$=A^2-A-6=(A-3)(A+2)$
$=\{(x^2-2x)-3\}\{(x^2-2x)+2\}$
$=(x^2-2x-3)(x^2-2x+2)$
$=\boldsymbol{(x+1)(x-3)(x^2-2x+2)}$

(3) $x^2+5x=A$ とおくと
$(x^2+5x)^2-36=A^2-36$
$=(A+6)(A-6)$
$=\{(x^2+5x)+6\}\{(x^2+5x)-6\}$
$=(x^2+5x+6)(x^2+5x-6)$
$=\boldsymbol{(x+2)(x+3)(x+6)(x-1)}$

(4) $x^2+x=A$ とおくと
$(x^2+x-1)(x^2+x-5)+3$
$=(A-1)(A-5)+3$
$=A^2-6A+8=(A-2)(A-4)$
$=\{(x^2+x)-2\}\{(x^2+x)-4\}$
$=(x^2+x-2)(x^2+x-4)$
$=\boldsymbol{(x+2)(x-1)(x^2+x-4)}$

41 (1) 最も次数の低い文字 a について整理すると
$2a+2b+ab+b^2$
$=(2+b)a+(2b+b^2)$
$=(b+2)a+b(b+2)=\boldsymbol{(b+2)(a+b)}$

(2) 最も次数の低い文字 b について整理すると
$a^2-3b+ab-3a$
$=(a-3)b+(a^2-3a)$
$=(a-3)b+a(a-3)$
$=(a-3)(b+a)=\boldsymbol{(a-3)(a+b)}$

(3) 最も次数の低い文字 b について整理すると
$a^2+c^2-ab-bc+2ac$
$=(-a-c)b+(a^2+2ac+c^2)$
$=-(a+c)b+(a+c)^2$
$=(a+c)\{-b+(a+c)\}$
$=\boldsymbol{(a+c)(a-b+c)}$

(4) 最も次数の低い文字 b について整理すると
a^3+b-a^2b-a
$=(1-a^2)b+(a^3-a)$
$=-(a^2-1)b+a(a^2-1)$
$=(a^2-1)(-b+a)$
$=\boldsymbol{(a+1)(a-1)(a-b)}$

(5) 最も次数の低い文字 c について整理すると
$a^2+ab-2b^2+2bc-2ca$
$=(2b-2a)c+(a^2+ab-2b^2)$
$=2(b-a)c+(a-b)(a+2b)$
$=-2(a-b)c+(a-b)(a+2b)$
$=(a-b)\{-2c+(a+2b)\}$
$=\boldsymbol{(a-b)(a+2b-2c)}$

42 (1) $bx^2-4a^2by^2$
$=b\times x^2-b\times 4a^2y^2$
$=b(x^2-4a^2y^2)$
$=b\{x^2-(2ay)^2\}$
$=\boldsymbol{b(x+2ay)(x-2ay)}$

(2) $2ax^2-4ax+2a$
$=2a\times x^2-2a\times 2x+2a\times 1$
$=2a(x^2-2x+1)$
$=\boldsymbol{2a(x-1)^2}$

(3) $2a^2x^3+6a^2x^2-20a^2x$
$=2a^2x\times x^2+2a^2x\times 3x-2a^2x\times 10$
$=2a^2x(x^2+3x-10)$
$=\boldsymbol{2a^2x(x+5)(x-2)}$

(4) $x^4+x^3+\frac{1}{4}x^2$
$=\frac{1}{4}x^2\times 4x^2+\frac{1}{4}x^2\times 4x+\frac{1}{4}x^2\times 1$
$=\frac{1}{4}x^2(4x^2+4x+1)$
$=\boldsymbol{\frac{1}{4}x^2(2x+1)^2}$

43 (1) $x^2(a^2-b^2)+y^2(b^2-a^2)$
$=x^2(a^2-b^2)-y^2(a^2-b^2)$
$=(x^2-y^2)(a^2-b^2)$
$=\boldsymbol{(x+y)(x-y)(a+b)(a-b)}$

(2) $(x+1)a^2-x-1$
$=(x+1)a^2-(x+1)$
$=(x+1)a^2-(x+1)\times 1$
$=(x+1)(a^2-1)$
$=\boldsymbol{(x+1)(a+1)(a-1)}$

44 (1) $x^2+(2y+1)x+(y-3)(y+4)$
$=\{x+(y-3)\}\{x+(y+4)\}$
$=\boldsymbol{(x+y-3)(x+y+4)}$

$$\begin{array}{llll} 1 & y-3 & \to & y-3 \\ 1 & y+4 & \to & y+4 \\ \hline 1 & (y-3)(y+4) & & 2y+1 \end{array}$$

(2) $x^2+(y-2)x-(2y-5)(y-3)$
$=\{x+(2y-5)\}\{x-(y-3)\}$
$=\boldsymbol{(x+2y-5)(x-y+3)}$

$$\begin{array}{llll} 1 & 2y-5 & \to & 2y-5 \\ 1 & -(y-3) & \to & -y+3 \\ \hline 1 & -(2y-5)(y-3) & & y-2 \end{array}$$

(3) $x^2+3xy+2y^2+x+3y-2$
$=x^2+(3y+1)x+2y^2+3y-2$
$=x^2+(3y+1)x+(y+2)(2y-1)$
$=\{x+(y+2)\}\{x+(2y-1)\}$
$=\boldsymbol{(x+y+2)(x+2y-1)}$

$$\begin{array}{llll} 1 & y+2 & \to & y+2 \\ 1 & 2y-1 & \to & 2y-1 \\ \hline 1 & (y+2)(2y-1) & & 3y+1 \end{array}$$

(4) $2x^2-3xy-2y^2+x+3y-1$
$=2x^2+(-3y+1)x-(2y^2-3y+1)$
$=2x^2+(-3y+1)x-(y-1)(2y-1)$
$=\{x-(2y-1)\}\{2x+(y-1)\}$
$=\boldsymbol{(x-2y+1)(2x+y-1)}$

$$\begin{array}{llll} 1 & -(2y-1) & \to & -4y+2 \\ 2 & y-1 & \to & y-1 \\ \hline 2 & -(2y-1)(y-1) & & -3y+1 \end{array}$$

(5) $2x^2+5xy+2y^2+5x+y-3$
$=2x^2+(5y+5)x+2y^2+y-3$
$=2x^2+(5y+5)x+(2y+3)(y-1)$
$=\{x+(2y+3)\}\{2x+(y-1)\}$
$=\boldsymbol{(x+2y+3)(2x+y-1)}$

$$\begin{array}{llll} 1 & 2y+3 & \to & 4y+6 \\ 2 & y-1 & \to & y-1 \\ \hline 2 & (2y+3)(y-1) & & 5y+5 \end{array}$$

(6) $6x^2-7xy+2y^2-6x+5y-12$
$=6x^2+(-7y-6)x+2y^2+5y-12$
$=6x^2+(-7y-6)x+(y+4)(2y-3)$
$=\{2x-(y+4)\}\{3x-(2y-3)\}$
$=\boldsymbol{(2x-y-4)(3x-2y+3)}$

$$\begin{array}{llll} 2 & -(y+4) & \to & -3y-12 \\ 3 & -(2y-3) & \to & -4y+6 \\ \hline 6 & (y+4)(2y-3) & & -7y-6 \end{array}$$

別解　y について整理し，因数分解してもよい。
$6x^2-7xy+2y^2-6x+5y-12$
$=2y^2+(-7x+5)y+6x^2-6x-12$
$=2y^2+(-7x+5)y+6(x+1)(x-2)$
$=\{y-2(x-2)\}\{2y-3(x+1)\}$
$=\boldsymbol{(y-2x+4)(2y-3x-3)}$

$$\begin{array}{llll} 1 & -2(x-2) & \to & -4x+8 \\ 2 & -3(x+1) & \to & -3x-3 \\ \hline 2 & 6(x+1)(x-2) & & -7x+5 \end{array}$$

45 (1) $(x-2)^2-y^2$
$=\{(x-2)+y\}\{(x-2)-y\}$
$=\boldsymbol{(x+y-2)(x-y-2)}$

(2) $x^2+6x+9-16y^2$
$=(x+3)^2-(4y)^2$
$=\{(x+3)+4y\}\{(x+3)-4y\}$
$=\boldsymbol{(x+4y+3)(x-4y+3)}$

(3) $4x^2-y^2-8y-16$
$=(2x)^2-(y^2+8y+16)$
$=(2x)^2-(y+4)^2$
$=\{2x+(y+4)\}\{2x-(y+4)\}$
$=\boldsymbol{(2x+y+4)(2x-y-4)}$

(4) $9x^2-y^2+4y-4$
$=(3x)^2-(y^2-4y+4)$
$=(3x)^2-(y-2)^2$
$=\{3x+(y-2)\}\{3x-(y-2)\}$
$=\boldsymbol{(3x+y-2)(3x-y+2)}$

46 考え方　x について降べきの順に整理する。

$x^2(y-z)+y^2(z-x)+z^2(x-y)$
$=(y-z)x^2+y^2z-y^2x+z^2x-z^2y$
$=(y-z)x^2-(y^2-z^2)x+(y^2z-yz^2)$
$=(y-z)x^2-(y+z)(y-z)x+yz(y-z)$
$=(y-z)\{x^2-(y+z)x+yz\}$
$=(y-z)(x-y)(x-z)$
$=\boldsymbol{-(x-y)(y-z)(z-x)}$

47 (1) x^4+2x^2+9
$=(x^4+6x^2+9)-4x^2$
$=(x^2+3)^2-(2x)^2$
$=\{(x^2+3)+2x\}\{(x^2+3)-2x\}$
$=\boldsymbol{(x^2+2x+3)(x^2-2x+3)}$

(2) x^4-3x^2+1

$=(x^4-2x^2+1)-x^2$
$=(x^2-1)^2-x^2$
$=\{(x^2-1)+x\}\{(x^2-1)-x\}$
$=\boldsymbol{(x^2+x-1)(x^2-x-1)}$

(3) x^4-8x^2+4
$=(x^4-4x^2+4)-4x^2$
$=(x^2-2)^2-(2x)^2$
$=\{(x^2-2)+2x\}\{(x^2-2)-2x\}$
$=\boldsymbol{(x^2+2x-2)(x^2-2x-2)}$

(4) x^4+64
$=(x^4+16x^2+64)-16x^2$
$=(x^2+8)^2-(4x)^2$
$=\{(x^2+8)+4x\}\{(x^2+8)-4x\}$
$=\boldsymbol{(x^2+4x+8)(x^2-4x+8)}$

48 (1) $(x+1)(x+2)(x+3)(x+4)-24$
$=(x+1)(x+4)(x+2)(x+3)-24$
$=\{(x^2+5x)+4\}\{(x^2+5x)+6\}-24$
$=(x^2+5x)^2+10(x^2+5x)+24-24$
$=(x^2+5x)^2+10(x^2+5x)$
$=(x^2+5x)(x^2+5x+10)$
$=\boldsymbol{x(x+5)(x^2+5x+10)}$

(2) $(x-1)(x-3)(x-5)(x-7)-9$
$=(x-1)(x-7)(x-3)(x-5)-9$
$=\{(x^2-8x)+7\}\{(x^2-8x)+15\}-9$
$=(x^2-8x)^2+22(x^2-8x)+105-9$
$=(x^2-8x)^2+22(x^2-8x)+96$
$=(x^2-8x+6)(x^2-8x+16)$
$=\boldsymbol{(x^2-8x+6)(x-4)^2}$

49 (1) $(x+3)^3$
$=x^3+3\times x^2\times 3+3\times x\times 3^2+3^3$
$=\boldsymbol{x^3+9x^2+27x+27}$

(2) $(a-2)^3$
$=a^3-3\times a^2\times 2+3\times a\times 2^2-2^3$
$=\boldsymbol{a^3-6a^2+12a-8}$

(3) $(3x+1)^3$
$=(3x)^3+3\times(3x)^2\times 1+3\times 3x\times 1^2+1^3$
$=\boldsymbol{27x^3+27x^2+9x+1}$

(4) $(2x-1)^3$
$=(2x)^3-3\times(2x)^2\times 1+3\times 2x\times 1^2-1^3$
$=\boldsymbol{8x^3-12x^2+6x-1}$

(5) $(2x+3y)^3$
$=(2x)^3+3\times(2x)^2\times 3y+3\times 2x\times(3y)^2+(3y)^3$
$=\boldsymbol{8x^3+36x^2y+54xy^2+27y^3}$

(6) $(-a+2b)^3$
$=(-a)^3+3\times(-a)^2\times 2b$
$\quad+3\times(-a)\times(2b)^2+(2b)^3$
$=\boldsymbol{-a^3+6a^2b-12ab^2+8b^3}$

参考 $(-a+2b)^3=(2b-a)^3$ と変形してから展開してもよい。

50 (1) $(x+3)(x^2-3x+9)$
$=(x+3)(x^2-x\times 3+3^2)$
$=x^3+3^3$
$=\boldsymbol{x^3+27}$

(2) $(x-1)(x^2+x+1)$
$=(x-1)(x^2+x\times 1+1^2)$
$=x^3-1^3$
$=\boldsymbol{x^3-1}$

(3) $(3x-2)(9x^2+6x+4)$
$=(3x-2)\{(3x)^2+(3x)\times 2+2^2\}$
$=(3x)^3-2^3$
$=\boldsymbol{27x^3-8}$

(4) $(x+4y)(x^2-4xy+16y^2)$
$=(x+4y)\{x^2-x\times 4y+(4y)^2\}$
$=x^3+(4y)^3$
$=\boldsymbol{x^3+64y^3}$

51 (1) x^3+8
$=x^3+2^3=(x+2)(x^2-x\times 2+2^2)$
$=\boldsymbol{(x+2)(x^2-2x+4)}$

(2) $27x^3-1$
$=(3x)^3-1^3$
$=(3x-1)\{(3x)^2+3x\times 1+1^2\}$
$=\boldsymbol{(3x-1)(9x^2+3x+1)}$

(3) $27x^3+8y^3$
$=(3x)^3+(2y)^3$
$=(3x+2y)\{(3x)^2-3x\times 2y+(2y)^2\}$
$=\boldsymbol{(3x+2y)(9x^2-6xy+4y^2)}$

(4) $64x^3-27y^3$
$=(4x)^3-(3y)^3$
$=(4x-3y)\{(4x)^2+4x\times 3y+(3y)^2\}$
$=\boldsymbol{(4x-3y)(16x^2+12xy+9y^2)}$

(5) $x^3-y^3z^3$
$=x^3-(yz)^3$
$=(x-yz)\{x^2+x\times yz+(yz)^2\}$
$=\boldsymbol{(x-yz)(x^2+xyz+y^2z^2)}$

(6) $(a-b)^3-c^3$
$a-b=A$ とおくと
A^3-c^3
$=(A-c)(A^2+Ac+c^2)$

$=\{(a-b)-c\}\{(a-b)^2+(a-b)\times c+c^2\}$
$=(a-b-c)(a^2-2ab+b^2+ac-bc+c^2)$
$=\boldsymbol{(a-b-c)(a^2+b^2+c^2-2ab-bc+ca)}$

52 (1) x^4y-xy^4
$=xy(x^3-y^3)$
$=\boldsymbol{xy(x-y)(x^2+xy+y^2)}$

(2) $x^3=A$，$y^3=B$ とおくと
x^6-y^6
$=A^2-B^2=(A+B)(A-B)$
$=(x^3+y^3)(x^3-y^3)$
$=(x+y)(x^2-xy+y^2)(x-y)(x^2+xy+y^2)$
$=\boldsymbol{(x+y)(x-y)(x^2-xy+y^2)(x^2+xy+y^2)}$

53 (1) $\frac{7}{4}=7\div4=\mathbf{1.75}$

(2) $\frac{7}{5}=7\div5=\mathbf{1.4}$

(3) $\frac{5}{3}=5\div3=\mathbf{1.666666}\cdots\cdots$

(4) $\frac{1}{12}=1\div12=\mathbf{0.083333}\cdots\cdots$

54 (1) $\frac{4}{9}=0.444444\cdots\cdots=\mathbf{0.\dot{4}}$

(2) $\frac{10}{3}=3.333333\cdots\cdots=\mathbf{3.\dot{3}}$

(3) $\frac{13}{33}=0.393939\cdots\cdots=\mathbf{0.\dot{3}\dot{9}}$

(4) $\frac{33}{7}=4.714285714285\cdots\cdots$
$=\mathbf{4.\dot{7}1428\dot{5}}$

55

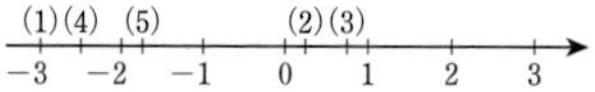

56 (1) $|3|=\mathbf{3}$

(2) $|-6|=-(-6)=\mathbf{6}$

(3) $|-3.1|=-(-3.1)=\mathbf{3.1}$

(4) $\left|\frac{1}{2}\right|=\boldsymbol{\frac{1}{2}}$

(5) $\left|-\frac{3}{5}\right|=-\left(-\frac{3}{5}\right)=\boldsymbol{\frac{3}{5}}$

(6) $\sqrt{7}>\sqrt{6}$ であるから $\sqrt{7}-\sqrt{6}>0$
よって $|\sqrt{7}-\sqrt{6}|=\boldsymbol{\sqrt{7}-\sqrt{6}}$

(7) $\sqrt{2}<\sqrt{5}$ であるから $\sqrt{2}-\sqrt{5}<0$
よって $|\sqrt{2}-\sqrt{5}|=-(\sqrt{2}-\sqrt{5})$
$=\boldsymbol{\sqrt{5}-\sqrt{2}}$

(8) $3=\sqrt{9}$ より $3-\sqrt{3}>0$ であるから
$|3-\sqrt{3}|=\boldsymbol{3-\sqrt{3}}$

(9) $3=\sqrt{9}$ より $3-\sqrt{10}<0$ であるから
$|3-\sqrt{10}|=-(3-\sqrt{10})$
$=\boldsymbol{\sqrt{10}-3}$

57 ①自然数は **5**　②整数は **−3，0，5**

③有理数は $\boldsymbol{-3,\ 0,\ \frac{22}{3},\ -\frac{1}{4},\ 5,\ 0.\dot{5}}$

④無理数は $\boldsymbol{\sqrt{3},\ \pi}$

58 (1) **正しくない**
たとえば，$3-5=-2$ となり，負の整数の場合がある。

(2) **正しい**

59 (1) $x=0.\dot{3}=0.333\cdots\cdots$ とおくと
$10x=3.333\cdots\cdots$ ……①
$x=0.333\cdots\cdots$ ……②
①−② より $9x=3$
よって $x=\frac{3}{9}=\boldsymbol{\frac{1}{3}}$

(2) $x=0.\dot{1}\dot{2}=0.121212\cdots\cdots$ とおくと
$100x=12.121212\cdots\cdots$ ……①
$x=0.121212\cdots\cdots$ ……②
①−② より $99x=12$
よって $x=\frac{12}{99}=\boldsymbol{\frac{4}{33}}$

(3) $x=1.1\dot{3}\dot{6}=1.13636\cdots\cdots$ とおくと
$100x=113.63636\cdots\cdots$ ……①
$x=1.13636\cdots\cdots$ ……②
①−② より $99x=112.5$
よって $x=\frac{1125}{990}=\boldsymbol{\frac{25}{22}}$

(4) $x=1.2\dot{3}=1.23333\cdots\cdots$ とおくと
$10x=12.3333\cdots\cdots$ ……①
$x=1.2333\cdots\cdots$ ……②
①−② より $9x=11.1$
よって $x=\frac{111}{90}=\boldsymbol{\frac{37}{30}}$

60 (1) $|2a-3|-|4-3a|$
$=|2\times2-3|-|4-3\times2|=|1|-|-2|$
$=1-2=\mathbf{-1}$

(2) $|2a-3|-|4-3a|$
$=|2\times1-3|-|4-3\times1|=|-1|-|1|=1-1=\mathbf{0}$

(3) $|2a-3|-|4-3a|$
$=|2\times0-3|-|4-3\times0|=|-3|-|4|$
$=3-4=\mathbf{-1}$

(4) $|2a-3|-|4-3a|$
$=|2\times(-1)-3|-|4-3\times(-1)|=|-5|-|7|$
$=5-7=\mathbf{-2}$

61 (1) 7の平方根は $\sqrt{7}$ と $-\sqrt{7}$，
すなわち　$\pm\sqrt{\mathbf{7}}$

(2) $\sqrt{36}=\mathbf{6}$

(3) $\frac{1}{9}$ の平方根は $\frac{1}{3}$ と $-\frac{1}{3}$，すなわち　$\pm\frac{\mathbf{1}}{\mathbf{3}}$

(4) $\sqrt{\frac{1}{4}}=\frac{\mathbf{1}}{\mathbf{2}}$

62 (1) $\sqrt{7^2}=\mathbf{7}$

(2) $\sqrt{(-3)^2}=-(-3)=\mathbf{3}$

(3) $\sqrt{\left(\frac{2}{3}\right)^2}=\frac{\mathbf{2}}{\mathbf{3}}$

(4) $\sqrt{\left(-\frac{5}{8}\right)^2}=-\left(-\frac{5}{8}\right)=\frac{\mathbf{5}}{\mathbf{8}}$

63 (1) $\sqrt{3}\times\sqrt{5}=\sqrt{3\times5}=\sqrt{\mathbf{15}}$

(2) $\sqrt{6}\times\sqrt{7}=\sqrt{6\times7}=\sqrt{\mathbf{42}}$

(3) $\sqrt{2}\times\sqrt{3}\times\sqrt{5}=\sqrt{2\times3\times5}=\sqrt{\mathbf{30}}$

(4) $\frac{\sqrt{10}}{\sqrt{5}}=\sqrt{\frac{10}{5}}=\sqrt{\mathbf{2}}$

(5) $\frac{\sqrt{30}}{\sqrt{6}}=\sqrt{\frac{30}{6}}=\sqrt{\mathbf{5}}$

(6) $\sqrt{12}\div\sqrt{3}=\frac{\sqrt{12}}{\sqrt{3}}=\sqrt{\frac{12}{3}}=\sqrt{4}=\mathbf{2}$

64 (1) $\sqrt{8}=\sqrt{2^2\times2}=\mathbf{2\sqrt{2}}$

(2) $\sqrt{24}=\sqrt{2^2\times6}=\mathbf{2\sqrt{6}}$

(3) $\sqrt{28}=\sqrt{2^2\times7}=\mathbf{2\sqrt{7}}$

(4) $\sqrt{32}=\sqrt{4^2\times2}=\mathbf{4\sqrt{2}}$

(5) $\sqrt{63}=\sqrt{3^2\times7}=\mathbf{3\sqrt{7}}$

(6) $\sqrt{98}=\sqrt{7^2\times2}=\mathbf{7\sqrt{2}}$

65 (1) $\sqrt{3}\times\sqrt{15}$
$=\sqrt{3\times15}=\sqrt{3\times3\times5}$
$=\sqrt{3^2\times5}=\mathbf{3\sqrt{5}}$

(2) $\sqrt{6}\times\sqrt{2}$
$=\sqrt{6\times2}=\sqrt{2\times3\times2}$
$=\sqrt{2^2\times3}=\mathbf{2\sqrt{3}}$

(3) $\sqrt{6}\times\sqrt{12}$
$=\sqrt{6\times12}=\sqrt{6\times2\times6}$
$=\sqrt{6^2\times2}=\mathbf{6\sqrt{2}}$

(4) $\sqrt{5}\times\sqrt{20}$
$=\sqrt{5\times20}=\sqrt{5\times4\times5}$
$=\sqrt{5^2\times2^2}=5\times2=\mathbf{10}$

66 (1) $3\sqrt{3}-\sqrt{3}=(3-1)\sqrt{3}=\mathbf{2\sqrt{3}}$

(2) $\sqrt{2}-2\sqrt{2}+5\sqrt{2}=(1-2+5)\sqrt{2}=\mathbf{4\sqrt{2}}$

(3) $\sqrt{18}-\sqrt{32}=3\sqrt{2}-4\sqrt{2}$
$=(3-4)\sqrt{2}=\mathbf{-\sqrt{2}}$

(4) $\sqrt{12}+\sqrt{48}-5\sqrt{3}$
$=2\sqrt{3}+4\sqrt{3}-5\sqrt{3}$
$=(2+4-5)\sqrt{3}$
$=\mathbf{\sqrt{3}}$

(5) $(3\sqrt{2}-3\sqrt{3})+(\sqrt{2}+2\sqrt{3})$
$=3\sqrt{2}-3\sqrt{3}+\sqrt{2}+2\sqrt{3}$
$=(3+1)\sqrt{2}+(-3+2)\sqrt{3}$
$=\mathbf{4\sqrt{2}-\sqrt{3}}$

(6) $(\sqrt{20}-\sqrt{8})-(\sqrt{5}-\sqrt{32})$
$=(2\sqrt{5}-2\sqrt{2})-(\sqrt{5}-4\sqrt{2})$
$=2\sqrt{5}-2\sqrt{2}-\sqrt{5}+4\sqrt{2}$
$=(-2+4)\sqrt{2}+(2-1)\sqrt{5}$
$=\mathbf{2\sqrt{2}+\sqrt{5}}$

67 (1) $(3\sqrt{2}-\sqrt{3})(\sqrt{2}+2\sqrt{3})$
$=3\times(\sqrt{2})^2+3\sqrt{2}\times2\sqrt{3}-\sqrt{3}\times\sqrt{2}-2\times(\sqrt{3})^2$
$=3\times2+6\sqrt{6}-\sqrt{6}-2\times3$
$=6+(6-1)\sqrt{6}-6$
$=\mathbf{5\sqrt{6}}$

(2) $(2\sqrt{2}-\sqrt{5})(3\sqrt{2}+2\sqrt{5})$
$=2\times3\times(\sqrt{2})^2+2\sqrt{2}\times2\sqrt{5}-\sqrt{5}\times3\sqrt{2}$
$-2\times(\sqrt{5})^2$
$=6\times2+4\sqrt{10}-3\sqrt{10}-2\times5$
$=12+(4-3)\sqrt{10}-10$
$=\mathbf{2+\sqrt{10}}$

(3) $(\sqrt{3}+2)^2$
$=(\sqrt{3})^2+2\times\sqrt{3}\times2+2^2$
$=3+4\sqrt{3}+4$
$=\mathbf{7+4\sqrt{3}}$

(4) $(\sqrt{3}+\sqrt{7})^2$
$=(\sqrt{3})^2+2\times\sqrt{3}\times\sqrt{7}+(\sqrt{7})^2$
$=3+2\sqrt{21}+7$

$=\mathbf{10+2\sqrt{21}}$

(5) $(\sqrt{2}-1)^2$

$=(\sqrt{2})^2-2\times\sqrt{2}\times1+1^2$

$=2-2\sqrt{2}+1$

$=\mathbf{3-2\sqrt{2}}$

(6) $(2\sqrt{3}-2\sqrt{2})^2$

$=(2\sqrt{3})^2-2\times2\sqrt{3}\times2\sqrt{2}+(2\sqrt{2})^2$

$=12-8\sqrt{6}+8$

$=\mathbf{20-8\sqrt{6}}$

(7) $(\sqrt{7}+\sqrt{2})(\sqrt{7}-\sqrt{2})$

$=(\sqrt{7})^2-(\sqrt{2})^2=7-2=\mathbf{5}$

68 (1) $\dfrac{\sqrt{2}}{\sqrt{5}}=\dfrac{\sqrt{2}\times\sqrt{5}}{\sqrt{5}\times\sqrt{5}}=\mathbf{\dfrac{\sqrt{10}}{5}}$

(2) $\dfrac{8}{\sqrt{2}}=\dfrac{8\times\sqrt{2}}{\sqrt{2}\times\sqrt{2}}=\dfrac{8\sqrt{2}}{2}=\mathbf{4\sqrt{2}}$

(3) $\dfrac{9}{\sqrt{3}}=\dfrac{9\times\sqrt{3}}{\sqrt{3}\times\sqrt{3}}=\dfrac{9\sqrt{3}}{3}=\mathbf{3\sqrt{3}}$

(4) $\dfrac{3}{2\sqrt{3}}=\dfrac{3\times\sqrt{3}}{2\sqrt{3}\times\sqrt{3}}=\dfrac{3\sqrt{3}}{2\times3}=\mathbf{\dfrac{\sqrt{3}}{2}}$

(5) $\dfrac{\sqrt{5}}{\sqrt{27}}=\dfrac{\sqrt{5}}{3\sqrt{3}}=\dfrac{\sqrt{5}\times\sqrt{3}}{3\sqrt{3}\times\sqrt{3}}=\dfrac{\sqrt{15}}{3\times3}=\mathbf{\dfrac{\sqrt{15}}{9}}$

69 (1) $\dfrac{1}{\sqrt{5}-\sqrt{3}}$

$=\dfrac{\sqrt{5}+\sqrt{3}}{(\sqrt{5}-\sqrt{3})(\sqrt{5}+\sqrt{3})}$

$=\dfrac{\sqrt{5}+\sqrt{3}}{(\sqrt{5})^2-(\sqrt{3})^2}$

$=\dfrac{\sqrt{5}+\sqrt{3}}{5-3}$

$=\mathbf{\dfrac{\sqrt{5}+\sqrt{3}}{2}}$

(2) $\dfrac{4}{\sqrt{7}+\sqrt{3}}$

$=\dfrac{4(\sqrt{7}-\sqrt{3})}{(\sqrt{7}+\sqrt{3})(\sqrt{7}-\sqrt{3})}$

$=\dfrac{4(\sqrt{7}-\sqrt{3})}{(\sqrt{7})^2-(\sqrt{3})^2}$

$=\dfrac{4(\sqrt{7}-\sqrt{3})}{7-3}$

$=\dfrac{4(\sqrt{7}-\sqrt{3})}{4}$

$=\mathbf{\sqrt{7}-\sqrt{3}}$

(3) $\dfrac{2}{\sqrt{3}+1}$

$=\dfrac{2(\sqrt{3}-1)}{(\sqrt{3}+1)(\sqrt{3}-1)}$

$=\dfrac{2(\sqrt{3}-1)}{(\sqrt{3})^2-1^2}$

$=\dfrac{2(\sqrt{3}-1)}{3-1}$

$=\dfrac{2(\sqrt{3}-1)}{2}$

$=\mathbf{\sqrt{3}-1}$

(4) $\dfrac{\sqrt{2}}{2-\sqrt{5}}$

$=\dfrac{\sqrt{2}(2+\sqrt{5})}{(2-\sqrt{5})(2+\sqrt{5})}$

$=\dfrac{\sqrt{2}(2+\sqrt{5})}{2^2-(\sqrt{5})^2}$

$=\dfrac{\sqrt{2}(2+\sqrt{5})}{4-5}$

$=\dfrac{\sqrt{2}(2+\sqrt{5})}{-1}$

$=\mathbf{-2\sqrt{2}-\sqrt{10}}$

(5) $\dfrac{5}{2+\sqrt{3}}$

$=\dfrac{5(2-\sqrt{3})}{(2+\sqrt{3})(2-\sqrt{3})}$

$=\dfrac{5(2-\sqrt{3})}{2^2-(\sqrt{3})^2}$

$=\dfrac{5(2-\sqrt{3})}{4-3}$

$=\dfrac{5(2-\sqrt{3})}{1}$

$=\mathbf{10-5\sqrt{3}}$

(6) $\dfrac{\sqrt{11}-3}{\sqrt{11}+3}$

$=\dfrac{(\sqrt{11}-3)^2}{(\sqrt{11}+3)(\sqrt{11}-3)}$

$=\dfrac{11-6\sqrt{11}+9}{(\sqrt{11})^2-3^2}$

$=\dfrac{20-6\sqrt{11}}{11-9}$

$=\dfrac{2(10-3\sqrt{11})}{2}$

$=\mathbf{10-3\sqrt{11}}$

(7) $\dfrac{3-\sqrt{7}}{3+\sqrt{7}}$

$=\dfrac{(3-\sqrt{7})^2}{(3+\sqrt{7})(3-\sqrt{7})}$

$=\dfrac{9-6\sqrt{7}+7}{3^2-(\sqrt{7})^2}$

$=\dfrac{16-6\sqrt{7}}{9-7}$

$=\dfrac{2(8-3\sqrt{7})}{2}$

$=\mathbf{8-3\sqrt{7}}$

(8) $\dfrac{\sqrt{2}+\sqrt{5}}{\sqrt{2}-\sqrt{5}}$

$=\dfrac{(\sqrt{2}+\sqrt{5})^2}{(\sqrt{2}-\sqrt{5})(\sqrt{2}+\sqrt{5})}$

$=\dfrac{2+2\sqrt{10}+5}{(\sqrt{2})^2-(\sqrt{5})^2}$

$=\dfrac{7+2\sqrt{10}}{2-5}$

$=\dfrac{7+2\sqrt{10}}{-3}$

$=\mathbf{-\dfrac{7+2\sqrt{10}}{3}}$

70 考え方 まず根号の中を計算する。
求める値は 0 以上であることに注意する。

(1) $x=7$ のとき
$\sqrt{(x-3)^2}=\sqrt{(7-3)^2}$
$=\sqrt{4^2}=\mathbf{4}$

(2) $x=3$ のとき
$\sqrt{(x-3)^2}=\sqrt{(3-3)^2}$
$=\sqrt{0^2}=\mathbf{0}$

(3) $x=1$ のとき
$\sqrt{(x-3)^2}=\sqrt{(1-3)^2}$
$=\sqrt{(-2)^2}=-(-2)=\mathbf{2}$

別解 $\sqrt{(x-3)^2}=|x-3|$ であるから，x の各値を $|x-3|$ に代入してもよい。

71 (1) $(\sqrt{32}-\sqrt{75})-(2\sqrt{18}-3\sqrt{12})$
$=(4\sqrt{2}-5\sqrt{3})-(2\times3\sqrt{2}-3\times2\sqrt{3})$
$=4\sqrt{2}-5\sqrt{3}-6\sqrt{2}+6\sqrt{3}$
$=\mathbf{-2\sqrt{2}+\sqrt{3}}$

(2) $(3\sqrt{8}+2\sqrt{12})-(\sqrt{50}-3\sqrt{27})$
$=(3\times2\sqrt{2}+2\times2\sqrt{3})-(5\sqrt{2}-3\times3\sqrt{3})$
$=6\sqrt{2}+4\sqrt{3}-5\sqrt{2}+9\sqrt{3}$
$=\mathbf{\sqrt{2}+13\sqrt{3}}$

(3) $(\sqrt{20}-\sqrt{2})(\sqrt{5}+\sqrt{32})$
$=(2\sqrt{5}-\sqrt{2})(\sqrt{5}+4\sqrt{2})$
$=2\times(\sqrt{5})^2+2\sqrt{5}\times4\sqrt{2}-\sqrt{2}\times\sqrt{5}-4\times(\sqrt{2})^2$
$=2\times5+8\sqrt{10}-\sqrt{10}-4\times2$
$=\mathbf{2+7\sqrt{10}}$

(4) $(\sqrt{27}-\sqrt{32})^2=(3\sqrt{3}-4\sqrt{2})^2$
$=(3\sqrt{3})^2-2\times3\sqrt{3}\times4\sqrt{2}+(4\sqrt{2})^2$
$=27-24\sqrt{6}+32$
$=\mathbf{59-24\sqrt{6}}$

72 (1) $\dfrac{1}{\sqrt{3}}-\dfrac{1}{\sqrt{12}}-\dfrac{1}{\sqrt{27}}$

$=\dfrac{1}{\sqrt{3}}-\dfrac{1}{2\sqrt{3}}-\dfrac{1}{3\sqrt{3}}$

$=\dfrac{\sqrt{3}}{3}-\dfrac{\sqrt{3}}{6}-\dfrac{\sqrt{3}}{9}$

$=\dfrac{6\sqrt{3}-3\sqrt{3}-2\sqrt{3}}{18}$

$=\mathbf{\dfrac{\sqrt{3}}{18}}$

(2) $\dfrac{1}{3-\sqrt{5}}+\dfrac{1}{3+\sqrt{5}}$

$=\dfrac{3+\sqrt{5}}{(3-\sqrt{5})(3+\sqrt{5})}+\dfrac{3-\sqrt{5}}{(3+\sqrt{5})(3-\sqrt{5})}$

$=\dfrac{3+\sqrt{5}}{3^2-(\sqrt{5})^2}+\dfrac{3-\sqrt{5}}{3^2-(\sqrt{5})^2}$

$=\dfrac{3+\sqrt{5}}{4}+\dfrac{3-\sqrt{5}}{4}$

$=\dfrac{6}{4}=\mathbf{\dfrac{3}{2}}$

(3) $\dfrac{\sqrt{3}}{\sqrt{3}+\sqrt{2}}-\dfrac{\sqrt{2}}{\sqrt{3}-\sqrt{2}}$

$=\dfrac{\sqrt{3}(\sqrt{3}-\sqrt{2})}{(\sqrt{3}+\sqrt{2})(\sqrt{3}-\sqrt{2})}-\dfrac{\sqrt{2}(\sqrt{3}+\sqrt{2})}{(\sqrt{3}-\sqrt{2})(\sqrt{3}+\sqrt{2})}$

$=\dfrac{3-\sqrt{6}}{(\sqrt{3})^2-(\sqrt{2})^2}-\dfrac{\sqrt{6}+2}{(\sqrt{3})^2-(\sqrt{2})^2}$

$=\dfrac{3-\sqrt{6}}{1}-\dfrac{\sqrt{6}+2}{1}$

$=3-\sqrt{6}-\sqrt{6}-2$

$=\mathbf{1-2\sqrt{6}}$

(4) $\dfrac{4}{\sqrt{5}-1}-\dfrac{1}{\sqrt{5}+2}$

$=\dfrac{4(\sqrt{5}+1)}{(\sqrt{5}-1)(\sqrt{5}+1)}-\dfrac{\sqrt{5}-2}{(\sqrt{5}+2)(\sqrt{5}-2)}$

$=\dfrac{4(\sqrt{5}+1)}{(\sqrt{5})^2-1^2}-\dfrac{\sqrt{5}-2}{(\sqrt{5})^2-2^2}$

$=\dfrac{4(\sqrt{5}+1)}{4}-\dfrac{\sqrt{5}-2}{1}$

$=\sqrt{5}+1-\sqrt{5}+2$

$=\mathbf{3}$

73 (1) $\dfrac{3}{\sqrt{5}-\sqrt{2}}-\dfrac{2}{\sqrt{5}+\sqrt{3}}-\dfrac{1}{\sqrt{3}-\sqrt{2}}$

$=\dfrac{3(\sqrt{5}+\sqrt{2})}{(\sqrt{5}-\sqrt{2})(\sqrt{5}+\sqrt{2})}-\dfrac{2(\sqrt{5}-\sqrt{3})}{(\sqrt{5}+\sqrt{3})(\sqrt{5}-\sqrt{3})}$

$-\dfrac{\sqrt{3}+\sqrt{2}}{(\sqrt{3}-\sqrt{2})(\sqrt{3}+\sqrt{2})}$

$=\dfrac{3(\sqrt{5}+\sqrt{2})}{(\sqrt{5})^2-(\sqrt{2})^2}-\dfrac{2(\sqrt{5}-\sqrt{3})}{(\sqrt{5})^2-(\sqrt{3})^2}$

$-\dfrac{\sqrt{3}+\sqrt{2}}{(\sqrt{3})^2-(\sqrt{2})^2}$

$=\dfrac{3(\sqrt{5}+\sqrt{2})}{3}-\dfrac{2(\sqrt{5}-\sqrt{3})}{2}-\dfrac{\sqrt{3}+\sqrt{2}}{1}$

$=\sqrt{5}+\sqrt{2}-\sqrt{5}+\sqrt{3}-\sqrt{3}-\sqrt{2}$

$=\mathbf{0}$

(2) $\dfrac{\sqrt{3}}{3-\sqrt{6}}+\dfrac{2}{\sqrt{5}+\sqrt{3}}+\dfrac{\sqrt{3}+\sqrt{2}}{5+2\sqrt{6}}$

$=\dfrac{\sqrt{3}(3+\sqrt{6})}{(3-\sqrt{6})(3+\sqrt{6})}+\dfrac{2(\sqrt{5}-\sqrt{3})}{(\sqrt{5}+\sqrt{3})(\sqrt{5}-\sqrt{3})}$

$+\dfrac{(\sqrt{3}+\sqrt{2})(5-2\sqrt{6})}{(5+2\sqrt{6})(5-2\sqrt{6})}$

$=\dfrac{3\sqrt{3}+3\sqrt{2}}{3^2-(\sqrt{6})^2}+\dfrac{2(\sqrt{5}-\sqrt{3})}{(\sqrt{5})^2-(\sqrt{3})^2}$

$+\dfrac{5\sqrt{3}-6\sqrt{2}+5\sqrt{2}-4\sqrt{3}}{5^2-(2\sqrt{6})^2}$

$=\dfrac{3(\sqrt{3}+\sqrt{2})}{3}+\dfrac{2(\sqrt{5}-\sqrt{3})}{2}+\dfrac{\sqrt{3}-\sqrt{2}}{1}$

$=\sqrt{3}+\sqrt{2}+\sqrt{5}-\sqrt{3}+\sqrt{3}-\sqrt{2}$

$=\boldsymbol{\sqrt{3}+\sqrt{5}}$

参考 $5+2\sqrt{6}=(\sqrt{3}+\sqrt{2})^2$ を利用してもよい。

74 (1) $x+y$

$=\dfrac{\sqrt{3}-1}{\sqrt{3}+1}+\dfrac{\sqrt{3}+1}{\sqrt{3}-1}$

$=\dfrac{(\sqrt{3}-1)^2}{(\sqrt{3}+1)(\sqrt{3}-1)}+\dfrac{(\sqrt{3}+1)^2}{(\sqrt{3}-1)(\sqrt{3}+1)}$

$=\dfrac{4-2\sqrt{3}}{2}+\dfrac{4+2\sqrt{3}}{2}$

$=2-\sqrt{3}+2+\sqrt{3}=\mathbf{4}$

(2) xy

$=\dfrac{\sqrt{3}-1}{\sqrt{3}+1}\times\dfrac{\sqrt{3}+1}{\sqrt{3}-1}$

$=\mathbf{1}$

(3) x^2+y^2

$=(x+y)^2-2xy$

$=4^2-2\times1$

$=\mathbf{14}$

(4) x^3+y^3

$=(x+y)^3-3xy(x+y)$

$=4^3-3\times1\times4$

$=\mathbf{52}$

別解 x^3+y^3

$=(x+y)(x^2-xy+y^2)$

$=4(14-1)$

$=4\times13=\mathbf{52}$

(5) $\dfrac{x}{y}+\dfrac{y}{x}=\dfrac{x^2+y^2}{xy}=\dfrac{14}{1}=\mathbf{14}$

75 (1) $x=\dfrac{2}{\sqrt{3}+1}=\dfrac{2(\sqrt{3}-1)}{(\sqrt{3}+1)(\sqrt{3}-1)}$

$=\dfrac{2(\sqrt{3}-1)}{2}=\boldsymbol{\sqrt{3}-1}$

(2) (1)より　$x=\sqrt{3}-1$

であるから　$x+1=\sqrt{3}$

よって　$(x+1)^2=(\sqrt{3})^2=\mathbf{3}$

(3) $x^2+2x+2=(x+1)^2+1$

$=3+1=\mathbf{4}$

76 $\dfrac{2}{3-\sqrt{7}}=\dfrac{2(3+\sqrt{7})}{(3-\sqrt{7})(3+\sqrt{7})}=\dfrac{2(3+\sqrt{7})}{2}$

$=3+\sqrt{7}$

ここで，$2<\sqrt{7}<3$ であるから　$5<3+\sqrt{7}<6$

ゆえに　$a=\mathbf{5}$

よって　$b=3+\sqrt{7}-5$

$=\boldsymbol{\sqrt{7}-2}$

77 (1) $\sqrt{7+2\sqrt{12}}$

$=\sqrt{(4+3)+2\sqrt{4\times3}}$

$=\sqrt{(\sqrt{4}+\sqrt{3})^2}$

$=\sqrt{(2+\sqrt{3})^2}=\boldsymbol{2+\sqrt{3}}$

(2) $\sqrt{9-2\sqrt{14}}$

$=\sqrt{(7+2)-2\sqrt{7\times2}}$

$=\sqrt{(\sqrt{7}-\sqrt{2})^2}$

$=\boldsymbol{\sqrt{7}-\sqrt{2}}$

(3) $\sqrt{8+\sqrt{48}}$

$=\sqrt{8+2\sqrt{12}}$

$=\sqrt{(6+2)+2\sqrt{6\times2}}$

$=\sqrt{(\sqrt{6}+\sqrt{2})^2}$

$=\boldsymbol{\sqrt{6}+\sqrt{2}}$

(4) $\sqrt{5-\sqrt{24}}$

$=\sqrt{5-2\sqrt{6}}$

$=\sqrt{(3+2)-2\sqrt{3\times2}}$
$=\sqrt{(\sqrt{3}-\sqrt{2})^2}$
$=\boldsymbol{\sqrt{3}-\sqrt{2}}$

(5) $\sqrt{15-6\sqrt{6}}$
$=\sqrt{15-2\sqrt{54}}$
$=\sqrt{(9+6)-2\sqrt{9\times6}}$
$=\sqrt{(\sqrt{9}-\sqrt{6})^2}$
$=\sqrt{(3-\sqrt{6})^2}$
$=\boldsymbol{3-\sqrt{6}}$

(6) $\sqrt{11+4\sqrt{6}}$
$=\sqrt{11+2\sqrt{24}}$
$=\sqrt{(8+3)+2\sqrt{8\times3}}$
$=\sqrt{(\sqrt{8}+\sqrt{3})^2}$
$=\sqrt{(2\sqrt{2}+\sqrt{3})^2}$
$=\boldsymbol{2\sqrt{2}+\sqrt{3}}$

78 (1) $\sqrt{3+\sqrt{5}}$
$=\sqrt{\dfrac{6+2\sqrt{5}}{2}}$
$=\dfrac{\sqrt{6+2\sqrt{5}}}{\sqrt{2}}$
$=\dfrac{\sqrt{(\sqrt{5}+1)^2}}{\sqrt{2}}$
$=\dfrac{\sqrt{5}+1}{\sqrt{2}}$
$=\dfrac{(\sqrt{5}+1)\times\sqrt{2}}{\sqrt{2}\times\sqrt{2}}$
$=\boldsymbol{\dfrac{\sqrt{10}+\sqrt{2}}{2}}$

(2) $\sqrt{4-\sqrt{7}}$
$=\sqrt{\dfrac{8-2\sqrt{7}}{2}}$
$=\dfrac{\sqrt{8-2\sqrt{7}}}{\sqrt{2}}$
$=\dfrac{\sqrt{(\sqrt{7}-1)^2}}{\sqrt{2}}$
$=\dfrac{\sqrt{7}-1}{\sqrt{2}}$
$=\dfrac{(\sqrt{7}-1)\times\sqrt{2}}{\sqrt{2}\times\sqrt{2}}$
$=\boldsymbol{\dfrac{\sqrt{14}-\sqrt{2}}{2}}$

(3) $\sqrt{6+3\sqrt{3}}$
$=\sqrt{\dfrac{12+6\sqrt{3}}{2}}$
$=\dfrac{\sqrt{12+2\sqrt{27}}}{\sqrt{2}}$
$=\dfrac{\sqrt{(\sqrt{9}+\sqrt{3})^2}}{\sqrt{2}}$
$=\dfrac{\sqrt{(3+\sqrt{3})^2}}{\sqrt{2}}$
$=\dfrac{3+\sqrt{3}}{\sqrt{2}}$
$=\dfrac{(3+\sqrt{3})\times\sqrt{2}}{\sqrt{2}\times\sqrt{2}}$
$=\boldsymbol{\dfrac{3\sqrt{2}+\sqrt{6}}{2}}$

(4) $\sqrt{14-5\sqrt{3}}$
$=\sqrt{\dfrac{28-10\sqrt{3}}{2}}$
$=\dfrac{\sqrt{28-2\sqrt{75}}}{\sqrt{2}}$
$=\dfrac{\sqrt{(\sqrt{25}-\sqrt{3})^2}}{\sqrt{2}}$
$=\dfrac{\sqrt{(5-\sqrt{3})^2}}{\sqrt{2}}$
$=\dfrac{5-\sqrt{3}}{\sqrt{2}}$
$=\dfrac{(5-\sqrt{3})\times\sqrt{2}}{\sqrt{2}\times\sqrt{2}}$
$=\boldsymbol{\dfrac{5\sqrt{2}-\sqrt{6}}{2}}$

79 (1) $\dfrac{1}{\sqrt{2}+\sqrt{3}+\sqrt{5}}$
$=\dfrac{\sqrt{2}+\sqrt{3}-\sqrt{5}}{(\sqrt{2}+\sqrt{3}+\sqrt{5})(\sqrt{2}+\sqrt{3}-\sqrt{5})}$
$=\dfrac{\sqrt{2}+\sqrt{3}-\sqrt{5}}{(\sqrt{2}+\sqrt{3})^2-(\sqrt{5})^2}$
$=\dfrac{\sqrt{2}+\sqrt{3}-\sqrt{5}}{2\sqrt{6}}$
$=\dfrac{(\sqrt{2}+\sqrt{3}-\sqrt{5})\times\sqrt{6}}{2\sqrt{6}\times\sqrt{6}}$
$=\boldsymbol{\dfrac{2\sqrt{3}+3\sqrt{2}-\sqrt{30}}{12}}$

(2) $\dfrac{1}{\sqrt{2}+\sqrt{5}+\sqrt{7}}$
$=\dfrac{\sqrt{2}+\sqrt{5}-\sqrt{7}}{(\sqrt{2}+\sqrt{5}+\sqrt{7})(\sqrt{2}+\sqrt{5}-\sqrt{7})}$

$=\dfrac{\sqrt{2}+\sqrt{5}-\sqrt{7}}{(\sqrt{2}+\sqrt{5})^2-(\sqrt{7})^2}$

$=\dfrac{\sqrt{2}+\sqrt{5}-\sqrt{7}}{2\sqrt{10}}$

$=\dfrac{(\sqrt{2}+\sqrt{5}-\sqrt{7})\times\sqrt{10}}{2\sqrt{10}\times\sqrt{10}}$

$=\boldsymbol{\dfrac{2\sqrt{5}+5\sqrt{2}-\sqrt{70}}{20}}$

80 (1) $\boldsymbol{x<-2}$　(2) $\boldsymbol{x<3}$
(3) $\boldsymbol{x\leqq 4}$　(4) $\boldsymbol{x>3}$
(5) $\boldsymbol{x\geqq 10}$　(6) $\boldsymbol{-3\leqq x\leqq 3}$
(7) $\boldsymbol{0<x<3}$

81 (1) $\boldsymbol{2x-3>6}$　(2) $\boldsymbol{\dfrac{x}{3}+2\leqq 5x}$
(3) $\boldsymbol{-5\leqq -5x-4<3}$　(4) $\boldsymbol{60x+150\times 3<1800}$

82 (1) $\boldsymbol{a+3<b+3}$　(2) $\boldsymbol{a-5<b-5}$
(3) $\boldsymbol{4a<4b}$　(4) $\boldsymbol{-5a>-5b}$
(5) $\boldsymbol{\dfrac{a}{5}<\dfrac{b}{5}}$　(6) $\boldsymbol{-\dfrac{a}{5}>-\dfrac{b}{5}}$
(7) $2a<2b$ より　$\boldsymbol{2a-1<2b-1}$
(8) $-3a>-3b$ より　$\boldsymbol{1-3a>1-3b}$

83 (1)
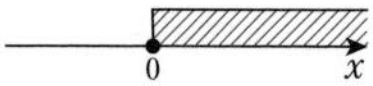

(2)
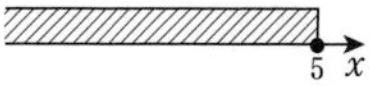

(3)
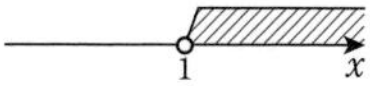

(4)
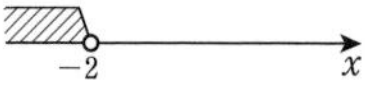

84 (1) $x-1>2$
$x>2+1$
$\boldsymbol{x>3}$
(2) $x+5<12$
$x<12-5$
$\boldsymbol{x<7}$
(3) $x+8\leqq 6$
$x\leqq 6-8$
$\boldsymbol{x\leqq -2}$
(4) $x-6\geqq 0$
$x\geqq 0+6$
$\boldsymbol{x\geqq 6}$
(5) $3+x>-2$
$x>-2-3$
$\boldsymbol{x>-5}$
(6) $-2+x\leqq -2$
$x\leqq -2+2$
$\boldsymbol{x\leqq 0}$

85 (1) $2x-1>3$
移項すると　$2x>3+1$
整理すると　$2x>4$
両辺を 2 で割って
$\boldsymbol{x>2}$
(2) $3x+5<20$
移項すると　$3x<20-5$
整理すると　$3x<15$
両辺を 3 で割って
$\boldsymbol{x<5}$
(3) $4x-1\leqq 6$
移項すると　$4x\leqq 6+1$
整理すると　$4x\leqq 7$
両辺を 4 で割って
$\boldsymbol{x\leqq\dfrac{7}{4}}$
(4) $2x+1\geqq 0$
移項すると　$2x\geqq 0-1$
整理すると　$2x\geqq -1$
両辺を 2 で割って
$\boldsymbol{x\geqq -\dfrac{1}{2}}$
(5) $-3x+2\leqq 5$
移項すると　$-3x\leqq 5-2$
整理すると　$-3x\leqq 3$
両辺を -3 で割って
$\boldsymbol{x\geqq -1}$
(6) $6-2x\geqq 3$
移項すると　$-2x\geqq 3-6$
整理すると　$-2x\geqq -3$
両辺を -2 で割って
$\boldsymbol{x\leqq\dfrac{3}{2}}$

86 (1) $7-4x<3-2x$
移項すると　$-4x+2x<3-7$
整理すると　$-2x<-4$
両辺を -2 で割って
$\boldsymbol{x>2}$
(2) $7x+1\leqq 2x-4$
移項すると　$7x-2x\leqq -4-1$

整理すると　$5x \leqq -5$
両辺を 5 で割って
$\boldsymbol{x \leqq -1}$

(3)　$2x+3<4x+7$
移項すると　$2x-4x<7-3$
整理すると　$-2x<4$
両辺を -2 で割って
$\boldsymbol{x>-2}$

(4)　$3x+5 \geqq 6x-4$
移項すると　$3x-6x \geqq -4-5$
整理すると　$-3x \geqq -9$
両辺を -3 で割って
$\boldsymbol{x \leqq 3}$

(5)　$12-x \leqq 3x-2$
移項すると　$-x-3x \leqq -2-12$
整理すると　$-4x \leqq -14$
両辺を -4 で割って
$\boldsymbol{x \geqq \frac{7}{2}}$

(6)　$2(x-3)>x-5$
$2x-6>x-5$
移項すると　$2x-x>-5+6$
整理すると　$\boldsymbol{x>1}$

(7)　$7x-18 \geqq 3(x-1)$
$7x-18 \geqq 3x-3$
移項すると　$7x-3x \geqq -3+18$
整理すると　$4x \geqq 15$
両辺を 4 で割って
$\boldsymbol{x \geqq \frac{15}{4}}$

(8)　$5(1-x)<3x-7$
$5-5x<3x-7$
移項すると　$-5x-3x<-7-5$
整理すると　$-8x<-12$
両辺を -8 で割って
$\boldsymbol{x>\frac{3}{2}}$

87　(1)　$x-1<2-\frac{3}{2}x$
両辺に 2 を掛けると
$2x-2<4-3x$
移項して整理すると　$5x<6$
両辺を 5 で割って
$\boldsymbol{x<\frac{6}{5}}$

(2)　$x+\frac{2}{3} \leqq 1-2x$
両辺に 3 を掛けると
$3x+2 \leqq 3-6x$
移項して整理すると　$9x \leqq 1$
両辺を 9 で割って
$\boldsymbol{x \leqq \frac{1}{9}}$

(3)　$\frac{4}{3}x-\frac{1}{3}>\frac{3}{4}x+\frac{1}{2}$
両辺に 12 を掛けると　← 2, 3, 4 の最小公倍数
$16x-4>9x+6$
移項して整理すると　$7x>10$
両辺を 7 で割って
$\boldsymbol{x>\frac{10}{7}}$

(4)　$\frac{3}{2}-\frac{1}{2}x<\frac{2}{3}x-\frac{5}{3}$
両辺に 6 を掛けると　← 2, 3 の最小公倍数
$9-3x<4x-10$
移項して整理すると　$-7x<-19$
両辺を -7 で割って
$\boldsymbol{x>\frac{19}{7}}$

(5)　$\frac{1}{2}x+\frac{1}{3}<\frac{3}{4}x-\frac{5}{6}$
両辺に 12 を掛けると　← 2, 3, 4, 6 の最小公倍数
$6x+4<9x-10$
移項して整理すると　$-3x<-14$
両辺を -3 で割って
$\boldsymbol{x>\frac{14}{3}}$

(6)　$\frac{1}{3}x+\frac{7}{6} \geqq \frac{1}{2}x+\frac{1}{3}$
両辺に 6 を掛けると　← 2, 3, 6 の最小公倍数
$2x+7 \geqq 3x+2$
移項して整理すると　$-x \geqq -5$
両辺を -1 で割って
$\boldsymbol{x \leqq 5}$

88　(1)　$0.4x+0.3 \geqq 1.2x+1.9$
両辺に 10 を掛けると
$4x+3 \geqq 12x+19$
移項して整理すると　$-8x \geqq 16$
両辺を -8 で割って
$\boldsymbol{x \leqq -2}$

(2)　$0.2x+1 \leqq 0.5x-1.6$

両辺に 10 を掛けると

$2x+10\leqq 5x-16$

移項して整理すると　$-3x\leqq -26$

両辺を -3 で割って

$\boldsymbol{x\geqq \dfrac{26}{3}}$

(3)　$2(1-3x)>\dfrac{1-5x}{2}$

両辺に 2 を掛けると

$4(1-3x)>1-5x$

$4-12x>1-5x$

移項して整理すると　$-7x>-3$

両辺を -7 で割って

$\boldsymbol{x<\dfrac{3}{7}}$

(4)　$\dfrac{1}{2}(3x+4)<x-\dfrac{1}{6}(x+1)$

両辺に 6 を掛けると

$3(3x+4)<6x-(x+1)$

$9x+12<5x-1$

移項して整理すると　$4x<-13$

両辺を 4 で割って

$\boldsymbol{x<-\dfrac{13}{4}}$

(5)　$\dfrac{3-2x}{12}>\dfrac{x+2}{9}-\dfrac{2x-1}{6}$

両辺に 36 を掛けると

$3(3-2x)>4(x+2)-6(2x-1)$

$9-6x>4x+8-12x+6$

移項して整理すると　$2x>5$

両辺を 2 で割って

$\boldsymbol{x>\dfrac{5}{2}}$

(6)　$\dfrac{4x-5}{6}-\dfrac{x-1}{3}\geqq\dfrac{2-3x}{5}$

両辺に 30 を掛けると

$5(4x-5)-10(x-1)\geqq 6(2-3x)$

$20x-25-10x+10\geqq 12-18x$

移項して整理すると　$28x\geqq 27$

両辺を 28 で割って

$\boldsymbol{x\geqq\dfrac{27}{28}}$

(7)　$\dfrac{x}{3}-\dfrac{1-2x}{6}<\dfrac{x-3}{2}+\dfrac{3}{4}$

両辺に 12 を掛けると

$4x-2(1-2x)<6(x-3)+9$

$4x-2+4x<6x-18+9$

移項して整理すると　$2x<-7$

両辺を 2 で割って

$\boldsymbol{x<-\dfrac{7}{2}}$

(8)　$\dfrac{2x-1}{3}-\dfrac{x-1}{2}\leqq-\dfrac{3(1+x)}{5}$

両辺に 30 を掛けると

$10(2x-1)-15(x-1)\leqq-18(1+x)$

$20x-10-15x+15\leqq-18-18x$

移項して整理すると　$23x\leqq-23$

両辺を 23 で割って

$\boldsymbol{x\leqq-1}$

89　(1)　$8x-2<3(x+2)$

$8x-2<3x+6$

移項して整理すると　$5x<8$

両辺を 5 で割って

$x<\dfrac{8}{5}$　　$\leftarrow \dfrac{8}{5}=1.6$

よって，$x<\dfrac{8}{5}$ を満たす最大の整数は **1** である。

(2)　$\dfrac{x-25}{4}<\dfrac{3x-2}{2}$

両辺に 4 を掛けると

$x-25<2(3x-2)$

$x-25<6x-4$

移項して整理すると　$-5x<21$

両辺を -5 で割って

$x>-\dfrac{21}{5}$　　$\leftarrow -\dfrac{21}{5}=-4.2$

よって，$x>-\dfrac{21}{5}$ を満たす負の整数は

$-4,\ -3,\ -2,\ -1$

であるから　**4 個**

90　(1)　$\begin{cases}4x-3<2x+9 & \cdots\cdots① \\ 3x>x+2 & \cdots\cdots②\end{cases}$

①の不等式を解くと　$2x<12$ より

$x<6$　……③

②の不等式を解くと　$2x>2$ より

$x>1$　……④

③，④より，

連立不等式の解は

$\boldsymbol{1<x<6}$

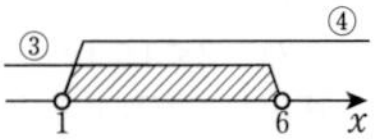

(2)　$\begin{cases}2x-3<3 & \cdots\cdots① \\ 3x+6>x-2 & \cdots\cdots②\end{cases}$

①の不等式を解くと　$2x<6$ より

$x<3$ ……③

②の不等式を解くと　$2x>-8$ より

$x>-4$ ……④

③，④より，
連立不等式の解は

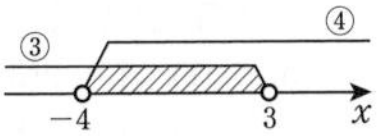

$-4<x<3$

(3) $\begin{cases} 27\geqq 2x+13 & \cdots\cdots① \\ 9\leqq 7+4x & \cdots\cdots② \end{cases}$

①の不等式を解くと　$-2x\geqq -14$ より

$x\leqq 7$ ……③

②の不等式を解くと　$-4x\leqq -2$

$x\geqq \frac{1}{2}$ ……④

③，④より，
連立不等式の解は

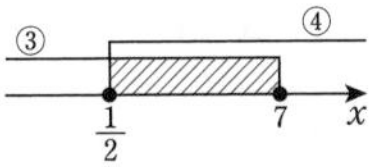

$\frac{1}{2}\leqq x\leqq 7$

(4) $\begin{cases} x-1<3x+7 & \cdots\cdots① \\ 5x+2<2x-4 & \cdots\cdots② \end{cases}$

①の不等式を解くと　$-2x<8$ より

$x>-4$ ……③

②の不等式を解くと　$3x<-6$ より

$x<-2$ ……④

③，④より，
連立不等式の解は

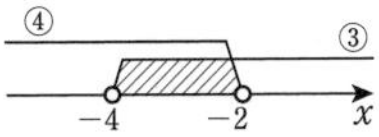

$-4<x<-2$

91 (1) $\begin{cases} 3x+1>5(x-1) & \cdots\cdots① \\ 2(x-1)>5x+4 & \cdots\cdots② \end{cases}$

①の不等式を解くと　$3x+1>5x-5$　より

$-2x>-6$

$x<3$ ……③

②の不等式を解くと　$2x-2>5x+4$　より

$-3x>6$

$x<-2$ ……④

③，④より，
連立不等式の解は

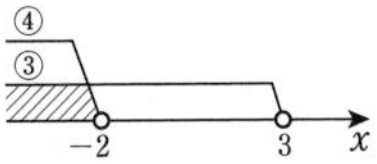

$x<-2$

(2) $\begin{cases} 2x-5(x+1)\leqq 1 & \cdots\cdots① \\ x-5\leqq 3x+7 & \cdots\cdots② \end{cases}$

①の不等式を解くと　$2x-5x-5\leqq 1$　より

$-3x\leqq 6$

$x\geqq -2$ ……③

②の不等式を解くと　$x-3x\leqq 7+5$　より

$-2x\leqq 12$

$x\geqq -6$ ……④

③，④より，
連立不等式の解は

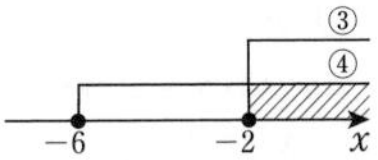

$x\geqq -2$

(3) $\begin{cases} 7x-18\geqq 3(x-2) & \cdots\cdots① \\ 2(3-x)\leqq 3(x-5)-9 & \cdots\cdots② \end{cases}$

①の不等式を解くと　$7x-18\geqq 3x-6$ より

$4x\geqq 12$

$x\geqq 3$ ……③

②の不等式を解くと　$6-2x\leqq 3x-15-9$ より

$-5x\leqq -30$

$x\geqq 6$ ……④

③，④より，
連立不等式の解は

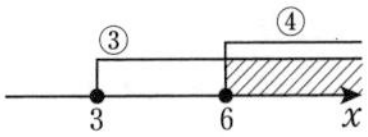

$x\geqq 6$

(4) $\begin{cases} x-1<2-\frac{3}{2}x & \cdots\cdots① \\ \frac{2}{5}x-6\leqq 2(x+1) & \cdots\cdots② \end{cases}$

①の不等式を解くと，両辺に 2 を掛けて

$2x-2<4-3x$

$5x<6$

$x<\frac{6}{5}$ ……③

②の不等式を解くと，両辺に 5 を掛けて

$2x-30\leqq 10(x+1)$　より

$2x-30\leqq 10x+10$

$-8x\leqq 40$

$x\geqq -5$ ……④

③，④より，
連立不等式の解は

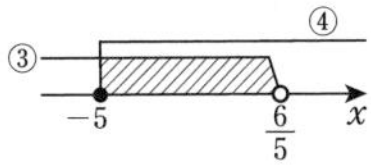

$-5\leqq x<\frac{6}{5}$

92 (1)　与えられた不等式は

$\begin{cases} -2\leqq 4x+2 & \cdots\cdots① \\ 4x+2\leqq 10 & \cdots\cdots② \end{cases}$

と表される。

①の不等式を解くと　$-4x\leqq 4$ より

$x\geqq -1$ ……③

②の不等式を解くと　$4x\leqq 8$ より

$x\leqq 2$ ……④

③，④より，
連立不等式の解は

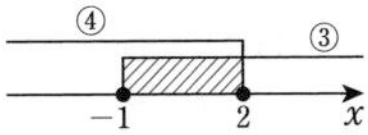

$-1\leqq x\leqq 2$

(2)　与えられた不等式は

$\begin{cases} x-7<3x-5 & \cdots\cdots① \\ 3x-5<5-2x & \cdots\cdots② \end{cases}$

第1章 数と式

と表される。

①の不等式を解くと　$-2x<2$ より

$x>-1$ ……③

②の不等式を解くと　$5x<10$ より

$x<2$ ……④

③，④より，

連立不等式の解は

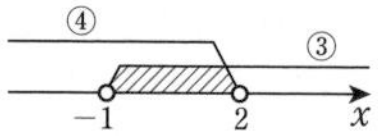

$-1<x<2$

(3)　与えられた不等式は

$$\begin{cases} 3x+2 \leqq 5x & \cdots\cdots ① \\ 5x \leqq 8x+6 & \cdots\cdots ② \end{cases}$$

と表される。

①の不等式を解くと　$-2x \leqq -2$ より

$x \geqq 1$ ……③

②の不等式を解くと　$-3x \leqq 6$ より

$x \geqq -2$ ……④

③，④より，

連立不等式の解は

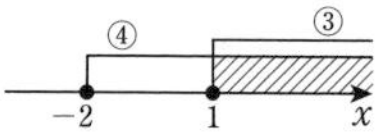

$x \geqq 1$

(4)　与えられた不等式は

$$\begin{cases} 3x+4 \geqq 2(2x-1) & \cdots\cdots ① \\ 2(2x-1)>3(x-1) & \cdots\cdots ② \end{cases}$$

と表される。

①の不等式を解くと　$3x+4 \geqq 4x-2$ より

$-x \geqq -6$

$x \leqq 6$ ……③

②の不等式を解くと　$4x-2>3x-3$ より

$x>-1$ ……④

③，④より，

連立不等式の解は

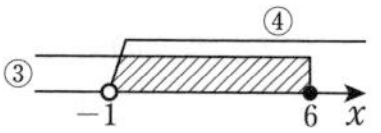

$-1<x \leqq 6$

93　(1)

$$\begin{cases} \dfrac{x+1}{3} \geqq \dfrac{x-1}{4} & \cdots\cdots ① \\ \dfrac{1}{3}x+\dfrac{1}{6} \leqq \dfrac{1}{4}x & \cdots\cdots ② \end{cases}$$

①の不等式を解くと，両辺に 12 を掛けて

$4(x+1) \geqq 3(x-1)$　より

$4x+4 \geqq 3x-3$

$x \geqq -7$ ……③

②の不等式を解くと，両辺に 12 を掛けて

$4x+2 \leqq 3x$　より

$x \leqq -2$ ……④

③，④より，

連立不等式の解は

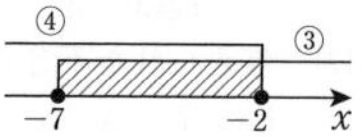

$-7 \leqq x \leqq -2$

(2)

$$\begin{cases} \dfrac{x-1}{2}<1-\dfrac{3-2x}{5} & \cdots\cdots ① \\ 1.8x+4.2>3.1x+0.3 & \cdots\cdots ② \end{cases}$$

①の不等式を解くと，両辺に 10 を掛けて

$5(x-1)<10-2(3-2x)$　より

$5x-5<10-6+4x$

$x<9$ ……③

②の不等式を解くと，両辺に 10 を掛けて

$18x+42>31x+3$　より

$-13x>-39$

$x<3$ ……④

③，④より，

連立不等式の解は

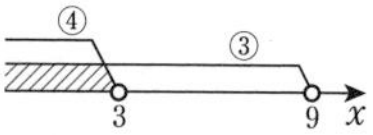

$x<3$

94　(1)　130 円のりんごを x 個買うとすると，90 円のりんごは $(15-x)$ 個であるから，

$0 \leqq x \leqq 15$ ……①

このとき，合計金額について次の不等式が成り立つ。

$130x+90(15-x) \leqq 1800$

$40x \leqq 450$

$x \leqq 11.25$ ……②

よって，①，②より

$0 \leqq x \leqq 11.25$

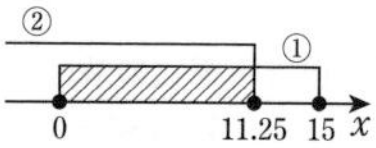

この範囲における最大の整数は 11 であるから

130 円のりんごを 11 個，90 円のりんごを 4 個買えばよい。

(2)　1 冊 200 円のノートを x 冊買うとすると，1 冊 160 円のノートは $(10-x)$ 冊であるから，

$0 \leqq x \leqq 10$ ……①

このとき，合計金額について次の不等式が成り立つ。

$200x+160(10-x)+90 \times 2 \leqq 2000$

$40x \leqq 220$

$x \leqq 5.5$ ……②

よって，①，②より

$0 \leqq x \leqq 5.5$

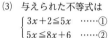

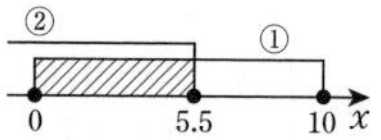

この範囲における最大の整数は 5 であるから

200 円のノートは最大で **5 冊まで** 買える。

95　(1)

$$\begin{cases} 2x+1<3 & \cdots\cdots ① \\ x-1<3x+5 & \cdots\cdots ② \end{cases}$$

①の不等式を解くと　$2x<2$ より

$x<1$ ……③

②の不等式を解くと $-2x<6$ より

$x>-3$ ……④

③，④より，

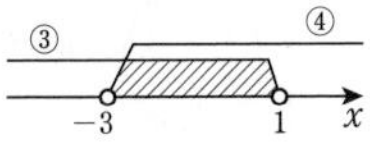

連立不等式の解は

$-3<x<1$

これを満たす整数 x は

$\boldsymbol{x=-2,\ -1,\ 0}$

(2) $\begin{cases} x\leqq 4x+3 & \cdots\cdots① \\ x-1<\dfrac{x+2}{4} & \cdots\cdots② \end{cases}$

①の不等式を解くと $-3x\leqq 3$ より

$x\geqq -1$ ……③

②の不等式を解くと，両辺に 4 を掛けて

$4(x-1)<x+2$

$4x-4<x+2$

$3x<6$

$x<2$ ……④

③，④より，

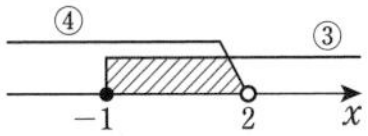

連立不等式の解は

$-1\leqq x<2$

これを満たす整数 x は

$\boldsymbol{x=-1,\ 0,\ 1}$

(3) 与えられた不等式は

$\begin{cases} x+7\leqq 3x+15 & \cdots\cdots① \\ 3x+15<-4x-2 & \cdots\cdots② \end{cases}$

と表される。

①の不等式を解くと $-2x\leqq 8$ より

$x\geqq -4$ ……③

②の不等式を解くと $7x<-17$ より

$x<-\dfrac{17}{7}$ ……④

③，④より，

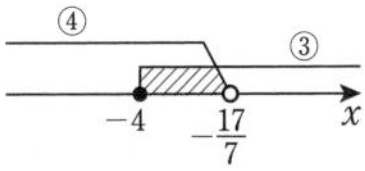

連立不等式の解は

$-4\leqq x<-\dfrac{17}{7}$ ← $-\dfrac{17}{7}=-2.42\cdots\cdots$

これを満たす整数 x は

$\boldsymbol{x=-4,\ -3}$

96

$4.5\leqq \dfrac{3x+1}{4}<5.5$

各辺に 4 を掛けると

$18\leqq 3x+1<22$

$17\leqq 3x<21$

$\boldsymbol{\dfrac{17}{3}\leqq x<7}$

97

5 % の食塩水 900 g に，水を x g 加えるとする。食塩の量は $900\times\dfrac{5}{100}=45$ (g) で，できる食塩水の量は $(900+x)$ g である。題意より

$\dfrac{45}{900+x}\leqq\dfrac{3}{100}$

$900+x>0$ より，両辺に $100(900+x)$ を掛けて

$45\times 100\leqq 3\times(900+x)$

$4500\leqq 2700+3x$

$-3x\leqq -1800$

$x\geqq 600$

よって，水を **600 g 以上** 加えればよい。

98

(1) $\boldsymbol{x=\pm 5}$ (2) $\boldsymbol{x=\pm 7}$

(3) $\boldsymbol{-6<x<6}$ (4) $\boldsymbol{x<-2,\ 2<x}$

99

(1) $x-3=\pm 4$

すなわち $x-3=4,\ x-3=-4$

よって $\boldsymbol{x=7,\ -1}$

(2) $x+6=\pm 3$

すなわち $x+6=3,\ x+6=-3$

よって $\boldsymbol{x=-3,\ -9}$

(3) $3x-6=\pm 9$

すなわち $3x-6=9,\ 3x-6=-9$

よって $\boldsymbol{x=5,\ -1}$

別解 両辺を 3 で割って $|x-2|=3$ を解いてもよい。

(4) $-x+2=\pm 4$

すなわち $-x+2=4,\ -x+2=-4$

$-x=2,\ -6$

よって $\boldsymbol{x=-2,\ 6}$

(5) $-4\leqq x+3\leqq 4$ であるから

各辺に -3 を加えて

$\boldsymbol{-7\leqq x\leqq 1}$

(6) $x-1<-5,\ 5<x-1$ より

$\boldsymbol{x<-4,\ 6<x}$

100

(1) $|x+1|=2x$ ……①

(i) $x+1\geqq 0$ すなわち $x\geqq -1$ のとき

$|x+1|=x+1$ より，①は

$x+1=2x$

これを解くと $x=1$

この値は，$x\geqq -1$ を満たす。

(ii) $x+1<0$ すなわち $x<-1$ のとき

$|x+1|=-x-1$ より，①は

$-x-1=2x$

これを解くと　$x=-\dfrac{1}{3}$

この値は，$x<-1$ を満たさない。

(i)，(ii)より，①の解は　　$\boldsymbol{x=1}$

(2)　$|x-8|=3x-4$ ……①

(i)　$x-8\geqq 0$ すなわち $x\geqq 8$ のとき

$|x-8|=x-8$ より，①は

$x-8=3x-4$

これを解くと　$x=-2$

この値は，$x\geqq 8$ を満たさない。

(ii)　$x-8<0$ すなわち $x<8$ のとき

$|x-8|=-x+8$ より，①は

$-x+8=3x-4$

これを解くと　$x=3$

この値は，$x<8$ を満たす。

(i)，(ii)より，①の解は　　$\boldsymbol{x=3}$

101　(1)　$\boldsymbol{3\in A}$　　(2)　$\boldsymbol{6\notin A}$　　(3)　$\boldsymbol{11\notin A}$

102　(1)　$A=\{\boldsymbol{1,\ 2,\ 3,\ 4,\ 6,\ 12}\}$

(2)　$B=\{\boldsymbol{-2,\ -1,\ 0,\ 1,\ \cdots\cdots}\}$

103　(1)　$\boldsymbol{A\subset B}$

(2)　$A=\{2,\ 3,\ 5,\ 7\}$ より　　$\boldsymbol{A=B}$

(3)　$A=\{3,\ 6,\ 9,\ 12,\ 15,\ 18\}$

$B=\{6,\ 12,\ 18\}$ より　　$\boldsymbol{A\supset B}$

104　(1)　$\boldsymbol{\varnothing,\ \{3\},\ \{5\},\ \{3,\ 5\}}$

(2)　$\boldsymbol{\varnothing,\ \{2\},\ \{4\},\ \{6\},\ \{2,\ 4\},\ \{2,\ 6\},\ \{4,\ 6\},\ \{2,\ 4,\ 6\}}$

(3)　$\boldsymbol{\varnothing,\ \{a\},\ \{b\},\ \{c\},\ \{d\},\ \{a,\ b\},\ \{a,\ c\},\ \{a,\ d\},\ \{b,\ c\},\ \{b,\ d\},\ \{c,\ d\},\ \{a,\ b,\ c\},\ \{a,\ b,\ d\},\ \{a,\ c,\ d\},\ \{b,\ c,\ d\},\ \{a,\ b,\ c,\ d\}}$

105　(1)　$A\cap B=\{\boldsymbol{3,\ 5,\ 7}\}$

(2)　$A\cup B=\{\boldsymbol{1,\ 2,\ 3,\ 5,\ 7}\}$

(3)　$B\cup C=\{\boldsymbol{2,\ 3,\ 4,\ 5,\ 7}\}$

(4)　$A\cap C=\boldsymbol{\varnothing}$

106　下の図から

(1)　$A\cap B=\{\boldsymbol{x\,|\,-1<x<4}$，**$x$ は実数**$\}$

(2)　$A\cup B=\{\boldsymbol{x\,|\,-3<x<6}$，**$x$ は実数**$\}$

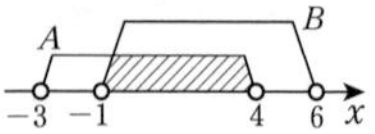

107　(1)　$\overline{A}=\{\boldsymbol{7,\ 8,\ 9,\ 10}\}$

(2)　$\overline{B}=\{\boldsymbol{1,\ 2,\ 3,\ 4,\ 9,\ 10}\}$

(1) 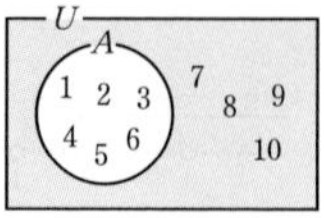

(2) 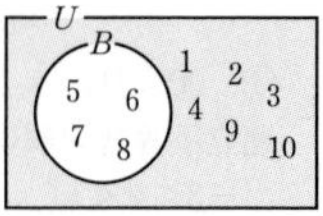

108　(1)　$A\cap B=\{1,\ 3\}$ であるから

$\overline{A\cap B}=\{\boldsymbol{2,\ 4,\ 5,\ 6,\ 7,\ 8,\ 9,\ 10}\}$

(2)　$A\cup B=\{1,\ 2,\ 3,\ 5,\ 6,\ 7,\ 9\}$ であるから

$\overline{A\cup B}=\{\boldsymbol{4,\ 8,\ 10}\}$

(3)　$\overline{A}=\{2,\ 4,\ 6,\ 8,\ 10\}$ より

$\overline{A}\cup B=\{\boldsymbol{1,\ 2,\ 3,\ 4,\ 6,\ 8,\ 10}\}$

(4)　$\overline{B}=\{4,\ 5,\ 7,\ 8,\ 9,\ 10\}$ より

$A\cap\overline{B}=\{\boldsymbol{5,\ 7,\ 9}\}$

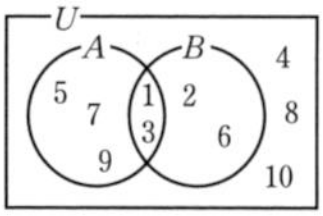

109　(1)　$\boldsymbol{A=\{2,\ 4,\ 6,\ 8,\ 10,\ 12,\ 14,\ 16,\ 18\}}$

(2)　$\boldsymbol{A=\{0,\ 1,\ 4\}}$

110　(1)　$A=\{4,\ 8\}$，$B=\{2,\ 4,\ 6,\ 8\}$ より

$A\cap B=\{\boldsymbol{4,\ 8}\}$

$A\cup B=\{\boldsymbol{2,\ 4,\ 6,\ 8}\}$

(2)　$A=\{3,\ 6,\ 9,\ 12,\ 15,\ 18\}$

$B=\{2,\ 5,\ 8,\ 11,\ 14,\ 17\}$ より

$A\cap B=\boldsymbol{\varnothing}$

$A\cup B=\{\boldsymbol{2,\ 3,\ 5,\ 6,\ 8,\ 9,\ 11,\ 12,\ 14,\ 15,\ 17,\ 18}\}$

111　$U=\{10,\ 11,\ 12,\ 13,\ 14,\ 15,\ 16,\ 17,\ 18,\ 19,\ 20\}$

$A=\{12,\ 15,\ 18\}$

$B=\{10,\ 15,\ 20\}$　であるから

(1)　$\overline{A}=\{\boldsymbol{10,\ 11,\ 13,\ 14,\ 16,\ 17,\ 19,\ 20}\}$

(2)　$A\cap B=\{\boldsymbol{15}\}$

(3)　$\overline{A}\cap B=\{\boldsymbol{10,\ 20}\}$

(4)　$\overline{A}\cup\overline{B}=\overline{A\cap B}$

$=\{\boldsymbol{10,\ 11,\ 12,\ 13,\ 14,\ 16,\ 17,\ 18,\ 19,\ 20}\}$

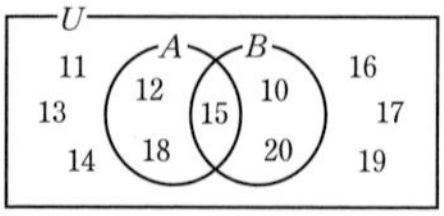

112 $A \subset B$ であるから，A の要素 1 が B の要素になっている。すなわち

$1=2a-5$ より　$a=3$

でなければならない。このとき

$A=\{2,\ 1\}$，$B=\{-3,\ 2,\ 1\}$

となり，$A \subset B$ が成り立つ。

よって，求める a の値は　$\boldsymbol{a=3}$

113 $A \cap B=\{2,\ 5\}$ より $A \ni 5$ である。

(i) $a-1=5$ のとき

$a=6$ であるから　$A=\{2,\ 5,\ 6\}$

また，$a-3=3$，$10-a=4$

であるから　$B=\{-4,\ 3,\ 4\}$

よって　$A \cap B=\varnothing$

となり，$A \cap B=\{2,\ 5\}$ が成り立たない。

(ii) $a=5$ のとき

$a-1=4$ であるから　$A=\{2,\ 4,\ 5\}$

また，$a-3=2$，$10-a=5$

であるから　$B=\{-4,\ 2,\ 5\}$

よって　$A \cap B=\{2,\ 5\}$

(i)，(ii)より

$\boldsymbol{a=5}$

114 条件より

$\overline{A} \cap B=\{9\}$

よって，U，A，B の関係は右の図のようになる。

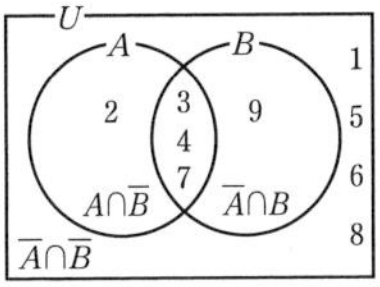

よって

$A=\{\boldsymbol{2,\ 3,\ 4,\ 7}\}$

$B=\{\boldsymbol{3,\ 4,\ 7,\ 9}\}$

115 (1) **真の命題**　(2) **偽の命題**

(3) **命題といえない**　(4) **真の命題**

116 (1) 条件 p，q を満たす x の集合を，それぞれ P，Q とする。下の図から $P \subset Q$ が成り立つ。

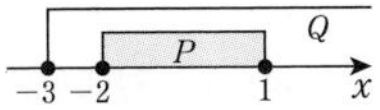

よって，

命題「$p \Longrightarrow q$」は **真** である。

(2) 条件 p，q を満たす x の集合を，それぞれ P，Q とする。下の図から $P \subset Q$ が成り立つ。

よって，

命題「$p \Longrightarrow q$」は

真 である。

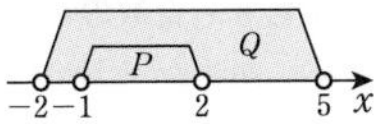

(3) 条件 p，q を満たす x の集合を，それぞれ P，Q とする。

$P=\{x \mid x^2-x=0\}=\{0,\ 1\}$

であるから，$P \subset Q$ は成り立たない。

よって，命題「$p \Longrightarrow q$」は **偽** である。

反例は　$\boldsymbol{x=0}$

117 (1) 条件 p，q を満たす n の集合を，それぞれ P，Q とする。

$P=\{3,\ 6,\ 9,\ 12,\ 15,\ \cdots\cdots\}$

$Q=\{6,\ 12,\ 18,\ \cdots\cdots\}$

であるから，$P \subset Q$ は成り立たない。

よって，命題「$p \Longrightarrow q$」は **偽** である。

反例は　$\boldsymbol{n=3}$

(2) 条件 p，q を満たす n の集合を，それぞれ P，Q とする。

$P=\{1,\ 2,\ 4,\ 8\}$

$Q=\{1,\ 2,\ 3,\ 4,\ 6,\ 8,\ 12,\ 24\}$

であるから，$P \subset Q$ は成り立つ。

よって，命題「$p \Longrightarrow q$」は **真** である。

(3) 条件 p，q を満たす n の集合を，それぞれ P，Q とする。

$P=\{1,\ 3,\ 5,\ 7\}$

$Q=\{2,\ 3,\ 5,\ 7,\ \cdots\cdots\}$

であるから，$P \subset Q$ は成り立たない。

よって命題「$p \Longrightarrow q$」は **偽** である。

反例は　$\boldsymbol{n=1}$

118 (1) 「$x=1 \Longrightarrow x^2=1$」は真である。

「$x^2=1 \Longrightarrow x=1$」は偽である。

(反例は $x=-1$)　よって，**十分条件**

(2) 「四角形 ABCD が平行四辺形 $\Longrightarrow$ 四角形 ABCD が長方形」は偽である。

「四角形 ABCD が長方形 $\Longrightarrow$ 四角形 ABCD が平行四辺形」は真である。

よって，**必要条件**

(3) 「$x^2=0 \Longrightarrow x=0$」は真である。

「$x=0 \Longrightarrow x^2=0$」は真である。

よって，**必要十分条件**

(4) 「$\triangle ABC \equiv \triangle DEF \Longrightarrow \triangle ABC \backsim \triangle DEF$」は真である。

「$\triangle ABC \backsim \triangle DEF \Longrightarrow \triangle ABC \equiv \triangle DEF$」は偽である。よって，**十分条件**

119 (1) $\boldsymbol{x \neq 5}$

(2) $\boldsymbol{x=-1}$

(3) $\boldsymbol{x<0}$

(4) $\boldsymbol{x \geqq -2}$

120 (1) **「$\boldsymbol{x \geqq 4}$ または $\boldsymbol{y > 2}$」**

(2) 「$-3 < x < 2$」は「$x > -3$ かつ $x < 2$」であるから，これの否定は
「$\boldsymbol{x \leqq -3}$ または $\boldsymbol{2 \leqq x}$」

(3) 否定は「$x > 2$ かつ $x \leqq 5$」であるから
「$\boldsymbol{2 < x \leqq 5}$」

(4) 「$x < -2$ かつ $x < 1$」は「$x < -2$」であるから，これの否定は **「$\boldsymbol{x \geqq -2}$」**

121 (1) 「mn が奇数 $\Longrightarrow$ m，n がともに奇数」は真である。
「m，n がともに奇数 $\Longrightarrow$ mn が奇数」は真である。
よって，**必要十分条件**

(2) 「$m+n$，$m-n$ がともに偶数」$\Longrightarrow$「m，n がともに偶数」は偽である。
(反例は $m=3$，$n=1$)
「m，n がともに偶数 $\Longrightarrow$ $m+n$，$m-n$ がともに偶数」は真である。
よって，**必要条件**

122 (1) $xy > 0$ より
$x > 0$ かつ $y > 0$ または $x < 0$ かつ $y < 0$
さらに，$x+y > 0$ より $x > 0$ かつ $y > 0$
よって
「$x+y > 0$ かつ $xy > 0$」$\Longrightarrow$「$x > 0$ かつ $y > 0$」は真である。
「$x > 0$ かつ $y > 0$」$\Longrightarrow$「$x+y > 0$ かつ $xy > 0$」も真である。
したがって，**必要十分条件**

(2) $x^2 = y^2$ より
$$x = \pm\sqrt{y^2}$$
$$= \pm|y| = \pm y$$
よって，「$x^2 = y^2$」$\Longrightarrow$「$x = \pm y$」は真である。
「$x = \pm y$」$\Longrightarrow$「$x^2 = y^2$」も真である。
したがって，**必要十分条件**

(3) $x^2 + y^2 = 0$ は $x = y = 0$ と同値である。
よって，「$x^2 + y^2 = 0 \Longrightarrow x = 0$ または $y = 0$」は真である。
「$x = 0$ または $y = 0 \Longrightarrow x^2 + y^2 = 0$」は偽である。(反例は $x=1$，$y=0$ など)
したがって，**十分条件**

(4) 「$p+q$，pq が有理数 $\Longrightarrow$ p，q がともに有理数」は偽である。
(反例は $p = \sqrt{2}$，$q = -\sqrt{2}$ など)
「p，q がともに有理数 $\Longrightarrow$ $p+q$，pq が有理数」は真である。
したがって，**必要条件**

(5) $|x| < 3$ を解くと $-3 < x < 3$
$|x-1| < 1$ を解くと $-1 < x-1 < 1$ より
$0 < x < 2$
よって

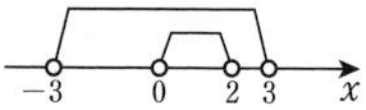

「$|x| < 3 \Longrightarrow |x-1| < 1$」は偽である。
(反例は $x = -1$ など)
「$|x-1| < 1 \Longrightarrow |x| < 3$」は真である。
したがって，**必要条件**

123 (1) この命題は **偽** である。
逆：**「$\boldsymbol{x=4 \Longrightarrow x^2=16}$」…真**
裏：**「$\boldsymbol{x^2 \neq 16 \Longrightarrow x \neq 4}$」…真**
対偶：**「$\boldsymbol{x \neq 4 \Longrightarrow x^2 \neq 16}$」…偽**

(2) この命題は **偽** である。
逆：**「$\boldsymbol{x < 5 \Longrightarrow x > -1}$」…偽**
裏：**「$\boldsymbol{x \leqq -1 \Longrightarrow x \geqq 5}$」…偽**
対偶：**「$\boldsymbol{x \geqq 5 \Longrightarrow x \leqq -1}$」…偽**

124 (1) 与えられた命題の対偶「n が 3 の倍数でないならば n^2 は 3 の倍数でない」を証明する。
n が 3 の倍数でないとき，ある整数 k を用いて
$n = 3k+1$ または $n = 3k+2$
と表される。
(i) $n = 3k+1$ のとき
$$n^2 = (3k+1)^2 = 9k^2 + 6k + 1$$
$$= 3(3k^2 + 2k) + 1$$
(ii) $n = 3k+2$ のとき
$$n^2 = (3k+2)^2 = 9k^2 + 12k + 4$$
$$= 3(3k^2 + 4k + 1) + 1$$
(i)，(ii)において，$3k^2 + 2k$，$3k^2 + 4k + 1$ は整数であるから，いずれの場合も n^2 は 3 の倍数でない。
よって，対偶が真であるから，もとの命題も真である。

(2) 与えられた命題の対偶「m も n も奇数ならば，$m+n$ は偶数である」を証明する。
m も n も奇数のとき，ある整数 k，l を用いて
$m = 2k+1$，$n = 2l+1$
と表される。ゆえに
$$m+n = (2k+1) + (2l+1)$$
$$= 2k + 2l + 2 = 2(k+l+1)$$

ここで，$k+l+1$ は整数であるから，$m+n$ は偶数である。

よって，対偶が真であるから，もとの命題も真である。

125 $3+2\sqrt{2}$ が無理数でない，すなわち
$3+2\sqrt{2}$ は有理数である
と仮定する。
そこで，r を有理数として
$$3+2\sqrt{2}=r$$
とおくと
$$\sqrt{2}=\frac{r-3}{2} \quad \cdots\cdots①$$
r は有理数であるから，$\frac{r-3}{2}$ は有理数であり，
等式①は，$\sqrt{2}$ が無理数であることに矛盾する。
よって，$3+2\sqrt{2}$ は無理数である。

126 この命題は **真** である。
逆：「$\boldsymbol{x>1}$ **または** $\boldsymbol{y>1 \Longrightarrow x+y>2}$」…**偽**
（反例 $x=3,\ y=-2$）
裏：「$\boldsymbol{x+y\leqq 2 \Longrightarrow x\leqq 1}$ **かつ** $\boldsymbol{y\leqq 1}$」…**偽**
（反例 $x=3,\ y=-1$）
対偶：「$\boldsymbol{x\leqq 1}$ **かつ** $\boldsymbol{y\leqq 1 \Longrightarrow x+y\leqq 2}$」…**真**

127 与えられた命題の対偶をとると
「$m,\ n$ がともに奇数ならば，mn は奇数である」
であるから，これを証明すればよい。
$m,\ n$ が奇数であるとき，ある整数 $k,\ l$ を用いて
$$m=2k+1,\ n=2l+1\ (k,\ l \text{ は整数})$$
と表される。
ゆえに
$$\begin{aligned}mn&=(2k+1)(2l+1)\\&=4kl+2k+2l+1\\&=2(2kl+k+l)+1\end{aligned}$$
ここで，$2kl+k+l$ は整数であるから，mn は奇数である。

よって，対偶が真であるから，与えられた命題も真である。

128 $\sqrt{3}$ が無理数でない，すなわち $\sqrt{3}$ が有理数であると仮定すると，$\sqrt{3}$ は 1 以外に公約数をもたない 2 つの自然数 $m,\ n$ を用いて，次のように表される。
$$\sqrt{3}=\frac{m}{n} \quad \cdots\cdots①$$
①より　$\sqrt{3}n=m$
両辺を 2 乗すると　$3n^2=m^2$ ……②
②より，m^2 は 3 の倍数であるから，m も 3 の倍数である。
よって，m は，ある自然数 k を用いて $m=3k$ と表され，これを②に代入すると
$3n^2=(3k)^2=9k^2$　すなわち　$n^2=3k^2$ ……③
③より，n^2 が 3 の倍数であるから，n も 3 の倍数である。

以上のことから，$m,\ n$ はともに 3 の倍数となり，$m,\ n$ が 1 以外の公約数をもたないことに矛盾する。

したがって，$\sqrt{3}$ は有理数でない。
すなわち，$\sqrt{3}$ は無理数である。

129 (1) $b\neq 0$ と仮定する。
$a+\sqrt{2}b=0$ より　$\sqrt{2}=-\frac{a}{b}$
$a,\ b$ は有理数なので $-\frac{a}{b}$ も有理数となり，
$\sqrt{2}$ が無理数であることに矛盾する。
よって　$b=0$
これを $a+\sqrt{2}b=0$ に代入すると
$a=0$
したがって
$a+\sqrt{2}b=0 \Longrightarrow a=b=0$

(2) $p-3,\ 1+q$ は有理数であるから，(1)より
$p-3=0$ かつ $1+q=0$
よって　$\boldsymbol{p=3,\ q=-1}$

130 (1) $\boldsymbol{y=3x}$　(2) $\boldsymbol{y=50x+500}$

131 (1) $f(3)=2\times 3^2-5\times 3+3=\boldsymbol{6}$
(2) $f(-2)=2\times(-2)^2-5\times(-2)+3=\boldsymbol{21}$
(3) $f(0)=2\times 0^2-5\times 0+3=\boldsymbol{3}$
(4) $f(a)=\boldsymbol{2a^2-5a+3}$
(5) $f(-2a)=2\times(-2a)^2-5\times(-2a)+3$
$=\boldsymbol{8a^2+10a+3}$
(6) $f(a+1)=2\times(a+1)^2-5\times(a+1)+3$
$=\boldsymbol{2a^2-a}$

132

(1)

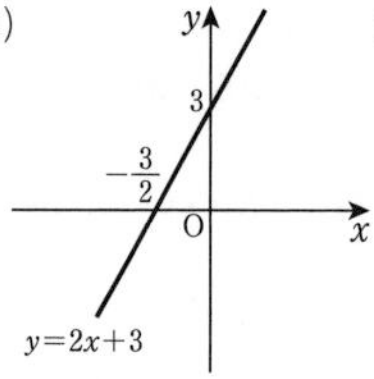

(2)

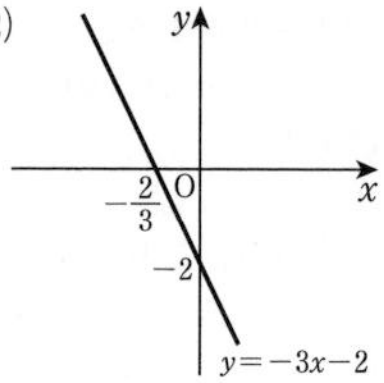

(3)

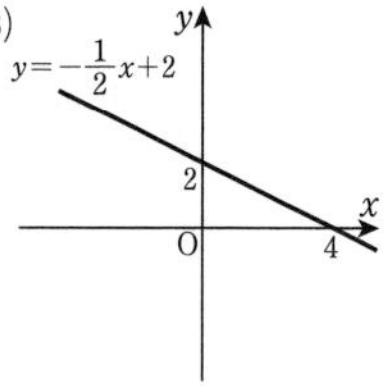

133

(1)

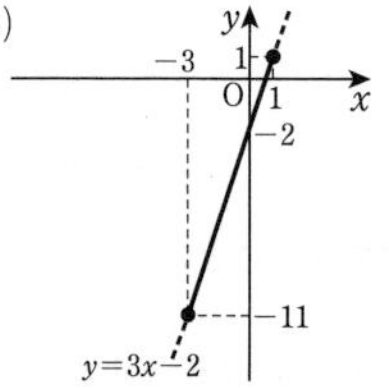

(2) (1)のグラフより値域は　**$-11 \leqq y \leqq 1$**

(3) (1)のグラフより

$x=1$ のとき **最大値 1**

$x=-3$ のとき **最小値 -11**

134

(1)

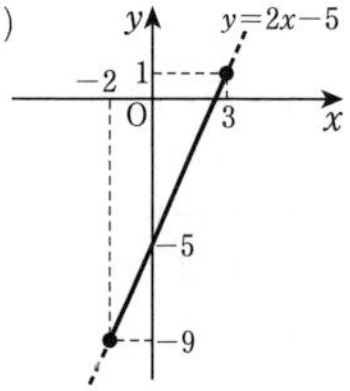

グラフより

値域は **$-9 \leqq y \leqq 1$**

$x=3$ のとき

最大値 1

$x=-2$ のとき

最小値 -9

(2)

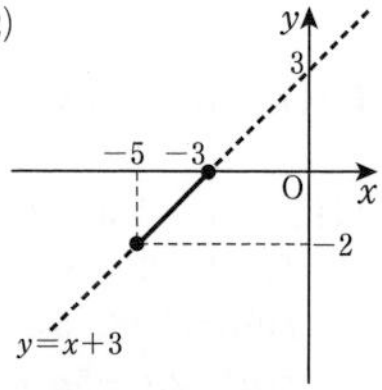

グラフより

値域は **$-2 \leqq y \leqq 0$**

$x=-3$ のとき

最大値 0

$x=-5$ のとき

最小値 -2

(3)

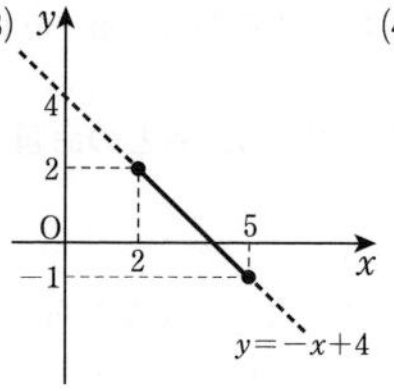

グラフより

値域は **$-1 \leqq y \leqq 2$**

$x=2$ のとき

最大値 2

$x=5$ のとき

最小値 -1

(4)

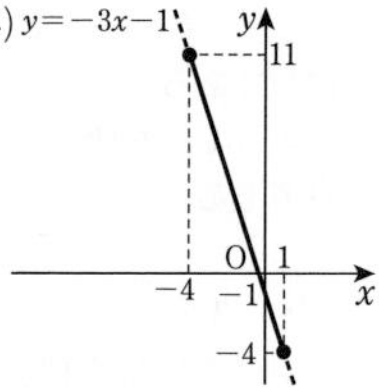

グラフより

値域は **$-4 \leqq y \leqq 11$**

$x=-4$ のとき

最大値 11

$x=1$ のとき

最小値 -4

135

(1) $f(1)=3$ より　$a+b=3$ ……①

$f(3)=7$ より　$3a+b=7$ ……②

①，②を解いて　**$a=2$，$b=1$**

(2) $f(-3)=2$ より　$-3a+b=2$ ……①

$f(2)=-8$ より　$2a+b=-8$ ……②

①，②を解いて　**$a=-2$，$b=-4$**

136

(1)

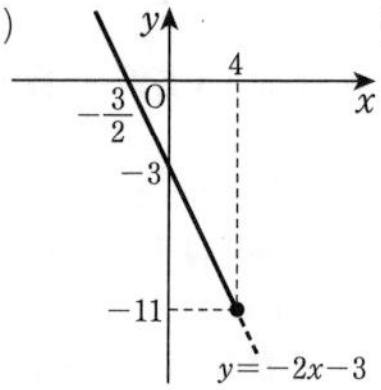

グラフより

値域は　**$y \geqq -11$**

(2)

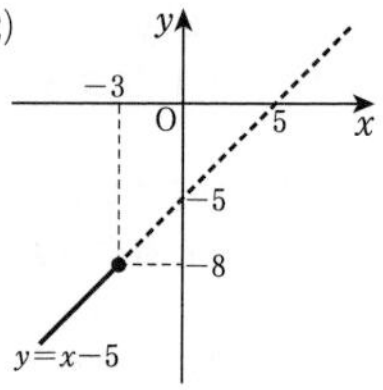

グラフより

値域は　**$y \leqq -8$**

137

(1) $a>0$ より，

$y=ax+b$ のグラフは

右上がりの直線になる。

ここで，定義域が

$-2 \leqq x \leqq 1$ であるから，

$x=-2$ のとき最小，

$x=1$ のとき最大となる。

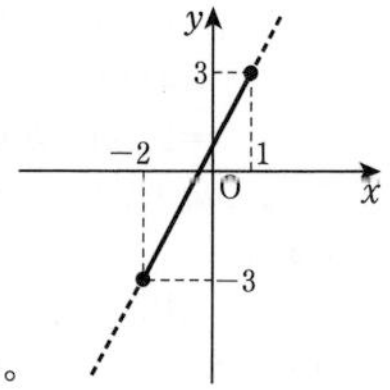

$x=-2$ のとき $y=-3$，$x=1$ のとき $y=3$

であるから

$-2a+b=-3$ ……①

$a+b=3$ ……②

①，②を解いて

$a=2$，$b=1$

(2) $a<0$ より，
$y=ax+b$ のグラフは
右下がりの直線になる。
ここで，定義域が
$-3\leqq x\leqq -1$ であるから，
$x=-1$ のとき最小，
$x=-3$ のとき最大
となる。

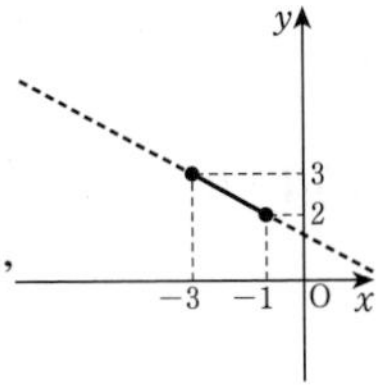

$x=-1$ のとき $y=2$，$x=-3$ のとき $y=3$
であるから

$-a+b=2$ ……①

$-3a+b=3$ ……②

①，②を解いて

$a=-\mathbf{\frac{1}{2}}$，$b=\mathbf{\frac{3}{2}}$

138

(1)

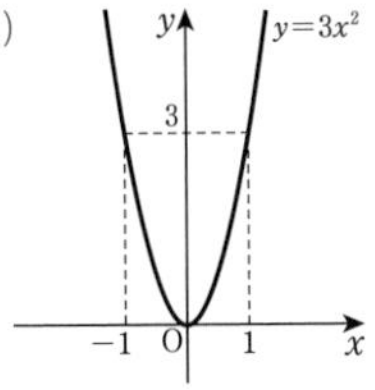

(2)

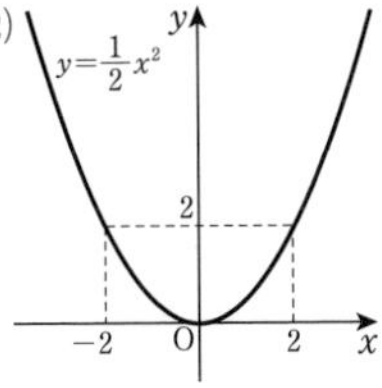

(3)

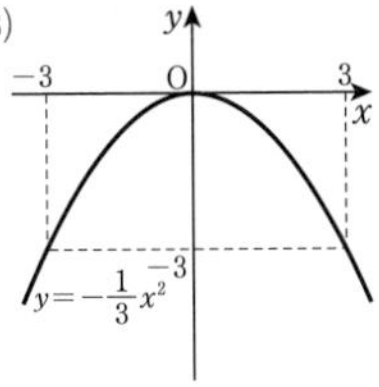

139

(1)

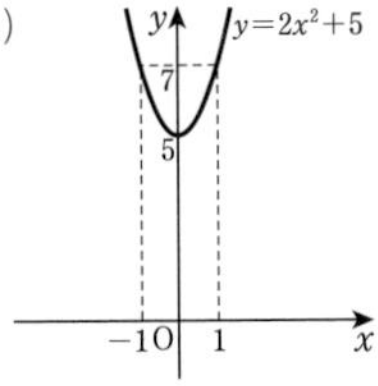

軸は　**y 軸**
頂点は　点 **(0，5)**

(2)

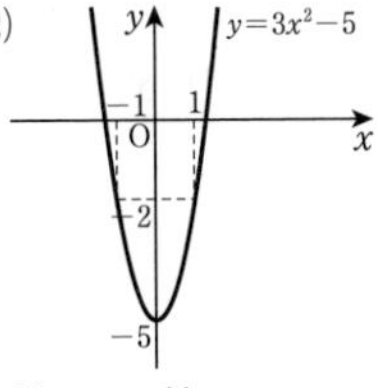

軸は　**y 軸**
頂点は　点 **(0，−5)**

(3)

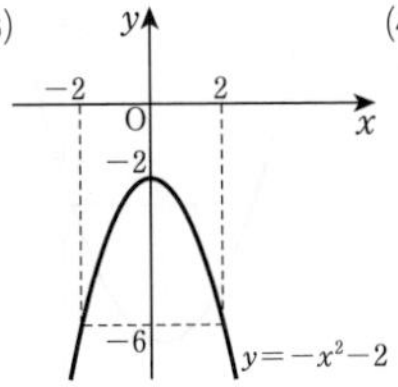

軸は　**y 軸**
頂点は　点 **(0，−2)**

(4)

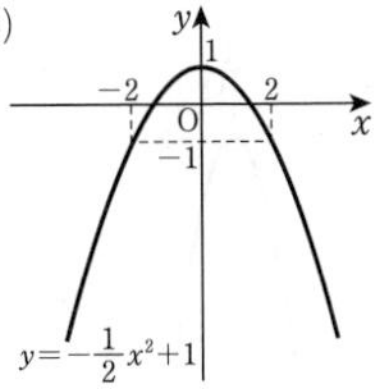

軸は　**y 軸**
頂点は　点 **(0，1)**

140

(1)

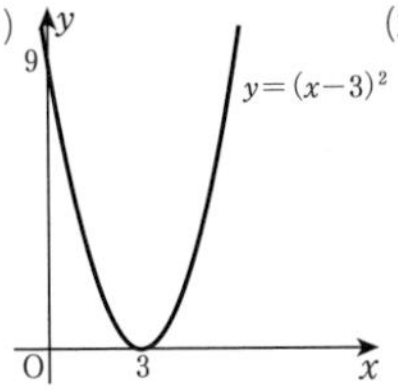

軸は　直線 $\boldsymbol{x=3}$
頂点は　点 **(3，0)**

(2)

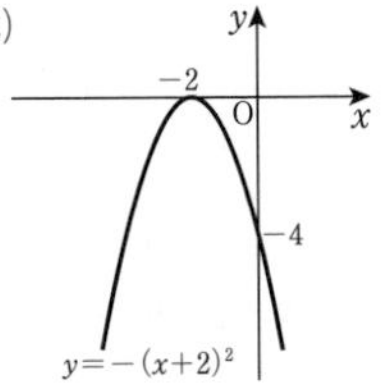

軸は　直線 $\boldsymbol{x=-2}$
頂点は　点 **(−2，0)**

(3)

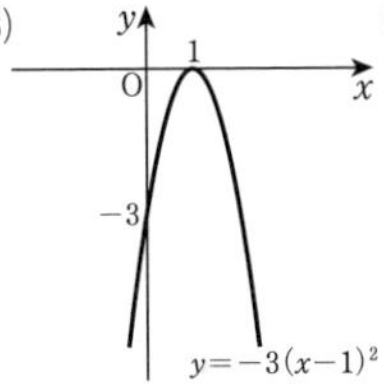

軸は　直線 $\boldsymbol{x=1}$
頂点は　点 **(1，0)**

(4)

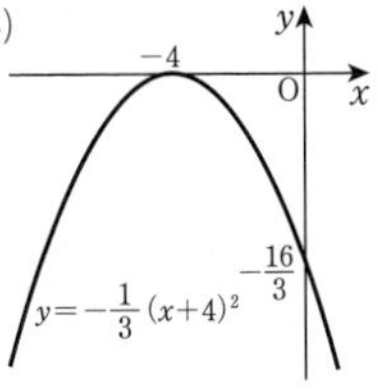

軸は　直線 $\boldsymbol{x=-4}$
頂点は　点 **(−4，0)**

141

(1)

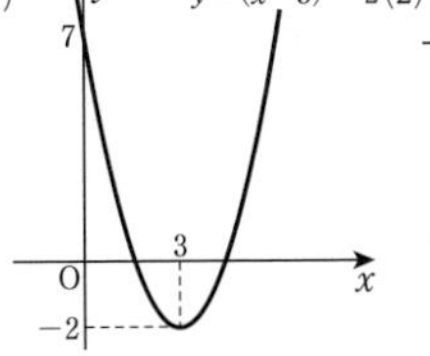

軸は　直線 $\boldsymbol{x=3}$
頂点は　点 **(3，−2)**

(2)

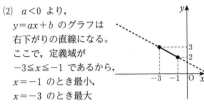

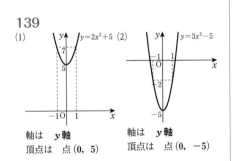

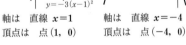

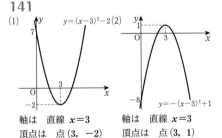

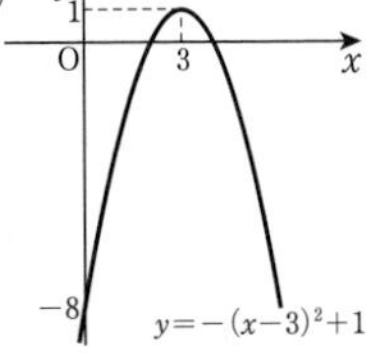

軸は　直線 $\boldsymbol{x=3}$
頂点は　点 **(3，1)**

(3)

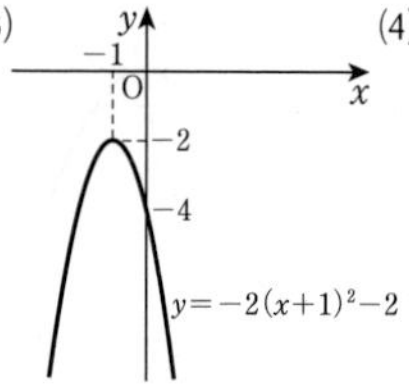

軸は　直線 $\boldsymbol{x=-1}$
頂点は　点 $\boldsymbol{(-1,\ -2)}$

(4)

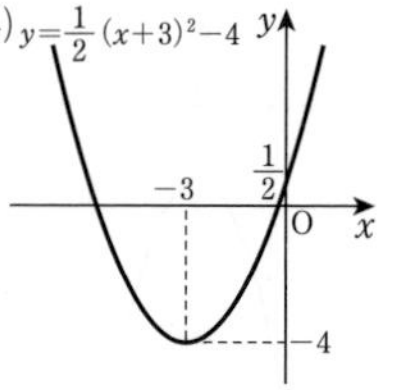

軸は　直線 $\boldsymbol{x=-3}$
頂点は　点 $\boldsymbol{(-3,\ -4)}$

142 (1) $\boldsymbol{y}=x^2-2x$
$=(x-1)^2-1^2$
$\boldsymbol{=(x-1)^2-1}$

(2) $\boldsymbol{y}=x^2+4x$
$=(x+2)^2-2^2$
$\boldsymbol{=(x+2)^2-4}$

(3) $\boldsymbol{y}=x^2-8x+9$
$=(x-4)^2-4^2+9$
$\boldsymbol{=(x-4)^2-7}$

(4) $\boldsymbol{y}=x^2+6x-2$
$=(x+3)^2-3^2-2$
$\boldsymbol{=(x+3)^2-11}$

(5) $\boldsymbol{y}=x^2+10x-5$
$=(x+5)^2-5^2-5$
$\boldsymbol{=(x+5)^2-30}$

(6) $\boldsymbol{y}=x^2-4x+4$
$=(x-2)^2-2^2+4$
$\boldsymbol{=(x-2)^2}$

143 (1) $\boldsymbol{y}=x^2-x$
$=\left(x-\frac{1}{2}\right)^2-\left(\frac{1}{2}\right)^2$
$\boldsymbol{=\left(x-\frac{1}{2}\right)^2-\frac{1}{4}}$

(2) $\boldsymbol{y}=x^2+5x+5$
$=\left(x+\frac{5}{2}\right)^2-\left(\frac{5}{2}\right)^2+5$
$\boldsymbol{=\left(x+\frac{5}{2}\right)^2-\frac{5}{4}}$

(3) $\boldsymbol{y}=x^2-3x-2$
$=\left(x-\frac{3}{2}\right)^2-\left(\frac{3}{2}\right)^2-2$
$\boldsymbol{=\left(x-\frac{3}{2}\right)^2-\frac{17}{4}}$

(4) $\boldsymbol{y}=x^2+x-\frac{3}{4}$
$=\left(x+\frac{1}{2}\right)^2-\left(\frac{1}{2}\right)^2-\frac{3}{4}$
$\boldsymbol{=\left(x+\frac{1}{2}\right)^2-1}$

144 (1) $\boldsymbol{y}=2x^2+12x$
$=2(x^2+6x)$
$=2\{(x+3)^2-3^2\}$
$=2(x+3)^2-2\times3^2$
$\boldsymbol{=2(x+3)^2-18}$

(2) $\boldsymbol{y}=3x^2-6x$
$=3(x^2-2x)$
$=3\{(x-1)^2-1^2\}$
$=3(x-1)^2-3\times1^2$
$\boldsymbol{=3(x-1)^2-3}$

(3) $\boldsymbol{y}=3x^2-12x-4$
$=3(x^2-4x)-4$
$=3\{(x-2)^2-2^2\}-4$
$=3(x-2)^2-3\times2^2-4$
$\boldsymbol{=3(x-2)^2-16}$

(4) $\boldsymbol{y}=2x^2+4x+5$
$=2(x^2+2x)+5$
$=2\{(x+1)^2-1^2\}+5$
$=2(x+1)^2-2\times1^2+5$
$\boldsymbol{=2(x+1)^2+3}$

(5) $\boldsymbol{y}=4x^2-8x+1$
$=4(x^2-2x)+1$
$=4\{(x-1)^2-1^2\}+1$
$=4(x-1)^2-4\times1^2+1$
$\boldsymbol{=4(x-1)^2-3}$

(6) $\boldsymbol{y}=2x^2-8x+8$
$=2(x^2-4x)+8$
$=2\{(x-2)^2-2^2\}+8$
$=2(x-2)^2-2\times2^2+8$
$\boldsymbol{=2(x-2)^2}$

145 (1) $\boldsymbol{y}=-x^2-4x-4$
$=-(x^2+4x)-4$
$=-\{(x+2)^2-2^2\}-4$
$=-(x+2)^2+2^2-4$
$\boldsymbol{=-(x+2)^2}$

(2) $\boldsymbol{y}=-2x^2+4x+3$
$=-2(x^2-2x)+3$
$=-2\{(x-1)^2-1^2\}+3$
$=-2(x-1)^2+2\times1^2+3$
$\boldsymbol{=-2(x-1)^2+5}$

(3) $\boldsymbol{y}=-3x^2+12x-2$
$=-3(x^2-4x)-2$

$=-3\{(x-2)^2-2^2\}-2$
$=-3(x-2)^2+3\times 2^2-2$
$\boldsymbol{=-3(x-2)^2+10}$

(4) $\boldsymbol{y}=-4x^2-8x-3$
$=-4(x^2+2x)-3$
$=-4\{(x+1)^2-1^2\}-3$
$=-4(x+1)^2+4\times 1^2-3$
$\boldsymbol{=-4(x+1)^2+1}$

146 (1) $y=x^2+6x+7$
$=(x+3)^2-3^2+7$
$=(x+3)^2-2$

軸は　直線 $\boldsymbol{x=-3}$
頂点は　点 $\boldsymbol{(-3,\ -2)}$

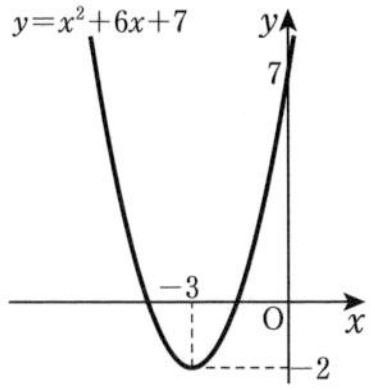

(2) $y=x^2-2x-3$
$=(x-1)^2-1^2-3$
$=(x-1)^2-4$

軸は　直線 $\boldsymbol{x=1}$
頂点は　点 $\boldsymbol{(1,\ -4)}$

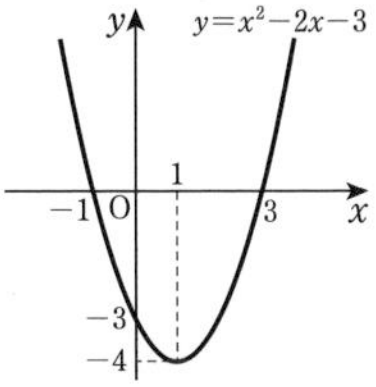

(3) $y=x^2+4x-1$
$=(x+2)^2-2^2-1$
$=(x+2)^2-5$

軸は　直線 $\boldsymbol{x=-2}$
頂点は　点 $\boldsymbol{(-2,\ -5)}$

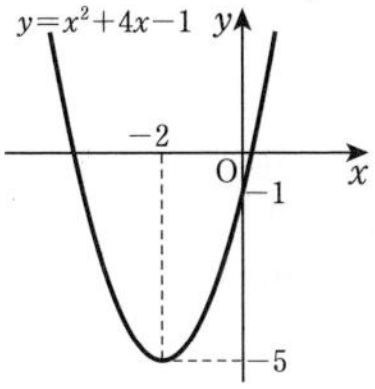

(4) $y=x^2-8x+13$
$=(x-4)^2-4^2+13$
$=(x-4)^2-3$

軸は　直線 $\boldsymbol{x=4}$
頂点は　点 $\boldsymbol{(4,\ -3)}$

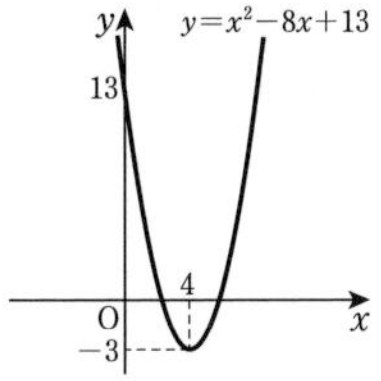

147 (1) $y=2x^2-8x+3$
$=2(x^2-4x)+3$
$=2\{(x-2)^2-2^2\}+3$
$=2(x-2)^2-5$

軸は　直線 $\boldsymbol{x=2}$
頂点は　点 $\boldsymbol{(2,\ -5)}$

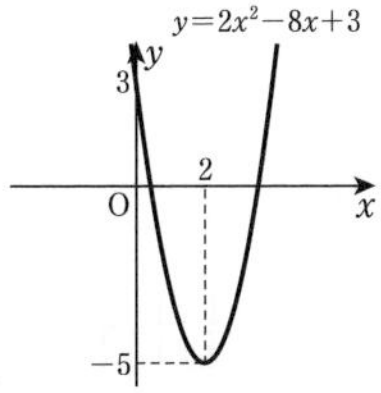

(2) $y=3x^2+6x+5$
$=3(x^2+2x)+5$
$=3\{(x+1)^2-1^2\}+5$
$=3(x+1)^2+2$

軸は　直線 $\boldsymbol{x=-1}$
頂点は　点 $\boldsymbol{(-1,\ 2)}$

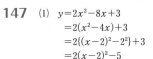

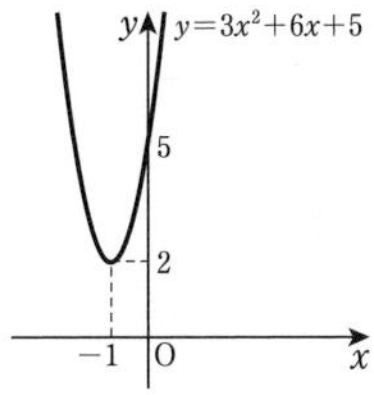

(3) $y=-2x^2-4x+5$
$=-2(x^2+2x)+5$
$=-2\{(x+1)^2-1^2\}+5$
$=-2(x+1)^2+7$

軸は　直線 $\boldsymbol{x=-1}$
頂点は　点 $\boldsymbol{(-1,\ 7)}$

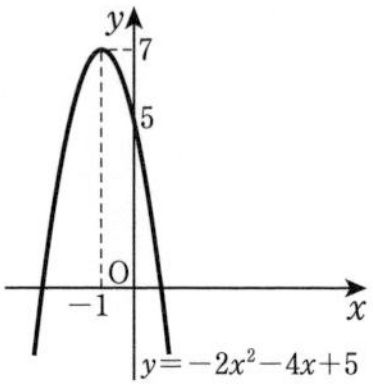

(4) $y=-3x^2+12x-8$

$=-3(x^2-4x)-8$

$=-3\{(x-2)^2-2^2\}-8$

$=-3(x-2)^2+4$

軸は　直線 $\boldsymbol{x=2}$

頂点は　点 $\boldsymbol{(2,\ 4)}$

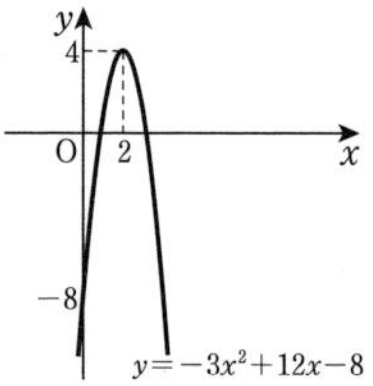

148 (1) $y=2x^2-2x+3$

$=2(x^2-x)+3$

$=2\left\{\left(x-\frac{1}{2}\right)^2-\left(\frac{1}{2}\right)^2\right\}+3$

$=2\left(x-\frac{1}{2}\right)^2+\frac{5}{2}$

軸は　直線 $\boldsymbol{x=\frac{1}{2}}$

頂点は　点 $\boldsymbol{\left(\frac{1}{2},\ \frac{5}{2}\right)}$

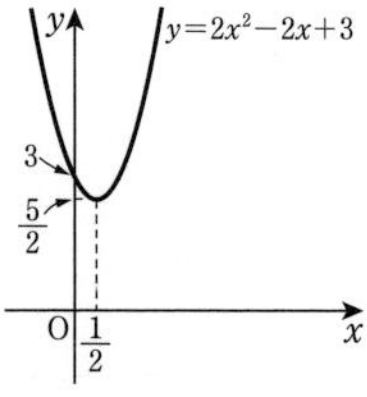

(2) $y=2x^2+6x-1$

$=2(x^2+3x)-1$

$=2\left\{\left(x+\frac{3}{2}\right)^2-\left(\frac{3}{2}\right)^2\right\}-1$

$=2\left(x+\frac{3}{2}\right)^2-\frac{11}{2}$

軸は　直線 $\boldsymbol{x=-\frac{3}{2}}$

頂点は　点 $\boldsymbol{\left(-\frac{3}{2},\ -\frac{11}{2}\right)}$

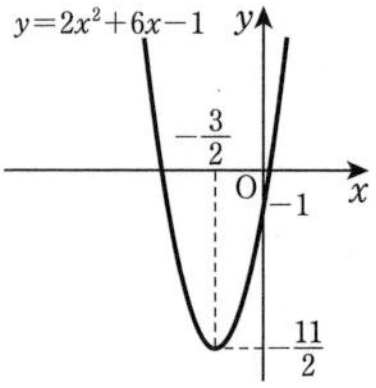

(3) $y=-3x^2-3x-1$

$=-3(x^2+x)-1$

$=-3\left\{\left(x+\frac{1}{2}\right)^2-\left(\frac{1}{2}\right)^2\right\}-1$

$=-3\left(x+\frac{1}{2}\right)^2-\frac{1}{4}$

軸は　直線 $\boldsymbol{x=-\frac{1}{2}}$

頂点は　点 $\boldsymbol{\left(-\frac{1}{2},\ -\frac{1}{4}\right)}$

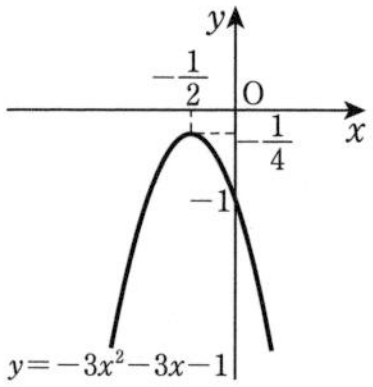

(4) $y=3x^2-9x+7$

$=3(x^2-3x)+7$

$=3\left\{\left(x-\frac{3}{2}\right)^2-\left(\frac{3}{2}\right)^2\right\}+7$

$=3\left(x-\frac{3}{2}\right)^2+\frac{1}{4}$

軸は　直線 $\boldsymbol{x=\frac{3}{2}}$

頂点は　点 $\boldsymbol{\left(\frac{3}{2},\ \frac{1}{4}\right)}$

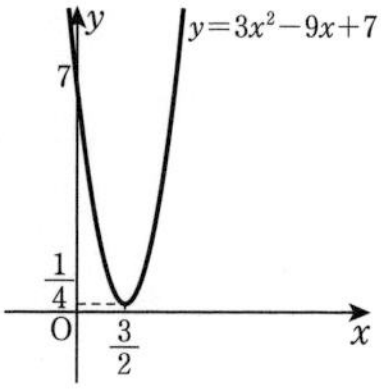

149 (1) $y=(x-2)(x+6)$

$=x^2+4x-12$

$=(x+2)^2-16$

軸は　直線 $\boldsymbol{x=-2}$

頂点は　点 $\boldsymbol{(-2,\ -16)}$

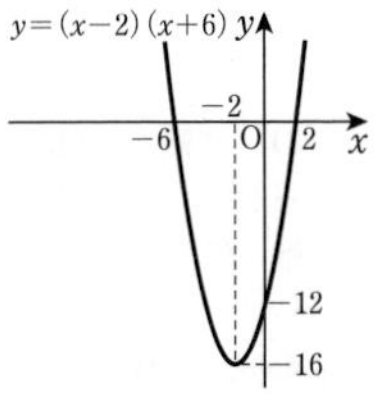

(2) $y=(x+3)(x-2)$

$=x^2+x-6$

$=\left(x+\dfrac{1}{2}\right)^2-\dfrac{25}{4}$

軸は　直線 $\boldsymbol{x=-\dfrac{1}{2}}$

頂点は　点 $\boldsymbol{\left(-\dfrac{1}{2},\ -\dfrac{25}{4}\right)}$

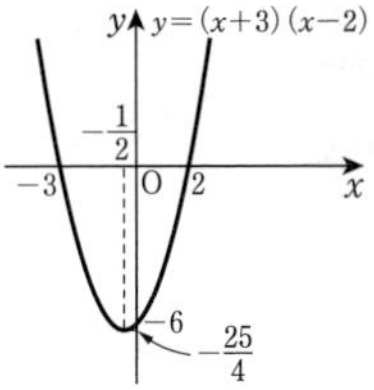

150 (1) $y=\dfrac{1}{2}x^2+x-3$

$=\dfrac{1}{2}(x^2+2x)-3$

$=\dfrac{1}{2}\{(x+1)^2-1^2\}-3$

$=\dfrac{1}{2}(x+1)^2-\dfrac{7}{2}$

軸は　直線 $\boldsymbol{x=-1}$

頂点は　点 $\boldsymbol{\left(-1,\ -\dfrac{7}{2}\right)}$

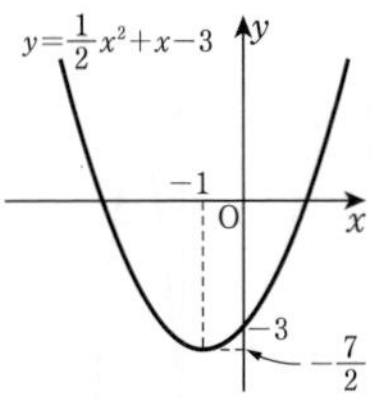

(2) $y=\dfrac{1}{3}x^2+2x+1$

$=\dfrac{1}{3}(x^2+6x)+1$

$=\dfrac{1}{3}\{(x+3)^2-3^2\}+1$

$=\dfrac{1}{3}(x+3)^2-2$

軸は　直線 $\boldsymbol{x=-3}$

頂点は　点 $\boldsymbol{(-3,\ -2)}$

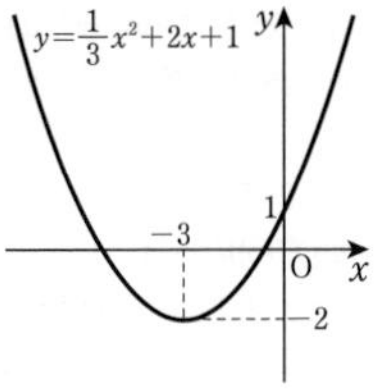

(3) $y=-\dfrac{1}{2}x^2+x+\dfrac{1}{2}$

$=-\dfrac{1}{2}(x^2-2x)+\dfrac{1}{2}$

$=-\dfrac{1}{2}\{(x-1)^2-1^2\}+\dfrac{1}{2}$

$=-\dfrac{1}{2}(x-1)^2+1$

軸は　直線 $\boldsymbol{x=1}$

頂点は　点 $\boldsymbol{(1,\ 1)}$

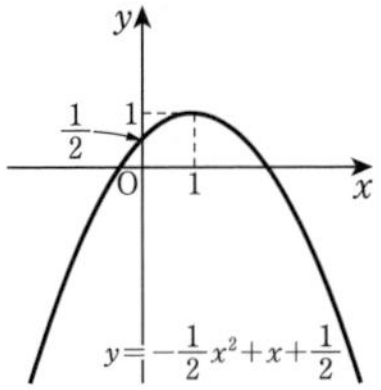

(4) $y=-\dfrac{1}{3}x^2-2x-2$

$=-\dfrac{1}{3}(x^2+6x)-2$

$=-\dfrac{1}{3}\{(x+3)^2-3^2\}-2$

$=-\dfrac{1}{3}(x+3)^2+1$

軸は　直線 $\boldsymbol{x=-3}$

頂点は　点 $\boldsymbol{(-3,\ 1)}$

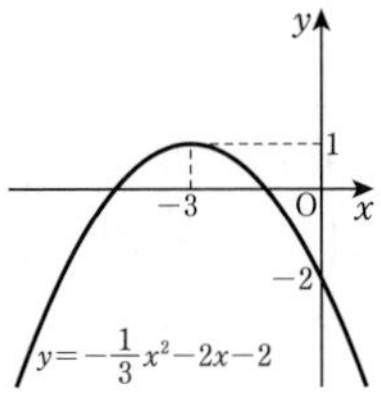

151 $y=x^2-6x+4$ を変形すると

$y=(x-3)^2-5$ ……①

$y=x^2+4x-2$ を変形すると

$y=(x+2)^2-6$ ……②

よって，①，②のグラフは，ともに $y=x^2$ のグラフを平行移動した放物線であり，頂点はそれぞれ

点 $(3,\ -5)$，点 $(-2,\ -6)$

したがって，$y=x^2-6x+4$ のグラフを

x 軸方向に -5，y 軸方向に -1

だけ平行移動すれば，$y=x^2+4x-2$ のグラフに重なる。

152

$y=-x^2-4x-7$ を変形すると

$y=-(x+2)^2-3$ ……①

$y=-x^2+2x-4$ を変形すると

$y=-(x-1)^2-3$ ……②

よって，①，②のグラフは，ともに $y=-x^2$ のグラフを平行移動した放物線であり，頂点はそれぞれ

点 $(-2,\ -3)$，点 $(1,\ -3)$

したがって，$y=-x^2-4x-7$ のグラフを

x 軸方向に 3 だけ平行移動すれば，

$y=-x^2+2x-4$ のグラフに重なる。

153

(1) $y=x^2-4x+5$ を変形すると

$y=(x-2)^2+1$ ……①

$y=-x^2+2ax+b$ を変形すると

$y=-(x-a)^2+a^2+b$ ……②

ゆえに，①，②の頂点はそれぞれ

点 $(2,\ 1)$，点 $(a,\ a^2+b)$

よって，この 2 点が一致するとき

$$\begin{cases} a=2 \\ a^2+b=1 \end{cases}$$

したがって　**$a=2,\ b=-3$**

(2) $y=2x^2-4x+b$ を変形すると

$y=2(x-1)^2-2+b$ ……①

$y=x^2-ax$ を変形すると

$y=\left(x-\frac{1}{2}a\right)^2-\frac{1}{4}a^2$ ……②

ゆえに，①，②の頂点はそれぞれ

点 $(1,\ -2+b)$，点 $\left(\frac{1}{2}a,\ -\frac{1}{4}a^2\right)$

よって，この 2 点が一致するとき

$$\begin{cases} \frac{1}{2}a=1 \\ -\frac{1}{4}a^2=-2+b \end{cases}$$

したがって　**$a=2,\ b=1$**

154

(1) x 軸：**$(3,\ -4)$**　y 軸：**$(-3,\ 4)$**
原点：**$(-3,\ -4)$**

(2) x 軸：**$(-2,\ -5)$**　y 軸：**$(2,\ 5)$**
原点：**$(2,\ -5)$**

(3) x 軸：**$(-4,\ 2)$**　y 軸：**$(4,\ -2)$**
原点：**$(4,\ 2)$**

(4) x 軸：**$(5,\ 3)$**　y 軸：**$(-5,\ -3)$**
原点：**$(-5,\ 3)$**

155

(1) $y=x^2+3x-4$ において，

x を $x-2$，y を $y-3$ に置きかえて

$y-3=(x-2)^2+3(x-2)-4$

すなわち　**$y=x^2-x-3$**

(2) $y=2x^2+x+1$ において，

x を $x+1$，y を $y+2$ に置きかえて

$y+2=2(x+1)^2+(x+1)+1$

すなわち　**$y=2x^2+5x+2$**

156

(1) x 軸：$-y=x^2+2x-3$

すなわち　**$y=-x^2-2x+3$**

y 軸：$y=(-x)^2+2(-x)-3$

すなわち　**$y=x^2-2x-3$**

原点：$-y=(-x)^2+2(-x)-3$

すなわち　**$y=-x^2+2x+3$**

(2) x 軸：$-y=-2x^2-x+5$

すなわち　**$y=2x^2+x-5$**

y 軸：$y=-2(-x)^2-(-x)+5$

すなわち　**$y=-2x^2+x+5$**

原点：$-y=-2(-x)^2-(-x)+5$

すなわち　**$y=2x^2-x-5$**

157

(1)

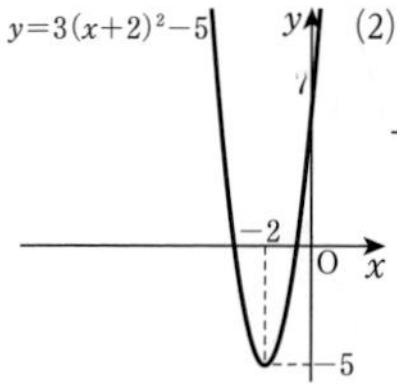

y は **$x=-2$** のとき

最小値 -5 をとる。

最大値はない。

(2)

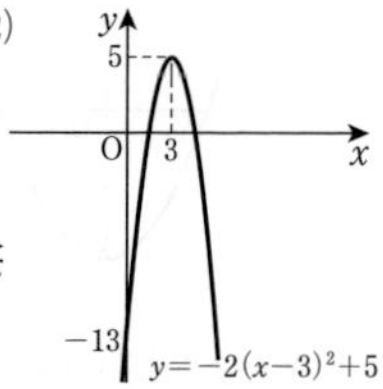

y は **$x=3$** のとき

最大値 5 をとる。

最小値はない。

(3)

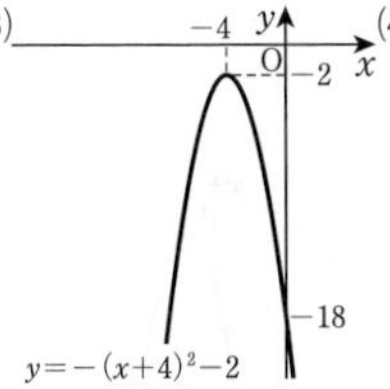

y は $\boldsymbol{x=-4}$ のとき
最大値 -2 をとる。
最小値はない。

(4)

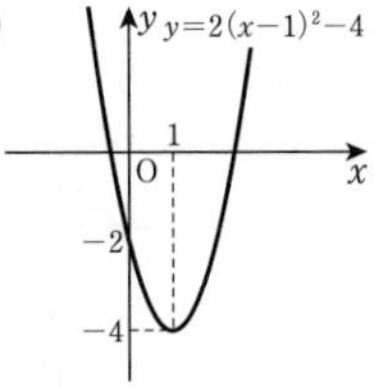

y は $\boldsymbol{x=1}$ のとき
最小値 -4 をとる。
最大値はない。

158

(1) $y=x^2-4x+1$
$=(x-2)^2-3$

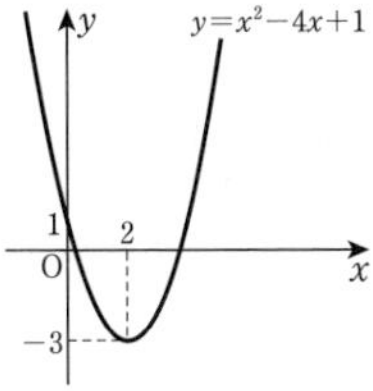

y は $\boldsymbol{x=2}$ のとき
最小値 -3 をとる。
最大値はない。

(2) $y=2x^2+12x+7$
$=2(x+3)^2-11$

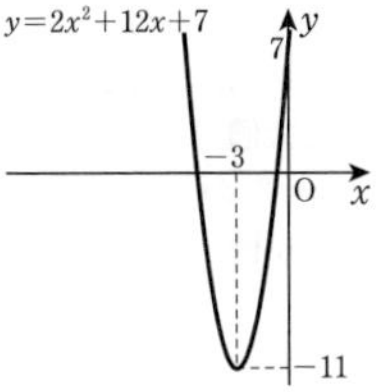

y は $\boldsymbol{x=-3}$ のとき
最小値 -11 をとる。
最大値はない。

(3) $y=-x^2-8x+4$
$=-(x+4)^2+20$

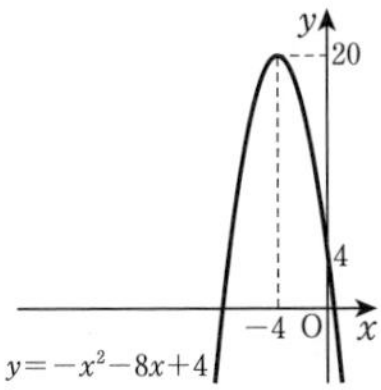

y は $\boldsymbol{x=-4}$ のとき
最大値 20 をとる。
最小値はない。

(4) $y=-3x^2+6x-5$
$=-3(x-1)^2-2$

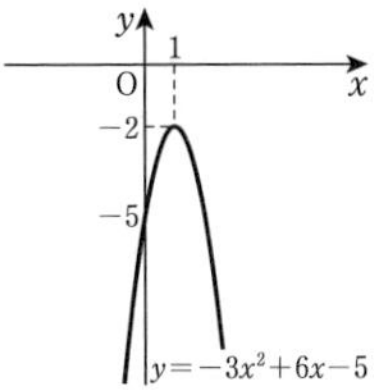

y は $\boldsymbol{x=1}$ のとき
最大値 -2 をとる。
最小値はない。

159

(1)

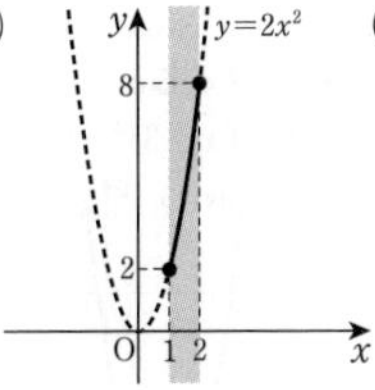

この関数のグラフは，上の図の実線部分である。
よって，y は
$\boldsymbol{x=2}$ のとき
最大値 8 をとり，
$\boldsymbol{x=1}$ のとき
最小値 2 をとる。

(2)

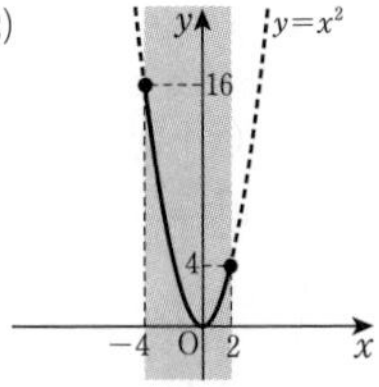

この関数のグラフは，上の図の実線部分である。
よって，y は
$\boldsymbol{x=-4}$ のとき
最大値 16 をとり，
$\boldsymbol{x=0}$ のとき
最小値 0 をとる。

(3)

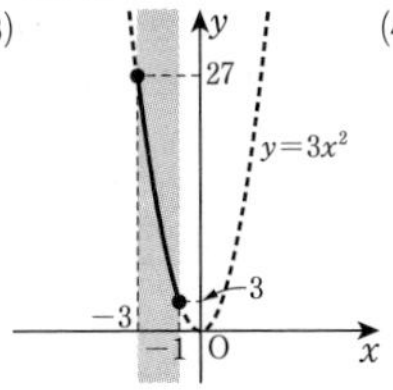

この関数のグラフは，上の図の実線部分である。
よって，y は
$\boldsymbol{x=-3}$ のとき
最大値 27 をとり，
$\boldsymbol{x=-1}$ のとき
最小値 3 をとる。

(4)

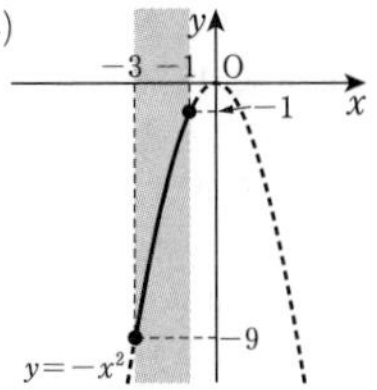

この関数のグラフは，上の図の実線部分である。
よって，y は
$\boldsymbol{x=-1}$ のとき
最大値 -1 をとり，
$\boldsymbol{x=-3}$ のとき
最小値 -9 をとる。

(5)

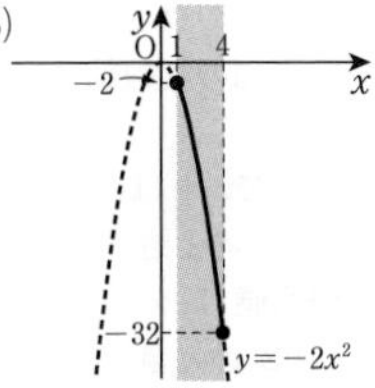

この関数のグラフは，上の図の実線部分である。
よって，y は
$\boldsymbol{x=1}$ のとき
最大値 -2 をとり，
$\boldsymbol{x=4}$ のとき
最小値 -32 をとる。

(6)

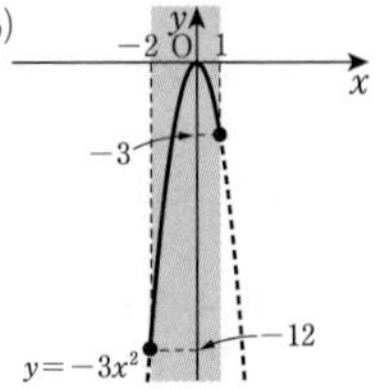

この関数のグラフは，上の図の実線部分である。
よって，y は
$\boldsymbol{x=0}$ のとき
最大値 0 をとり，
$\boldsymbol{x=-2}$ のとき
最小値 -12 をとる。

160

(1) $y=x^2+2x-3$
を変形すると
$y=(x+1)^2-4$

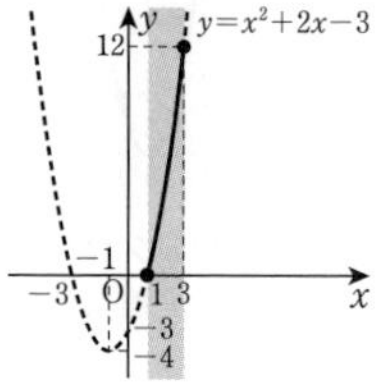

$1 \leqq x \leqq 3$ におけるこの関数のグラフは，上の図の実線部分である。
よって，y は
$\boldsymbol{x=3}$ のとき
最大値 12 をとり，
$\boldsymbol{x=1}$ のとき
最小値 0 をとる。

(2) $y=x^2+6x-3$
を変形すると
$y=(x+3)^2-12$

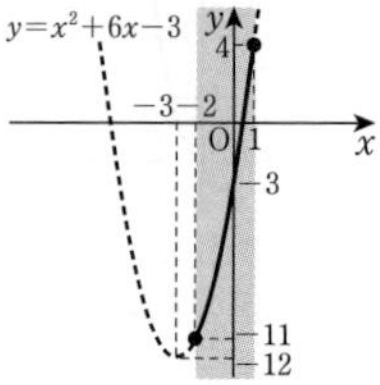

$-2 \leqq x \leqq 1$ における
この関数のグラフは，上の図の実線部分である。
よって，y は
$\boldsymbol{x=1}$ のとき
最大値 4 をとり，
$\boldsymbol{x=-2}$ のとき
最小値 −11 をとる。

(3) $y=x^2-4x-1$
を変形すると
$y=(x-2)^2-5$

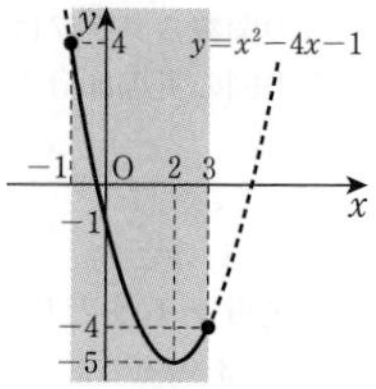

$-1 \leqq x \leqq 3$ における
この関数のグラフは，上の図の実線部分である。
よって，y は
$\boldsymbol{x=-1}$ のとき
最大値 4 をとり，
$\boldsymbol{x=2}$ のとき
最小値 −5 をとる。

(4) $y=2x^2-8x+7$
を変形すると
$y=2(x-2)^2-1$

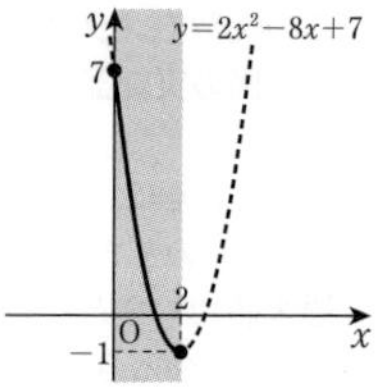

$0 \leqq x \leqq 2$ におけるこの関数のグラフは，上の図の実線部分である。
よって，y は
$\boldsymbol{x=0}$ のとき
最大値 7 をとり，
$\boldsymbol{x=2}$ のとき
最小値 −1 をとる。

(5) $y=-x^2-4x-3$
を変形すると
$y=-(x+2)^2+1$

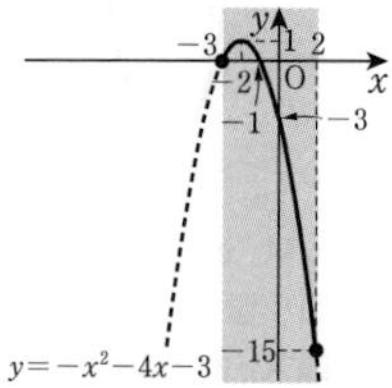

$-3 \leqq x \leqq 2$ における
この関数のグラフは，上の図の実線部分である。
よって，y は
$\boldsymbol{x=-2}$ のとき
最大値 1 をとり，
$\boldsymbol{x=2}$ のとき
最小値 −15 をとる。

(6) $y=-2x^2+4x-1$
を変形すると
$y=-2(x-1)^2+1$

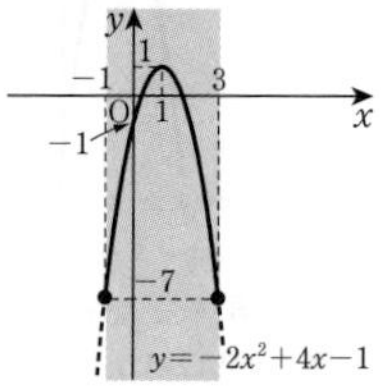

$-1 \leqq x \leqq 3$ における
この関数のグラフは，上の図の実線部分である。
よって，y は
$\boldsymbol{x=1}$ のとき
最大値 1 をとり，
$\boldsymbol{x=-1,\ 3}$ のとき
最小値 −7 をとる。

161

(1) $y=x^2+5x-3$
を変形すると
$$y=\left(x+\frac{5}{2}\right)^2-\frac{37}{4}$$

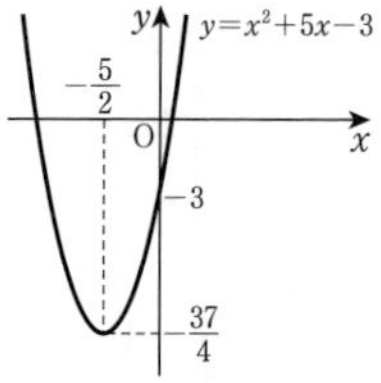

y は
$\boldsymbol{x=-\frac{5}{2}}$ のとき
最小値 $\boldsymbol{-\frac{37}{4}}$ をとる。
最大値はない。

(2) $y=2x^2-6x+3$
を変形すると
$$y=2\left(x-\frac{3}{2}\right)^2-\frac{3}{2}$$

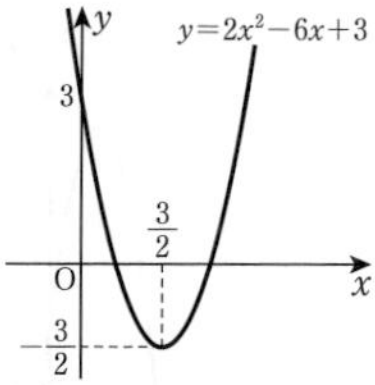

y は
$\boldsymbol{x=\frac{3}{2}}$ のとき
最小値 $\boldsymbol{-\frac{3}{2}}$ をとる。
最大値はない。

(3) $y=-x^2-x+2$

を変形すると

$$y=-\left(x+\frac{1}{2}\right)^2+\frac{9}{4}$$

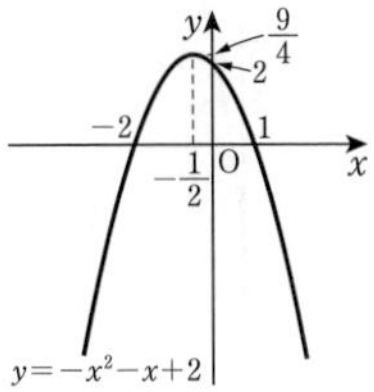

y は

$x=-\frac{1}{2}$ のとき

最大値 $\frac{9}{4}$ をとる。

最小値はない。

(4) $y=\frac{1}{2}x^2-3x+2$

を変形すると

$$y=\frac{1}{2}(x^2-6x)+2$$
$$=\frac{1}{2}(x-3)^2-\frac{5}{2}$$

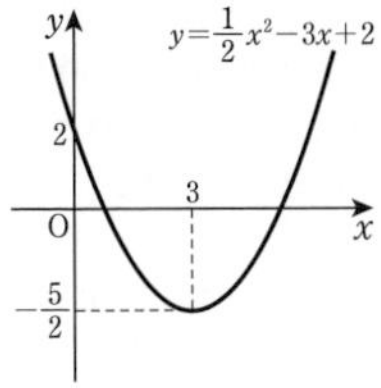

y は

$x=3$ のとき

最小値 $-\frac{5}{2}$ をとる。

最大値はない。

162

(1) $y=(x-3)(x+1)$

を変形すると

$$y=x^2-2x-3$$
$$=(x-1)^2-4$$

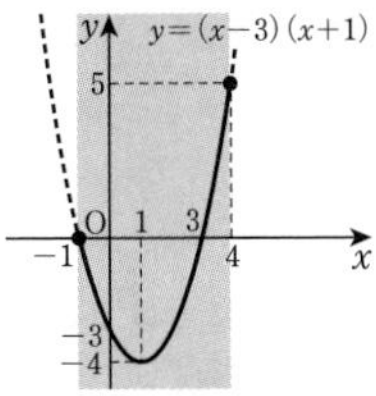

$-1\leqq x\leqq 4$ における

この関数のグラフは,

上の図の実線部分で

ある。

よって，y は

$x=4$ のとき

最大値 5 をとり,

$x=1$ のとき

最小値 −4 をとる。

(2) $y=(x+2)(x+4)$

を変形すると

$$y=x^2+6x+8$$
$$=(x+3)^2-1$$

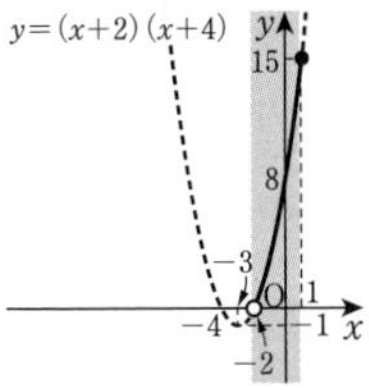

$-2<x\leqq 1$ における

この関数のグラフは,

上の図の実線部分で

ある。

よって，y は

$x=1$ のとき

最大値 15 をとる。

最小値はない。

(3) $y=x^2+7x-5$

を変形すると

$$y=\left(x+\frac{7}{2}\right)^2-\frac{69}{4}$$

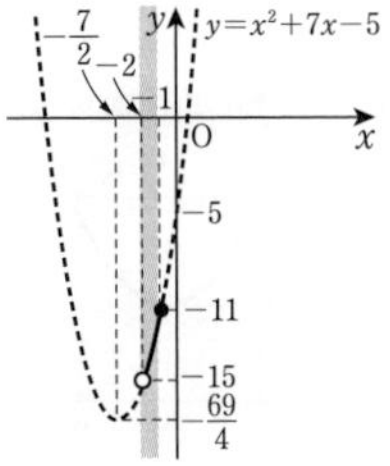

$-2<x\leqq -1$ における

この関数のグラフは,

上の図の実線部分で

ある。

よって，y は

$x=-1$ のとき

最大値 −11 をとる。

最小値はない。

(4) $y=-\frac{1}{2}x^2-x-2$

を変形すると

$$y=-\frac{1}{2}(x+1)^2-\frac{3}{2}$$

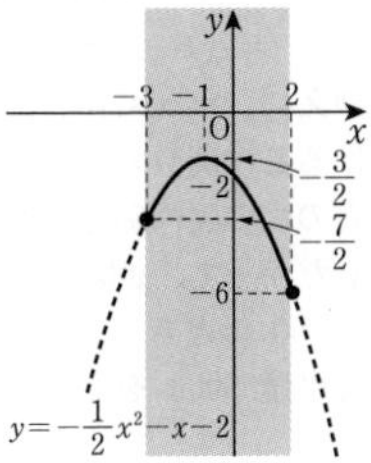

$-3\leqq x\leqq 2$ における

この関数のグラフは,

上の図の実線部分で

ある。

よって，y は

$x=-1$ のとき

最大値 $-\frac{3}{2}$ をとり,

$x=2$ のとき

最小値 −6 をとる。

163

長方形の横の長さを x m とすると，縦の長さは $(18-x)$ m である。

$x>0$ かつ $18-x>0$ であるから

$$0<x<18$$

長方形の面積を y m² とすると,

$$y=x(18-x)$$
$$=-x^2+18x$$
$$=-(x-9)^2+81$$

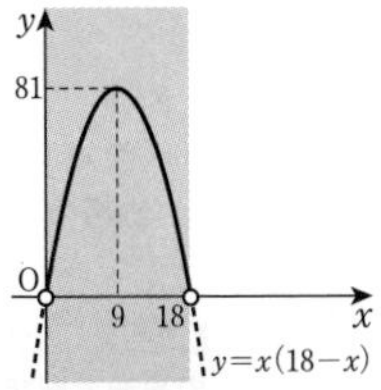

よって，$0<x<18$ におけるこの関数のグラフは，上の図の実線部分である。ゆえに，y は $x=9$ のとき，最大値 81 をとる。

横の長さが 9 m のとき，縦の長さも 9 m であるから，**1 辺が 9 m の正方形** をつくればよい。

164

AH$=x$ (cm) とすると,

$$AE=HD=(100-x)\ (cm)$$

である。$x>0$ かつ

$100-x>0$ であるから

$$0<x<100$$

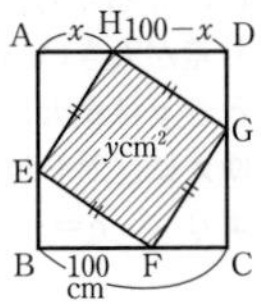

また，$y=EH^2$ である。

三平方の定理より

$EH^2=AE^2+AH^2$

$=(100-x)^2+x^2$

$=2x^2-200x+10000$

よって

$y=2x^2-200x+10000$

$=2(x-50)^2+5000$

ゆえに，$0<x<100$ におけるこの関数のグラフは，右の図の実線部分である。

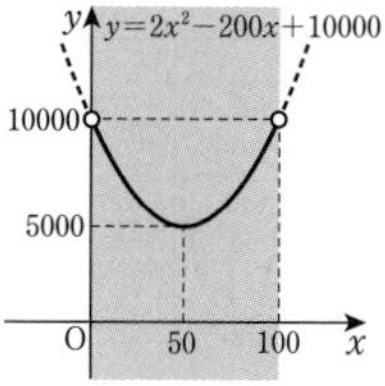

したがって，y は

$x=50$ のとき

最小値 5000 をとる。

165 価格を1個につき x 円値上げすると価格は $(100+x)$ 円，売上個数は $(400-2x)$ 個である。

$x>0$ かつ $400-2x>0$ であるから

$0<x<200$

売上金額を y 円とすると

$y=(100+x)(400-2x)$

$=-2x^2+200x+40000$

$=-2(x-50)^2+45000$

よって，$0<x<200$ におけるこの関数のグラフは，右の図の実線部分である。

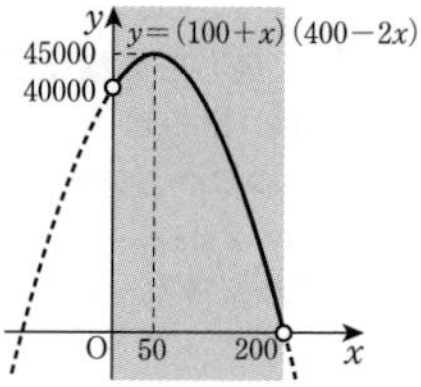

ゆえに，y は

$x=50$ のとき，

最大値 45000 をとる。

したがって，価格を **150円** にすればよい。

166 考え方 グラフが下に凸の場合，定義域の範囲で軸からの距離が最も大きい x の値で y は最大になる。

$y=x^2+2x+c=(x+1)^2+c-1$

よって，この2次関数のグラフは，軸が直線 $x=-1$ で下に凸の放物線になるから，-1 と最も差が大きい $x=2$ のとき y は最大になる。

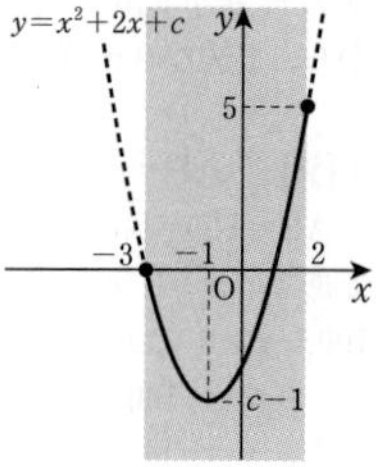

ゆえに，$2^2+2\times2+c=5$

より　$\boldsymbol{c=-3}$

167 考え方 グラフが上に凸の場合，定義域の範囲で軸からの距離が最も大きい x の値で y は最小になる。

$y=-x^2+8x+c=-(x-4)^2+c+16$

よって，この2次関数のグラフは，軸が直線 $x=4$ で上に凸の放物線になるから，4と最も差が大きい $x=1$ のとき y は最小になる。

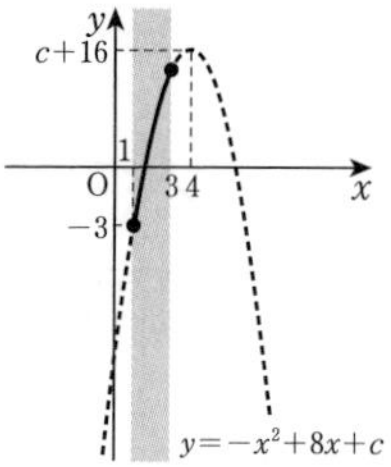

したがって

$-1^2+8\times1+c=-3$

より　$\boldsymbol{c=-10}$

168 $y=x^2-6x-3$ を変形すると

$y=(x-3)^2-12$

(1) $1<a<3$ のとき，$1\leqq x\leqq a$ におけるこの関数のグラフは次の図のようになる。

よって，y は

$x=1$ のとき，**最大値 −8** をとり，

$x=a$ のとき，**最小値 $\boldsymbol{a^2-6a-3}$** をとる。

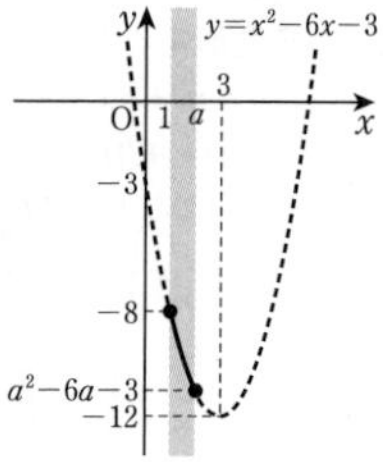

(2) $3\leqq a<5$ のとき，$1\leqq x\leqq a$ におけるこの関数のグラフは下の図のようになる。

よって，y は

$x=1$ のとき，**最大値 −8** をとり，

$x=3$ のとき，**最小値 −12** をとる。

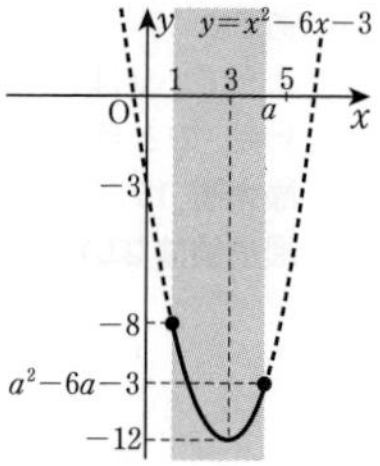

(3) $a\geqq5$ のとき，$1\leqq x\leqq a$ におけるこの関数のグラフは下の図のようになる。

よって，y は

$x=a$ のとき，**最大値 $\boldsymbol{a^2-6a-3}$** をとり，
$x=3$ のとき，**最小値 $\boldsymbol{-12}$** をとる。

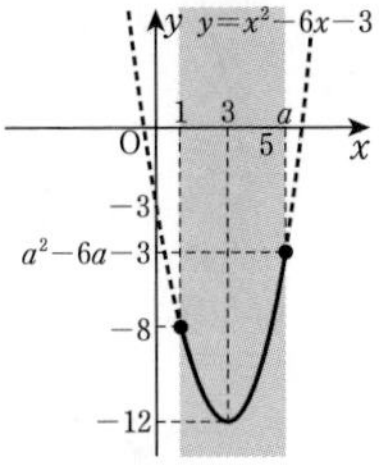

169 $y=x^2-6x+4$ を変形すると
$y=(x-3)^2-5$

(i) $0<a<3$ のとき，$0\leqq x\leqq a$ におけるこの関数のグラフは次の図の実線部分である。よって，y は $x=a$ のとき，最小値 a^2-6a+4 をとる。

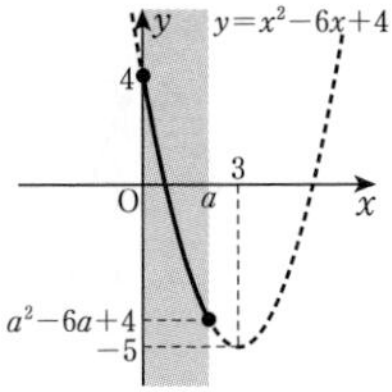

(ii) $a\geqq 3$ のとき，$0\leqq x\leqq a$ におけるこの関数のグラフは下の図の実線部分であり，頂点の x 座標は定義域に含まれる。よって，y は $x=3$ のとき，最小値 -5 をとる。

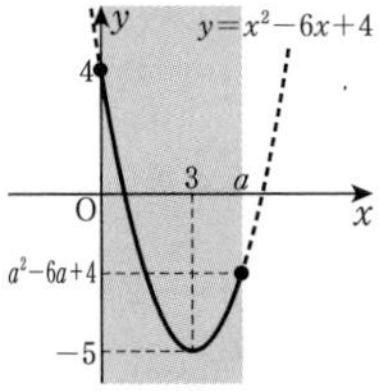

(i)，(ii)より，y は
$0<a<3$ のとき $x=a$ で **最小値 $\boldsymbol{a^2-6a+4}$** をとる。
$a\geqq 3$ のとき $x=3$ で **最小値 $\boldsymbol{-5}$** をとる。

170 $y=-x^2+4x+2$ を変形すると
$y=-(x-2)^2+6$

(i) $0<a<2$ のとき，$0\leqq x\leqq a$ におけるこの関数のグラフは，下の図のようになる。よって，y は $x=a$ のとき，最大値 $-a^2+4a+2$ をとる。

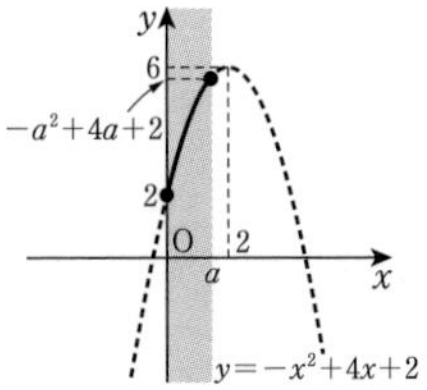

(ii) $a\geqq 2$ のとき，$0\leqq x\leqq a$ におけるこの関数のグラフは，下の図のようになる。よって，y は $x=2$ のとき，最大値 6 をとる。

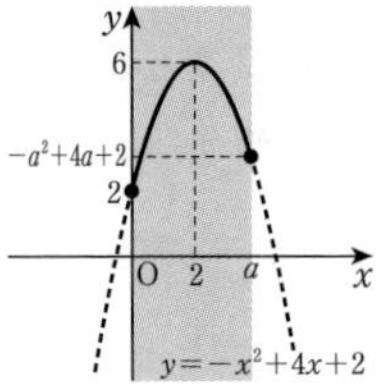

(i)，(ii)より，y は
$0<a<2$ のとき $x=a$ で**最大値 $\boldsymbol{-a^2+4a+2}$** をとる。
$a\geqq 2$ のとき $x=2$ で**最大値 6** をとる。

171 $y=x^2-4ax+3$ を変形すると
$y=(x-2a)^2-4a^2+3$

よって，
軸は直線 $x=2a$

(i) $2a<0$ すなわち $a<0$ のとき
軸は定義域の左側にあるから
$x=0$ のとき 最小値 3

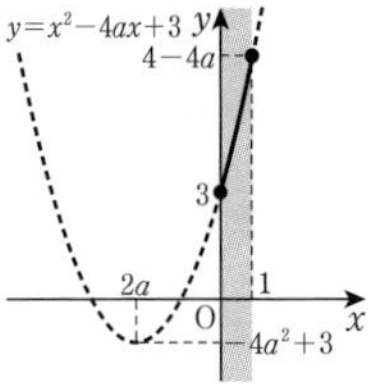

(ii) $0\leqq 2a\leqq 1$ すなわち $0\leqq a\leqq \dfrac{1}{2}$ のとき
軸は定義域内にあるから
$x=2a$ のとき 最小値 $-4a^2+3$

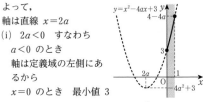

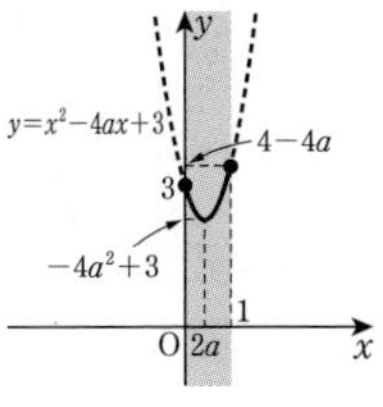

(iii) $2a>1$ すなわち $a>\dfrac{1}{2}$ のとき
軸は定義域の右側にあるから
$x=1$ のとき 最小値 $4-4a$

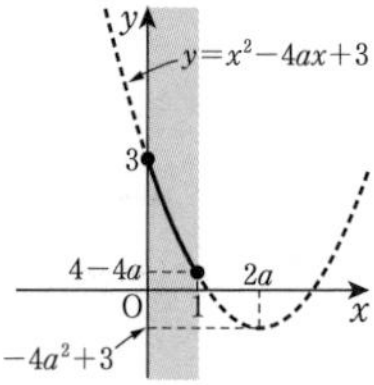

(i), (ii), (iii)より，y は

$a<0$ のとき　$x=0$ で**最小値 3** をとる。

$0\leqq a\leqq\frac{1}{2}$ のとき

　$x=2a$ で**最小値 $-4a^2+3$** をとる。

$a>\frac{1}{2}$ のとき　$x=1$ で**最小値 $4-4a$** をとる。

172　$y=x^2-2x=(x-1)^2-1$

よって，この放物線の 軸は $x=1$，

頂点は 点 $(1,\ -1)$

(1)　$a<-1$ のとき，

$a+2<1$ であるから，

この関数のグラフは右の図のようになる。

$x=a+2$ のとき

$y=(a+2)^2-2(a+2)$

$=a^2+2a$

よって，y は，$x=a+2$ のとき

最小値 a^2+2a をとる。

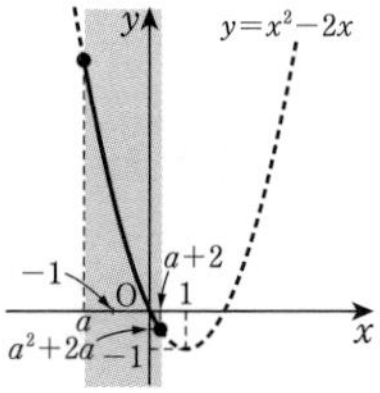

(2)　$-1\leqq a\leqq1$ のとき

この関数のグラフは右の図のようになる。

よって，y は，

$x=1$ のとき

最小値 -1 をとる。

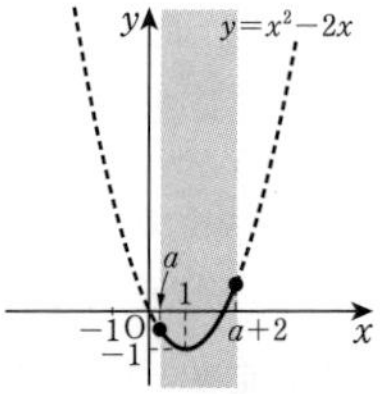

(3)　$1<a$ のとき，

この関数のグラフは右の図のようになる。

$x=a$ のとき

$y=a^2-2a$

よって，y は，

$x=a$ のとき

最小値 a^2-2a をとる。

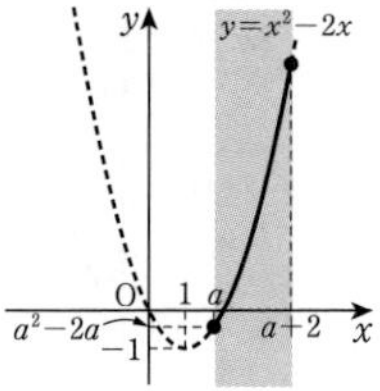

173　$y=-x^2-2x=-(x+1)^2+1$

よって，この放物線の軸は $x=-1$，

頂点は点 $(-1,\ 1)$

(1)　$a<-3$ のとき，

$a+2<-1$ であるから，この関数のグラフは右の図のようになる。

$x=a+2$ のとき，

$y=-(a+2)^2-2(a+2)$

$=-a^2-6a-8$

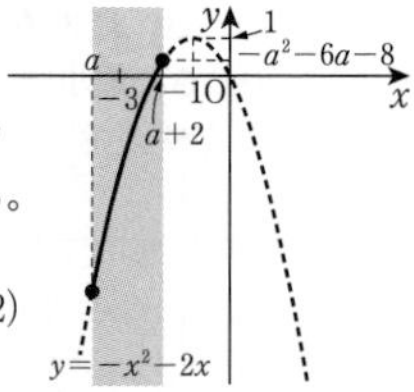

よって，y は，$x=a+2$ のとき

最大値 $-a^2-6a-8$ をとる。

(2)　$-3\leqq a\leqq-1$ のとき，

$a\leqq-1\leqq a+2$ であるから，この関数のグラフは右の図のようになる。

よって，y は，

$x=-1$ のとき

最大値 1 をとる。

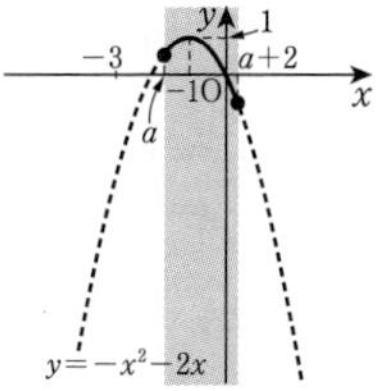

(3)　$-1<a$ のとき，

この関数のグラフは右の図のようになる。

$x=a$ のとき

$y=-a^2-2a$

よって，y は，

$x=a$ のとき

最大値 $-a^2-2a$ をとる。

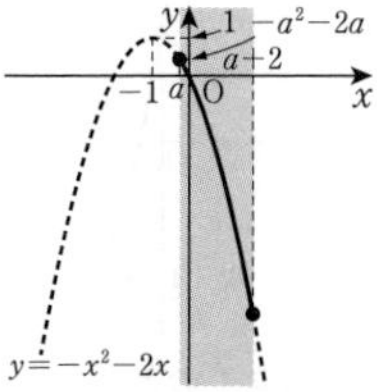

174　(1)　頂点が点 $(-3,\ 5)$ であるから，求める 2 次関数は

$y=a(x+3)^2+5$

と表される。

グラフが点 $(-2,\ 3)$ を通ることから

$3=a(-2+3)^2+5$

より　$3=a+5$　　よって　$a=-2$

したがって，求める 2 次関数は

$y=-2(x+3)^2+5$

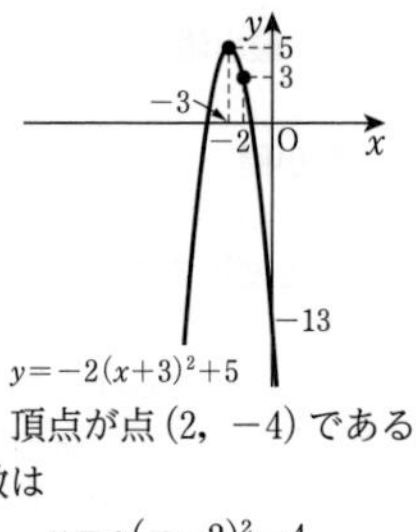

(2)　頂点が点 $(2,\ -4)$ であるから，求める 2 次関数は

$y=a(x-2)^2-4$

と表される。

グラフが原点を通ることから

$0=a(0-2)^2-4$

より　$0=4a-4$　　よって　$a=1$

したがって，求める 2 次関数は

$\boldsymbol{y=(x-2)^2-4}$

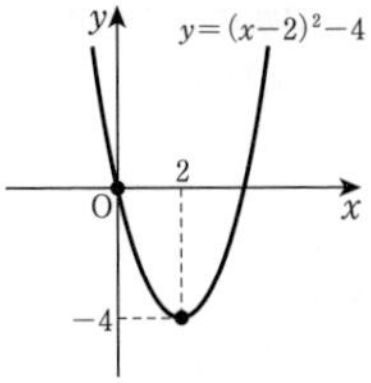

175　(1)　軸が直線 $x=3$ であるから，求める 2 次関数は

$y=a(x-3)^2+q$

と表される。

グラフが点 $(1,\ -2)$ を通ることから

$-2=a(1-3)^2+q$ ……①

グラフが点 $(4,\ -8)$ を通ることから

$-8=a(4-3)^2+q$ ……②

①，②より

$\begin{cases} 4a+q=-2 \\ a+q=-8 \end{cases}$

これを解いて

$a=2,\ q=-10$

したがって，求める 2 次関数は

$\boldsymbol{y=2(x-3)^2-10}$

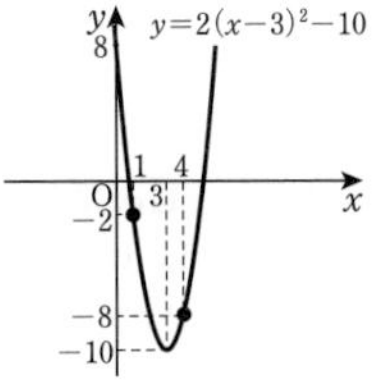

(2)　軸が直線 $x=-1$ であるから，求める 2 次関数は

$y=a(x+1)^2+q$

と表される。

グラフが点 $(0,\ 1)$ を通ることから

$1=a(0+1)^2+q$ ……①

グラフが点 $(2,\ 17)$ を通ることから

$17=a(2+1)^2+q$ ……②

①，②より

$\begin{cases} a+q=1 \\ 9a+q=17 \end{cases}$

これを解いて

$a=2,\ q=-1$

したがって，求める 2 次関数は

$\boldsymbol{y=2(x+1)^2-1}$

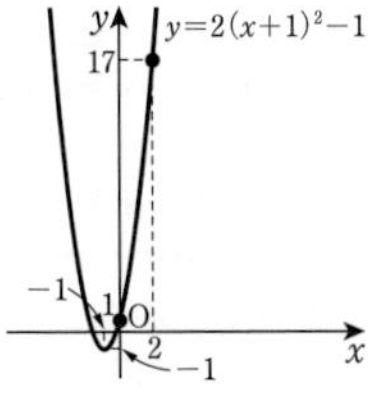

176　(1)　求める 2 次関数を

$y=ax^2+bx+c$

とおく。

グラフが 3 点 $(0,\ -1)$，$(1,\ 2)$，$(2,\ 7)$ を通ることから

$\begin{cases} -1=c & \text{……①} \\ 2=a+b+c & \text{……②} \\ 7=4a+2b+c & \text{……③} \end{cases}$

①より　　$c=-1$

これを②，③に代入して整理すると

$\begin{cases} a+b=3 \\ 2a+b=4 \end{cases}$

これを解いて

$a=1,\ b=2$

よって，求める 2 次関数は

$\boldsymbol{y=x^2+2x-1}$

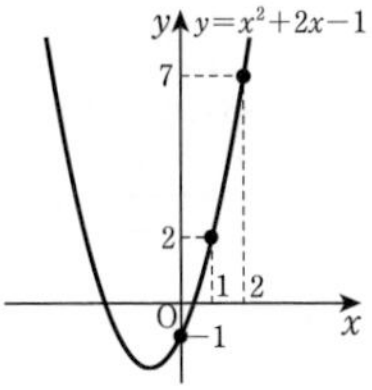

(2)　求める 2 次関数を

$y=ax^2+bx+c$

とおく。

グラフが 3 点 $(0,\ 2)$，$(-2,\ -14)$，$(3,\ -4)$ を通ることから

$\begin{cases} 2=c & \text{……①} \\ -14=4a-2b+c & \text{……②} \\ -4=9a+3b+c & \text{……③} \end{cases}$

①より　　$c=2$

これを②，③に代入して整理すると

$\begin{cases} 2a-b=-8 \\ 3a+b=-2 \end{cases}$

これを解いて

$a=-2,\ b=4$

よって，求める 2 次関数は

$\boldsymbol{y=-2x^2+4x+2}$

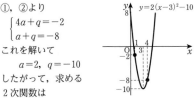

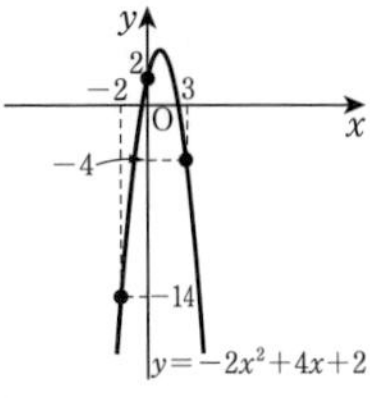

177　(1)　$x=2$ で最小値 -3 をとることから，求める 2 次関数は

$y=a(x-2)^2-3$　$(a>0)$

と表される。

グラフが点 $(4,\ 5)$ を通ることから

$5=a(4-2)^2-3$

よって，$5=4a-3$ より　　$a=2$

$a=2$ は $a>0$ を満たしている。

したがって，求める 2 次関数は

$\boldsymbol{y=2(x-2)^2-3}$

(2) $x=-1$ で最大値 4 をとることから，求める2次関数は

$$y=a(x+1)^2+4 \quad (a<0)$$

と表される。

グラフが点 $(1,\ 2)$ を通ることから

$$2=a(1+1)^2+4$$

よって，$2=4a+4$ より　$a=-\frac{1}{2}$

$a=-\frac{1}{2}$ は $a<0$ を満たしている。

したがって，求める2次関数は

$$\boldsymbol{y=-\frac{1}{2}(x+1)^2+4}$$

178 $x=2$ で最大値をとることから，求める2次関数は

$$y=a(x-2)^2+q \quad (a<0)$$

と表される。

グラフが点 $(-1,\ 3)$ を通ることから

$$3=a(-1-2)^2+q \quad \cdots\cdots①$$

グラフが点 $(3,\ 11)$ を通ることから

$$11=a(3-2)^2+q \quad \cdots\cdots②$$

①，②より

$$\begin{cases} 9a+q=3 \\ a+q=11 \end{cases}$$

これを解いて

$$a=-1,\ q=12$$

$a=-1$ は $a<0$ を満たしている。

したがって，求める2次関数は

$$\boldsymbol{y=-(x-2)^2+12}$$

179 (1) $y=x^2+3x$ を平行移動した放物線をグラフとする2次関数は

$$y=x^2+ax+b$$

と表される。

グラフが点 $(1,\ -2)$ を通ることから

$$-2=1+a+b \quad \cdots\cdots①$$

グラフが点 $(4,\ 1)$ を通ることから

$$1=16+4a+b \quad \cdots\cdots②$$

①，②より

$$\begin{cases} a+b=-3 \\ 4a+b=-15 \end{cases}$$

これを解いて

$$a=-4,\ b=1$$

したがって，求める2次関数は

$$\boldsymbol{y=x^2-4x+1}$$

(2) $y=-2x^2+8x-5$

を変形すると

$$y=-2(x-2)^2+3$$

よって，この2次関数の頂点は点 $(2,\ 3)$ である。

すなわち，求める2次関数の頂点も点 $(2,\ 3)$ であるから，求める2次関数は

$$y=a(x-2)^2+3$$

と表される。

グラフが点 $(5,\ 12)$ を通ることから

$12=a(5-2)^2+3$ より　$a=1$

したがって，求める2次関数は

$$\boldsymbol{y=(x-2)^2+3}$$

180 (1)
$$\begin{cases} x+y+z=3 & \cdots\cdots① \\ 9x+3y+z=5 & \cdots\cdots② \\ 4x+2y+z=3 & \cdots\cdots③ \end{cases}$$

②−① より　$8x+2y=2$

すなわち　$4x+y=1$ ……④

③−① より　$3x+y=0$ ……⑤

④−⑤ より　$x=1$

$x=1$ を④に代入すると　$y=-3$

$x=1,\ y=-3$ を①に代入すると

$$z=5$$

よって，この連立方程式の解は

$$\boldsymbol{x=1,\ y=-3,\ z=5}$$

(2)
$$\begin{cases} x-2y+z=5 & \cdots\cdots① \\ 2x-y-z=4 & \cdots\cdots② \\ 3x+6y+2z=2 & \cdots\cdots③ \end{cases}$$

①+② より　$3x-3y=9$

すなわち　$x-y=3$ ……④

②×2+③ より　$7x+4y=10$ ……⑤

④×4+⑤ より　$11x=22$

よって　$x=2$

$x=2$ を④に代入すると　$y=-1$

$x=2,\ y=-1$ を①に代入すると

$$z=1$$

よって，この連立方程式の解は

$$\boldsymbol{x=2,\ y=-1,\ z=1}$$

181 (1) 求める2次関数を

$$y=ax^2+bx+c$$

とおく。

グラフが3点 $(-1,\ 2)$，$(1,\ 2)$，$(2,\ 8)$ を通ることから

$$\begin{cases} a-b+c=2 & \cdots\cdots① \\ a+b+c=2 & \cdots\cdots② \\ 4a+2b+c=8 & \cdots\cdots③ \end{cases}$$

②−① より　$2b=0$

すなわち　$b=0$　……④

④を①，③に代入すると

$$\begin{cases} a+c=2 \\ 4a+c=8 \end{cases}$$

これを解くと　$a=2$，$c=0$

よって，求める2次関数は

$\boldsymbol{y=2x^2}$

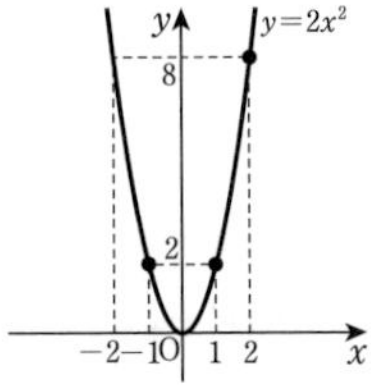

(2)　求める2次関数を

$y=ax^2+bx+c$

とおく。

グラフが3点 $(-2,\ 7)$，$(-1,\ 2)$，$(2,\ -1)$ を通ることから

$$\begin{cases} 4a-2b+c=7 & \cdots\cdots① \\ a-b+c=2 & \cdots\cdots② \\ 4a+2b+c=-1 & \cdots\cdots③ \end{cases}$$

①−② より　$3a-b=5$　……④

③−② より　$3a+3b=-3$

すなわち　$a+b=-1$　……⑤

④，⑤より a と b の値を求めると

$a=1$，$b=-2$

これらを②に代入して，c の値を求めると

$c=-1$

よって，求める2次関数は

$\boldsymbol{y=x^2-2x-1}$

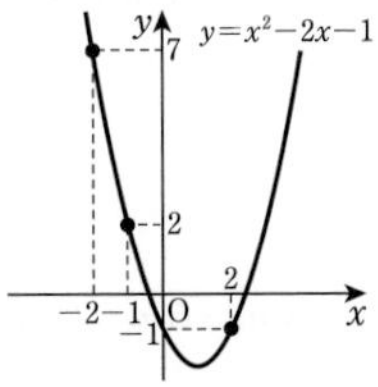

(3)　求める2次関数を

$y=ax^2+bx+c$

とおく。

グラフが3点 $(1,\ 2)$，$(3,\ 6)$，$(-2,\ 11)$ を通ることから

$$\begin{cases} a+b+c=2 & \cdots\cdots① \\ 9a+3b+c=6 & \cdots\cdots② \\ 4a-2b+c=11 & \cdots\cdots③ \end{cases}$$

②−① より　$8a+2b=4$

すなわち　$4a+b=2$　……④

③−① より　$3a-3b=9$

すなわち　$a-b=3$　……⑤

④，⑤より a と b の値を求めると

$a=1$，$b=-2$

これらを①に代入して，c の値を求めると

$c=3$

よって，求める2次関数は

$\boldsymbol{y=x^2-2x+3}$

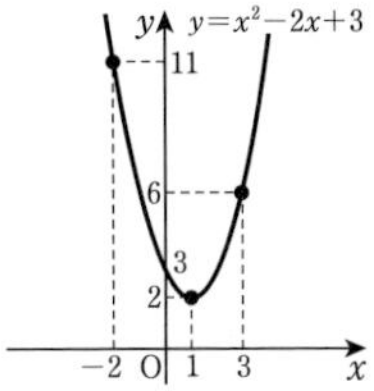

182　$y=x^2-4mx-5=(x-2m)^2-4m^2-5$

よって，この放物線の頂点は

点 $(2m,\ -4m^2-5)$

である。この点が直線 $y=-2x-8$ 上にあるから

$-4m^2-5=-2\times2m-8$ より

$4m^2-4m-3=0$

ゆえに　$(2m-3)(2m+1)=0$

よって　$\boldsymbol{m=\frac{3}{2},\ -\frac{1}{2}}$

183　(1)　放物線 $y=x^2+2bx+c$ が点 $(1,\ 4)$ を通ることから

$4=1+2b+c$ より

$\boldsymbol{c=-2b+3}$

(2)　(1)より　$c=-2b+3$ であるから，これを $y=x^2+2bx+c$ に代入して

$y=x^2+2bx-2b+3$

$=(x+b)^2-b^2-2b+3$

よって，この放物線の頂点の座標は

$(-b,\ -b^2-2b+3)$

である。この点が直線 $y=-x+3$ 上にあるから

$-b^2-2b+3=-(-b)+3$

より　$b^2+3b=0$

よって，$b(b+3)=0$ より

$b=0,\ -3$

$b=0$ のとき　$c=3$

$b=-3$ のとき　$c=9$

したがって

$\begin{cases} \boldsymbol{b=0} \\ \boldsymbol{c=3} \end{cases}$　$\begin{cases} \boldsymbol{b=-3} \\ \boldsymbol{c=9} \end{cases}$

184　2次関数のグラフが x 軸と2点 $(-4,\ 0)$ と $(2,\ 0)$ で交わるから，求める2次関数は

$y=a(x+4)(x-2)$

と表すことができる。

このグラフが点 $(3,\ -7)$ を通るから

$-7=a(3+4)(3-2)$

ゆえに　$a=-1$

よって，求める2次関数は

$\boldsymbol{y=-(x+4)(x-2)}$

185　(1)　$x+1=0$ または $x-2=0$

よって　$\boldsymbol{x=-1,\ 2}$

(2)　$2x+1=0$ または $3x-2=0$

よって　$\boldsymbol{x=-\frac{1}{2},\ \frac{2}{3}}$

(3)　左辺を因数分解すると

$(x+3)(x-1)=0$

よって　$x+3=0$　または　$x-1=0$

したがって　$\boldsymbol{x=-3,\ 1}$

(4)　左辺を因数分解すると

$(x-3)(x-4)=0$

よって　$x-3=0$　または　$x-4=0$

したがって　$\boldsymbol{x=3,\ 4}$

(5)　左辺を因数分解すると

$(x+5)(x-5)=0$

よって　$x+5=0$　または　$x-5=0$

したがって　$\boldsymbol{x=-5,\ 5}$

(6)　左辺を因数分解すると

$x(x+4)=0$

よって　$x=0$　または　$x+4=0$

したがって　$\boldsymbol{x=0,\ -4}$

186　(1)　$x=\dfrac{-3\pm\sqrt{3^2-4\times1\times1}}{2\times1}$

$=\boldsymbol{\dfrac{-3\pm\sqrt{5}}{2}}$

(2)　$x=\dfrac{-(-5)\pm\sqrt{(-5)^2-4\times1\times3}}{2\times1}$

$=\boldsymbol{\dfrac{5\pm\sqrt{13}}{2}}$

(3)　$x=\dfrac{-(-5)\pm\sqrt{(-5)^2-4\times3\times(-1)}}{2\times3}$

$=\boldsymbol{\dfrac{5\pm\sqrt{37}}{6}}$

(4)　$x=\dfrac{-8\pm\sqrt{8^2-4\times3\times2}}{2\times3}$

$=\dfrac{-8\pm2\sqrt{10}}{6}$

$=\boldsymbol{\dfrac{-4\pm\sqrt{10}}{3}}$

(5)　$x=\dfrac{-6\pm\sqrt{6^2-4\times1\times(-8)}}{2\times1}$

$=\dfrac{-6\pm2\sqrt{17}}{2}$

$=\boldsymbol{-3\pm\sqrt{17}}$

(6)　左辺を因数分解して

$(2x+1)(3x-4)=0$

よって　$2x+1=0$　または　$3x-4=0$

したがって　$\boldsymbol{x=-\frac{1}{2},\ \frac{4}{3}}$

187　判別式を D とおく。

(1)　$D=(-5)^2-4\times3\times2=1$ より　$D>0$

よって，実数解の個数は**2個**である。

(2)　$D=(-1)^2-4\times1\times3=-11$ より　$D<0$

よって，実数解の個数は**0個**である。

(3)　$D=6^2-4\times3\times(-1)=48$ より　$D>0$

よって，実数解の個数は**2個**である。

(4)　$D=(-4)^2-4\times4\times1=0$

よって，実数解の個数は**1個**である。

188　2次方程式 $3x^2-4x-m=0$ の判別式を D とすると

$D=(-4)^2-4\times3\times(-m)$

$=16+12m$

この2次方程式が異なる2つの実数解をもつためには，$D>0$ であればよい。

よって，$16+12m>0$ より

$\boldsymbol{m>-\frac{4}{3}}$

189　2次方程式 $2x^2+4mx+5m+3=0$ の判別式を D とすると

$D=(4m)^2-4\times2\times(5m+3)$

$=16m^2-40m-24$

この2次方程式が重解をもつためには，$D=0$ であればよい。

よって　$16m^2-40m-24=0$

$2m^2-5m-3=0$

$(2m+1)(m-3)=0$

より　$\boldsymbol{m=-\frac{1}{2},\ 3}$

$m=-\frac{1}{2}$ のとき，2 次方程式は $2x^2-2x+\frac{1}{2}=0$ となり

$4x^2-4x+1=0$

$(2x-1)^2=0$

より，重解は　$\boldsymbol{x=\frac{1}{2}}$

$m=3$ のとき，2 次方程式は $2x^2+12x+18=0$ となり

$x^2+6x+9=0$

$(x+3)^2=0$

より，重解は　$\boldsymbol{x=-3}$

190　(1)　2 次関数 $y=x^2+5x+6$ のグラフと x 軸の共有点の x 座標は，2 次方程式 $x^2+5x+6=0$ の解である。
左辺を因数分解して

$(x+2)(x+3)=0$　より　$x=-2,\ -3$

よって，共有点の x 座標は　$\boldsymbol{-2,\ -3}$

(2)　2 次関数 $y=x^2-3x-4$ のグラフと x 軸の共有点の x 座標は，2 次方程式 $x^2-3x-4=0$ の解である。左辺を因数分解して

$(x+1)(x-4)=0$　より　$x=-1,\ 4$

よって，共有点の x 座標は　$\boldsymbol{-1,\ 4}$

(3)　2 次関数 $y=-x^2+7x-12$ のグラフと x 軸の共有点の x 座標は，2 次方程式 $-x^2+7x-12=0$　すなわち　$x^2-7x+12=0$ の解である。左辺を因数分解して

$(x-3)(x-4)=0$　より　$x=3,\ 4$

よって，共有点の x 座標は　$\boldsymbol{3,\ 4}$

(4)　2 次関数 $y=-x^2-6x-8$ のグラフと x 軸の共有点の x 座標は，2 次方程式 $-x^2-6x-8=0$　すなわち　$x^2+6x+8=0$ の解である。左辺を因数分解して

$(x+2)(x+4)=0$　より　$x=-2,\ -4$

よって，共有点の x 座標は　$\boldsymbol{-2,\ -4}$

191　(1)　2 次方程式 $x^2-4x+2=0$ の判別式を D とすると

$D=(-4)^2-4\times1\times2=8$ より　$D>0$

よって，この 2 次関数のグラフと x 軸の共有点の個数は　**2 個**

(2)　2 次方程式 $2x^2-12x+18=0$ すなわち $x^2-6x+9=0$ の判別式を D とすると

$D=(-6)^2-4\times1\times9=0$

よって，この 2 次関数のグラフと x 軸の共有点の個数は　**1 個**

(3)　2 次方程式 $-3x^2+5x-1=0$ の判別式を D とすると

$D=5^2-4\times(-3)\times(-1)=13$ より　$D>0$

よって，この 2 次関数のグラフと x 軸の共有点の個数は　**2 個**

(4)　2 次方程式 $x^2+2=0$ の判別式を D とすると

$D=0^2-4\times1\times2=-8$ より　$D<0$

よって，この 2 次関数のグラフと x 軸の共有点の個数は　**0 個**

(5)　2 次方程式 $x^2-2x=0$ の判別式を D とすると

$D=(-2)^2-4\times1\times0=4$ より　$D>0$

よって，この 2 次関数のグラフと x 軸の共有点の個数は　**2 個**

(6)　2 次方程式 $3x^2+3x+1=0$ の判別式を D とすると

$D=3^2-4\times3\times1=-3$ より　$D<0$

よって，この 2 次関数のグラフと x 軸の共有点の個数は　**0 個**

192　(1)　2 次方程式 $x^2-4x-2m=0$ の判別式を D とすると

$D=(-4)^2-4\times1\times(-2m)$
$=16+8m$

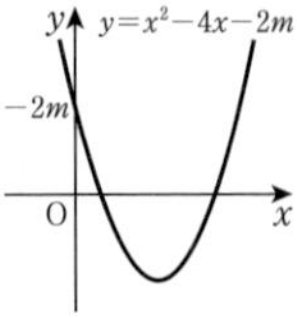

グラフと x 軸の共有点の個数が 2 個であるためには，$D>0$ であればよい。
よって，$16+8m>0$ より

$\boldsymbol{m>-2}$

(2)　2 次方程式　$-x^2+4x+3m-2=0$ の判別式を D とすると

$D=4^2-4\times(-1)\times(3m-2)$
$=12m+8$

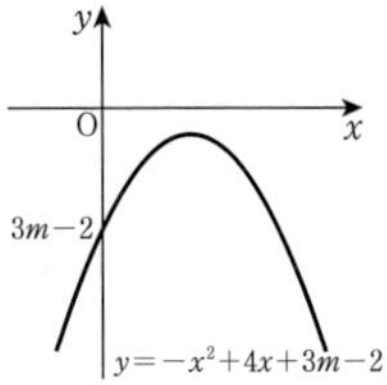

グラフと x 軸の共有点がないためには，$D<0$ であればよい。
よって，

$12m+8<0$ より

$\boldsymbol{m<-\frac{2}{3}}$

193

2次方程式 $x^2+(m+2)x+2m+5=0$ の判別式を D とすると

$$D=(m+2)^2-4\times1\times(2m+5)$$
$$=m^2-4m-16$$

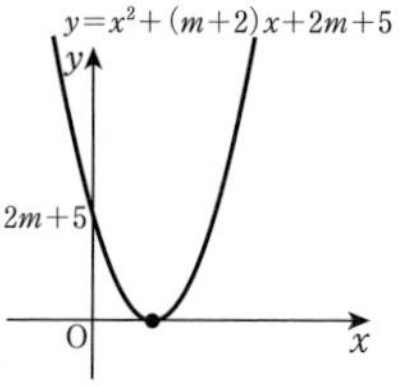

グラフが x 軸に接するためには $D=0$ であればよい。ゆえに

$$m^2-4m-16=0$$

これを解くと

$$m=\frac{-(-4)\pm\sqrt{(-4)^2-4\times1\times(-16)}}{2\times1}$$
$$=\frac{4\pm\sqrt{80}}{2}=\frac{4\pm4\sqrt{5}}{2}=2\pm2\sqrt{5}$$

よって　**$m=2\pm2\sqrt{5}$**

194

考え方　$y=0$ とおいた2次方程式の解 α, $\beta\,(\beta>\alpha)$ を求め，$\beta-\alpha$ を計算する。

(1)　2次方程式 $2x^2-5x+3=0$ を解くと

$(x-1)(2x-3)=0$ より

$$x=1,\ \frac{3}{2}$$

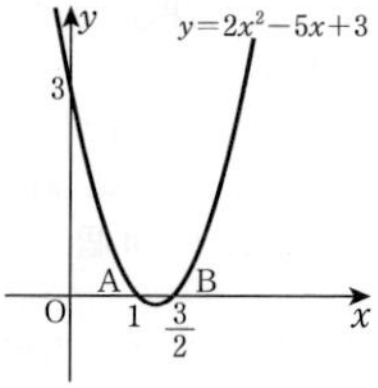

よって，AB の長さは

$$\mathrm{AB}=\frac{3}{2}-1$$
$$=\boldsymbol{\frac{1}{2}}$$

(2)　2次方程式 $-3x^2+x+5=0$

すなわち　$3x^2-x-5=0$ を解くと

解の公式より

$$x=\frac{-(-1)\pm\sqrt{(-1)^2-4\times3\times(-5)}}{2\times3}$$
$$=\frac{1\pm\sqrt{61}}{6}$$

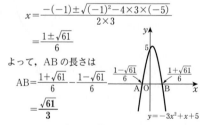

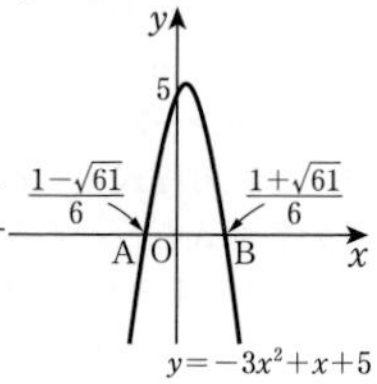

よって，AB の長さは

$$\mathrm{AB}=\frac{1+\sqrt{61}}{6}-\frac{1-\sqrt{61}}{6}$$
$$=\boldsymbol{\frac{\sqrt{61}}{3}}$$

195

2次方程式 $-x^2+2x-2m+3=0$

すなわち　$x^2-2x+2m-3=0$ の判別式を D とすると

$$D=(-2)^2-4\times1\times(2m-3)$$
$$=-8m+16$$
$$=-8(m-2)$$

$D>0$ すなわち　$m<2$ のとき，

x 軸との共有点の個数は　2個

$D=0$ すなわち　$m=2$ のとき，

x 軸との共有点の個数は　1個

$D<0$ すなわち　$m>2$ のとき，

x 軸との共有点の個数は　0個

したがって，x 軸との共有点の個数は

$m<2$ のとき　2個

$m=2$ のとき　1個

$m>2$ のとき　0個

196

(1)　グラフが下に凸であるから

$a>0$

軸は y 軸より左側にあるから　$-\dfrac{b}{2a}<0$

ここで　$a>0$ より

$b>0$

y 軸との交点の y 座標は負であるから

$c<0$

このグラフは x 軸と異なる2点で交わるから

$b^2-4ac>0$

$f(x)=ax^2+bx+c$ とおくと

$f(1)=a+b+c$, $f(-1)=a-b+c$

グラフより，$f(1)>0$, $f(-1)<0$ であるから

$a+b+c>0$, $a-b+c<0$

したがって

$a>0$, $b>0$, $c<0$, $b^2-4ac>0$,

$a+b+c>0$, $a-b+c<0$

(2)　グラフが上に凸であるから

$a<0$

軸は y 軸より左側にあるから　$-\dfrac{b}{2a}<0$

ここで $a<0$ より

$b<0$

y 軸との交点の y 座標は負であるから

$c<0$

このグラフは x 軸と異なる2点で交わるから

$b^2-4ac>0$

$f(x)=ax^2+bx+c$ とおくと

$f(1)=a+b+c$, $f(-1)=a-b+c$

グラフより，$f(1)<0$, $f(-1)>0$ であるから

$a+b+c<0$, $a-b+c>0$

したがって

$a<0$, $b<0$, $c<0$, $b^2-4ac>0$,

$a+b+c<0$, $a-b+c>0$

197 (1) 共有点の x 座標は,

$x^2+4x-1=2x+3$ すなわち $x^2+2x-4=0$

の実数解である。

これを解くと $x=-1\pm\sqrt{5}$

$y=2x+3$ に代入すると

$x=-1+\sqrt{5}$ のとき $y=1+2\sqrt{5}$

$x=-1-\sqrt{5}$ のとき $y=1-2\sqrt{5}$

よって,共有点の座標は

$\boldsymbol{(-1+\sqrt{5},\ 1+2\sqrt{5}),\ (-1-\sqrt{5},\ 1-2\sqrt{5})}$

(2) 共有点の x 座標は,

$-x^2+3x+1=-x+5$ すなわち

$x^2-4x+4=0$ の実数解である。

これを解くと $x=2$

$y=-x+5$ に代入すると

$x=2$ のとき $y=3$

よって,共有点の座標は

$\boldsymbol{(2,\ 3)}$

198 共有点の x 座標は,

$-x^2+x-1=x^2-2x$ すなわち $2x^2-3x+1=0$

の実数解である。

これを解くと $(2x-1)(x-1)=0$ より

$x=\dfrac{1}{2},\ 1$

$y=x^2-2x$ に代入すると

$x=\dfrac{1}{2}$ のとき $y=-\dfrac{3}{4}$

$x=1$ のとき $y=-1$

よって,共有点の座標は

$\boldsymbol{\left(\dfrac{1}{2},\ -\dfrac{3}{4}\right),\ (1,\ -1)}$

199 (1) $3x<15$ より $\boldsymbol{x<5}$

(2) $-2x\geqq-5$ より $\boldsymbol{x\leqq\dfrac{5}{2}}$

200 (1) 2次方程式 $(x-3)(x-5)=0$ を解くと

$x=3,\ 5$

よって $(x-3)(x-5)<0$

の解は

$\boldsymbol{3<x<5}$

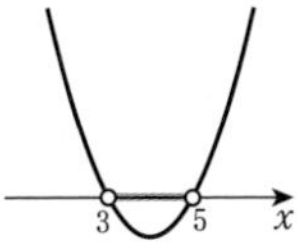

(2) 2次方程式 $(x-1)(x+2)=0$ を解くと

$x=1,\ -2$

よって

$(x-1)(x+2)\leqq0$

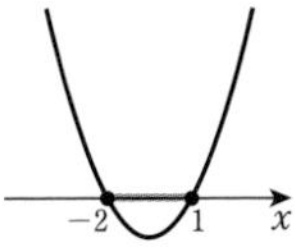

の解は

$\boldsymbol{-2\leqq x\leqq1}$

(3) 2次方程式 $(x+3)(x-2)=0$ を解くと

$x=-3,\ 2$

よって

$(x+3)(x-2)>0$

の解は

$\boldsymbol{x<-3,\ 2<x}$

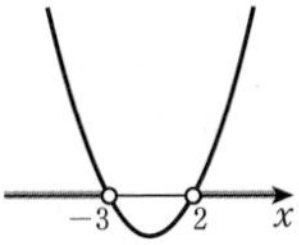

(4) 2次方程式 $x(x+4)=0$ を解くと

$x=0,\ -4$

よって

$x(x+4)\geqq0$

の解は

$\boldsymbol{x\leqq-4,\ 0\leqq x}$

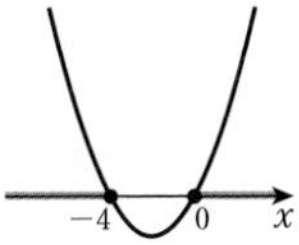

(5) 2次方程式 $x^2-3x-40=0$ を解くと

$(x+5)(x-8)=0$ より $x=-5,\ 8$

よって

$x^2-3x-40<0$

の解は

$\boldsymbol{-5<x<8}$

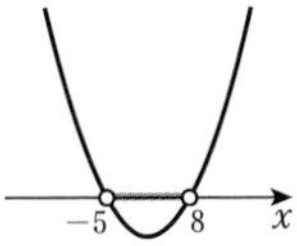

(6) 2次方程式 $x^2-7x+10=0$ を解くと

$(x-2)(x-5)=0$ より $x=2,\ 5$

よって

$x^2-7x+10\geqq0$

の解は

$\boldsymbol{x\leqq2,\ 5\leqq x}$

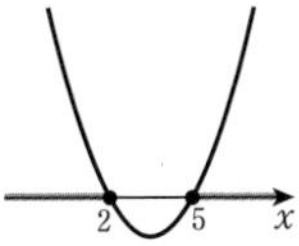

(7) 2次方程式 $x^2-16=0$ を解くと

$(x+4)(x-4)=0$ より $x=-4,\ 4$

よって

$x^2-16>0$

の解は

$\boldsymbol{x<-4,\ 4<x}$

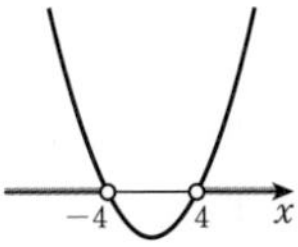

(8) 2次方程式 $x^2+x=0$ を解くと

$x(x+1)=0$ より $x=0,\ -1$

よって

$x^2+x<0$

の解は

$\boldsymbol{-1<x<0}$

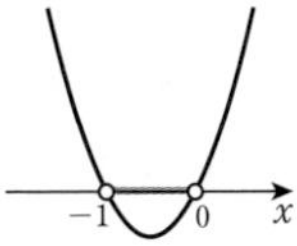

201 (1) 2 次方程式 $(2x-1)(3x+2)=0$ を解くと $x=\frac{1}{2},\ -\frac{2}{3}$

よって

$(2x-1)(3x+2)<0$

の解は

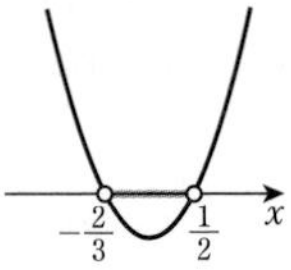

$$-\frac{2}{3}<x<\frac{1}{2}$$

(2) 2 次方程式 $(5x+3)(2x-3)=0$ を解くと

$x=-\frac{3}{5},\ \frac{3}{2}$

よって

$(5x+3)(2x-3)\geqq 0$

の解は

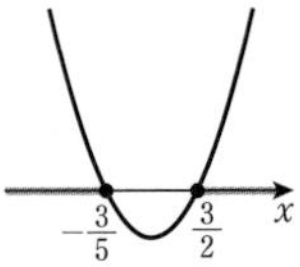

$$x\leqq -\frac{3}{5},\ \frac{3}{2}\leqq x$$

(3) 2 次方程式 $2x^2-5x-3=0$ を解くと

$(x-3)(2x+1)=0$ より $x=3,\ -\frac{1}{2}$

よって

$2x^2-5x-3>0$

の解は

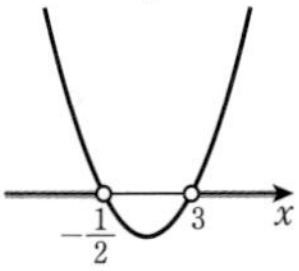

$$x<-\frac{1}{2},\ 3<x$$

(4) 2 次方程式 $3x^2-7x+4=0$ を解くと

$(x-1)(3x-4)=0$ より $x=1,\ \frac{4}{3}$

よって

$3x^2-7x+4\leqq 0$

の解は

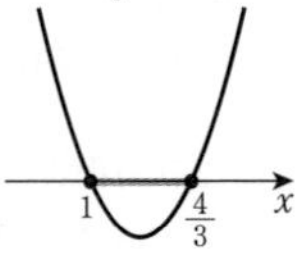

$$1\leqq x\leqq \frac{4}{3}$$

(5) 2 次方程式 $6x^2+x-2=0$ を解くと

$(2x-1)(3x+2)=0$ より $x=\frac{1}{2},\ -\frac{2}{3}$

よって

$6x^2+x-2<0$

の解は

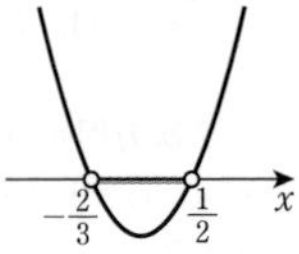

$$-\frac{2}{3}<x<\frac{1}{2}$$

(6) 2 次方程式 $10x^2-9x-9=0$ を解くと

$(2x-3)(5x+3)=0$ より $x=\frac{3}{2},\ -\frac{3}{5}$

よって

$10x^2-9x-9\geqq 0$

の解は

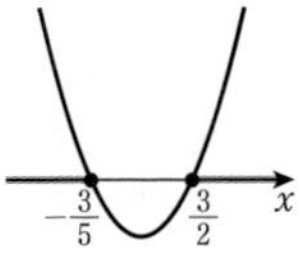

$$x\leqq -\frac{3}{5},\ \frac{3}{2}\leqq x$$

202 (1) 2 次方程式 $x^2-2x-4=0$ を解くと

$$x=\frac{-(-2)\pm\sqrt{(-2)^2-4\times1\times(-4)}}{2\times1}$$

$$=\frac{2\pm\sqrt{20}}{2}=\frac{2\pm2\sqrt{5}}{2}=1\pm\sqrt{5}$$

よって

$x^2-2x-4\geqq 0$

の解は

$$x\leqq 1-\sqrt{5},\ 1+\sqrt{5}\leqq x$$

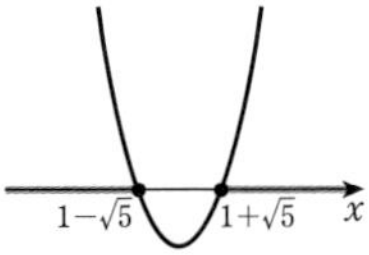

(2) 2 次方程式 $x^2+5x+3=0$ を解くと

$$x=\frac{-5\pm\sqrt{5^2-4\times1\times3}}{2\times1}$$

$$=\frac{-5\pm\sqrt{13}}{2}$$

よって

$x^2+5x+3\leqq 0$

の解は

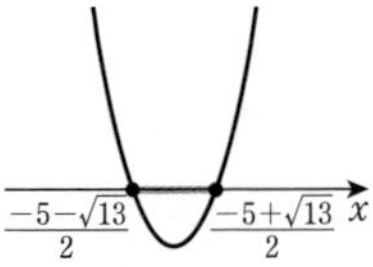

$$\frac{-5-\sqrt{13}}{2}\leqq x\leqq \frac{-5+\sqrt{13}}{2}$$

(3) 2 次方程式 $2x^2-x-2=0$ を解くと

$$x=\frac{-(-1)\pm\sqrt{(-1)^2-4\times2\times(-2)}}{2\times2}$$

$$=\frac{1\pm\sqrt{17}}{4}$$

よって

$2x^2-x-2>0$

の解は

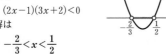

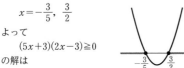

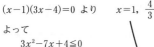

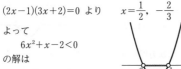

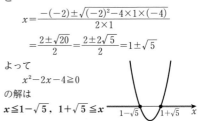

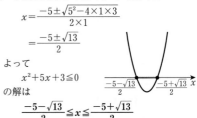

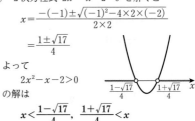

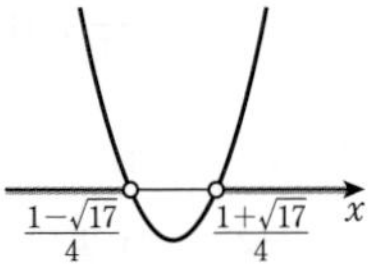

$$x<\frac{1-\sqrt{17}}{4},\ \frac{1+\sqrt{17}}{4}<x$$

(4) 2 次方程式 $3x^2+2x-2=0$ を解くと

$$x=\frac{-2\pm\sqrt{2^2-4\times3\times(-2)}}{2\times3}$$

$$=\frac{-2\pm\sqrt{28}}{6}=\frac{-2\pm2\sqrt{7}}{6}$$

$=\dfrac{-1\pm\sqrt{7}}{3}$

よって

$3x^2+2x-2<0$

の解は

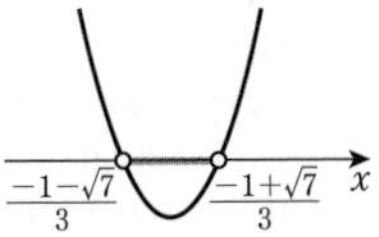

$\dfrac{-1-\sqrt{7}}{3}<x<\dfrac{-1+\sqrt{7}}{3}$

203 (1) $-x^2-2x+8<0$

の両辺に -1 を掛けると

$x^2+2x-8>0$

ここで，2 次方程式

$x^2+2x-8=0$ を解くと

$(x+4)(x-2)=0$ より　$x=-4,\ 2$

よって，$-x^2-2x+8<0$ の解は

$x<-4,\ 2<x$

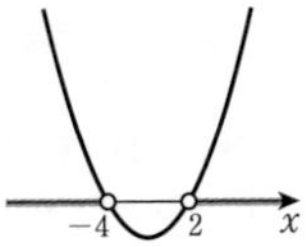

(2) $-2x^2+x+3\geqq 0$ の両辺に -1 を掛けると

$2x^2-x-3\leqq 0$

ここで，2 次方程式

$2x^2-x-3=0$ を解くと

$(x+1)(2x-3)=0$ より　$x=-1,\ \dfrac{3}{2}$

よって，$-2x^2+x+3\geqq 0$ の解は

$-1\leqq x\leqq \dfrac{3}{2}$

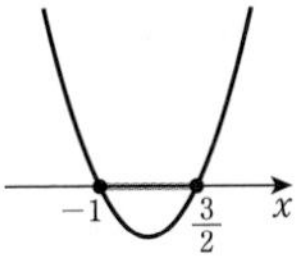

(3) $-x^2+4x-1\leqq 0$ の両辺に -1 を掛けると

$x^2-4x+1\geqq 0$

ここで，2 次方程式

$x^2-4x+1=0$ を解くと

$x=\dfrac{-(-4)\pm\sqrt{(-4)^2-4\times1\times1}}{2\times1}$

$=\dfrac{4\pm\sqrt{12}}{2}=\dfrac{4\pm2\sqrt{3}}{2}=2\pm\sqrt{3}$

よって，$-x^2+4x-1\leqq 0$ の解は

$x\leqq 2-\sqrt{3},\ 2+\sqrt{3}\leqq x$

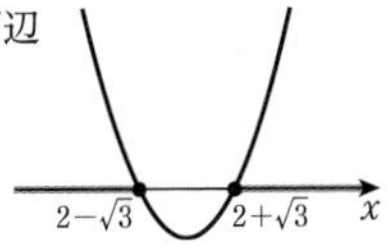

(4) $-2x^2-x+4>0$ の両辺に -1 を掛けると

$2x^2+x-4<0$

ここで，2 次方程式

$2x^2+x-4=0$ を解くと

$x=\dfrac{-1\pm\sqrt{1^2-4\times2\times(-4)}}{2\times2}$

$=\dfrac{-1\pm\sqrt{33}}{4}$

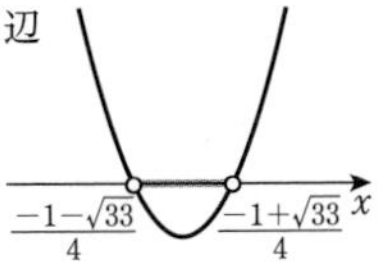

よって，$-2x^2-x+4>0$ の解は

$\dfrac{-1-\sqrt{33}}{4}<x<\dfrac{-1+\sqrt{33}}{4}$

204 (1) 2 次方程式 $(x-2)^2=0$ は重解 $x=2$ をもつ。

よって，$(x-2)^2>0$

の解は

$x=2$ 以外のすべての実数

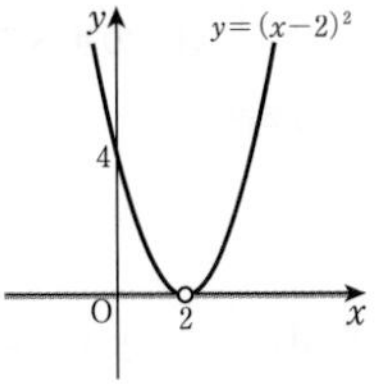

(2) 2 次方程式 $(2x+3)^2=0$ は

重解 $x=-\dfrac{3}{2}$ をもつ。

よって，$(2x+3)^2\leqq 0$

の解は

$x=-\dfrac{3}{2}$

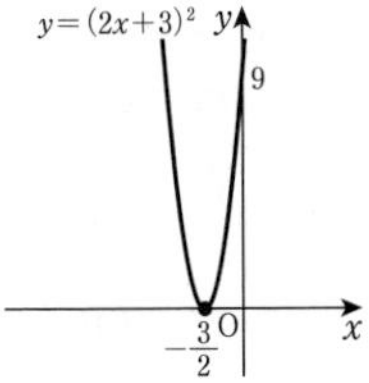

(3) 2 次方程式 $x^2+4x+4=0$ は

$(x+2)^2=0$ より重解 $x=-2$ をもつ。

よって，$x^2+4x+4<0$

の解は

ない

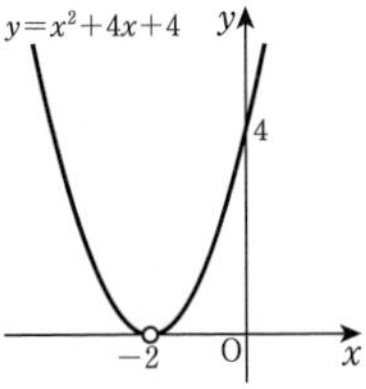

(4) 2 次方程式 $x^2-12x+36=0$ は

$(x-6)^2=0$ より重解 $x=6$ をもつ。

よって，

$x^2-12x+36\geqq 0$ の解は

すべての実数

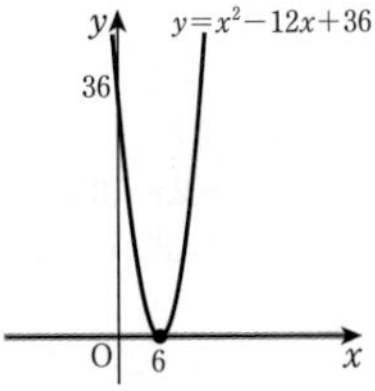

(5) 2 次方程式 $9x^2+6x+1=0$ は

$(3x+1)^2=0$ より

重解 $x=-\dfrac{1}{3}$ をもつ。

よって，

$9x^2+6x+1\leqq 0$ の解は

$x=-\dfrac{1}{3}$

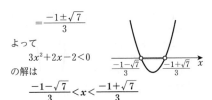

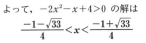

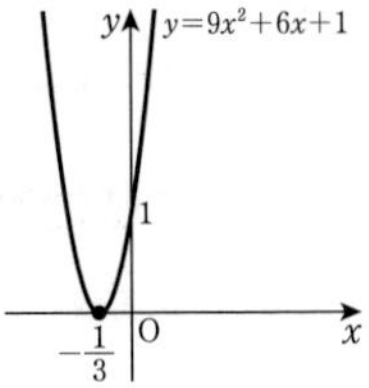

(6)　2次方程式 $4x^2-12x+9=0$ は

$(2x-3)^2=0$ より重解 $x=\frac{3}{2}$ をもつ。

よって，

$4x^2-12x+9>0$ の解は

$x=\frac{3}{2}$ 以外のすべての実数

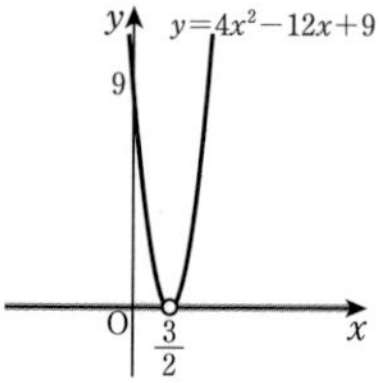

205　(1)　2次方程式 $x^2+4x+5=0$ の判別式をDとすると

$D=4^2-4\times1\times5=-4<0$

より，この2次方程式は実数解をもたない。

よって，

$x^2+4x+5>0$

の解は

すべての実数

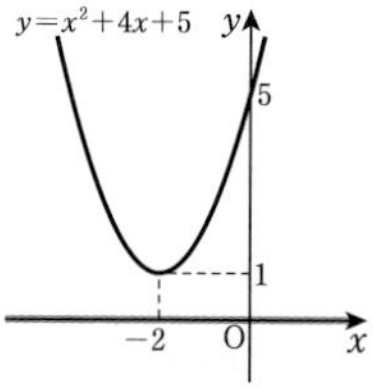

(2)　2次方程式 $3x^2-6x+4=0$ の判別式をDとすると

$D=(-6)^2-4\times3\times4=-12<0$

より，この2次方程式は実数解をもたない。

よって，

$3x^2-6x+4\leqq0$

の解は　**ない**

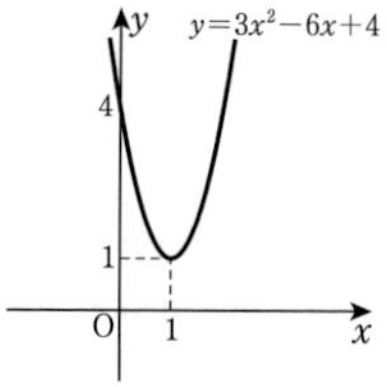

(3)　2次不等式 $-x^2+2x-3\leqq0$ の両辺に -1 を掛けると

$x^2-2x+3\geqq0$

2次方程式 $x^2-2x+3=0$ の判別式をDとすると

$D=(-2)^2-4\times1\times3=-8<0$

より，この2次方程式は実数解をもたない。

よって，

$x^2-2x+3\geqq0$

すなわち

$-x^2+2x-3\leqq0$

の解は

すべての実数

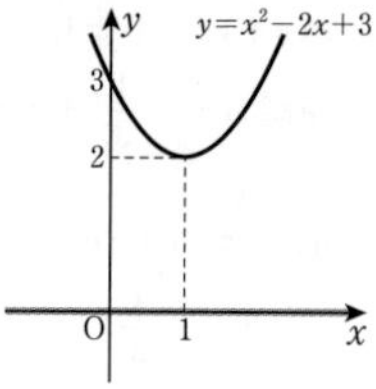

(4)　2次方程式 $2x^2-8x+9=0$ の判別式をDとすると

$D=(-8)^2-4\times2\times9$
$=-8<0$

より，この2次方程式は実数解をもたない。

よって，

$2x^2-8x+9\geqq0$ の解は

すべての実数

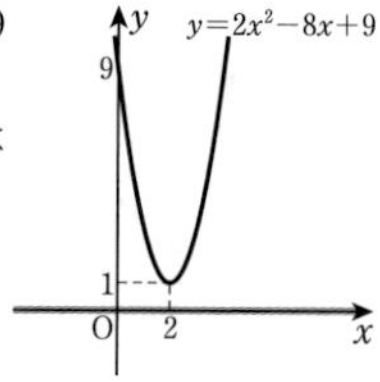

206　(1)　$3-2x-x^2>0$ を整理すると

$x^2+2x-3<0$ より

$(x+3)(x-1)<0$

よって

$-3<x<1$

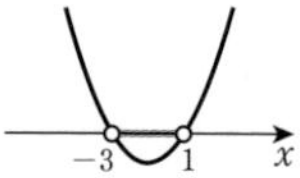

(2)　$3-x>2x^2$ を整理すると

$2x^2+x-3<0$ より

$(x-1)(2x+3)<0$

よって

$-\frac{3}{2}<x<1$

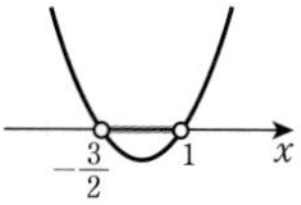

(3)　$5+3x+2x^2\geqq x^2+7x+2$ を整理すると

$x^2-4x+3\geqq0$ より

$(x-1)(x-3)\geqq0$

よって

$x\leqq1,\ 3\leqq x$

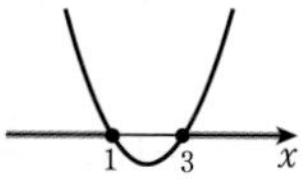

(4)　$1-x-x^2>2x^2+8x-2$ を整理すると

$3x^2+9x-3<0$　より

$x^2+3x-1<0$

$x^2+3x-1=0$ を解くと，解の公式より

$x=\frac{-3\pm\sqrt{3^2-4\times1\times(-1)}}{2\times1}$

$=\frac{-3\pm\sqrt{13}}{2}$

よって，2次不等式 $x^2+3x-1<0$ の解は

$\frac{-3-\sqrt{13}}{2}<x<\frac{-3+\sqrt{13}}{2}$

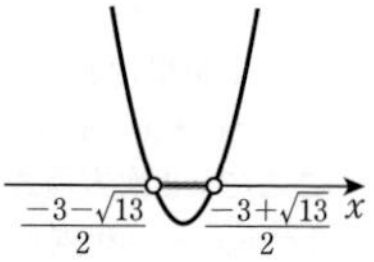

207　(1)　$2x+6<0$ を解くと

$x<-3$　……①

$x^2+6x+8\geqq0$ を解くと

$(x+2)(x+4) \geqq 0$ より

$x \leqq -4,\ -2 \leqq x$ ……②

①，②より，連立不等式の解は

$\boldsymbol{x \leqq -4}$

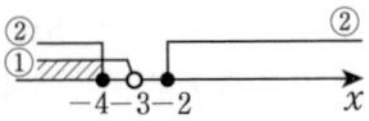

(2) $-2x+7>0$ を解くと

$x<\dfrac{7}{2}$ ……①

$x^2-6x-16 \leqq 0$ を解くと

$(x+2)(x-8) \leqq 0$ より

$-2 \leqq x \leqq 8$ ……②

①，②より，連立不等式の解は

$\boldsymbol{-2 \leqq x < \dfrac{7}{2}}$

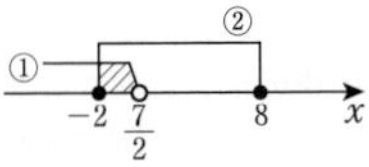

208 (1) $x^2+4x-5 \leqq 0$ を解くと

$(x+5)(x-1) \leqq 0$ より

$-5 \leqq x \leqq 1$ ……①

$x^2-2x-8>0$ を解くと

$(x+2)(x-4)>0$ より

$x<-2,\ 4<x$ ……②

①，②より，連立不等式の解は

$\boldsymbol{-5 \leqq x < -2}$

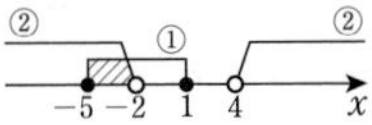

(2) $x^2-5x+6>0$ を解くと

$(x-2)(x-3)>0$ より

$x<2,\ 3<x$ ……①

$2x^2-x-10>0$ を解くと

$(x+2)(2x-5)>0$ より

$x<-2,\ \dfrac{5}{2}<x$ ……②

①，②より，連立不等式の解は

$\boldsymbol{x<-2,\ 3<x}$

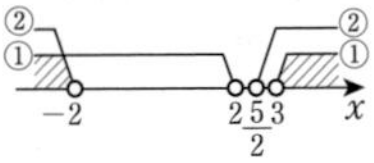

(3) $x^2+4x+3 \leqq 0$ を解くと

$(x+1)(x+3) \leqq 0$ より

$-3 \leqq x \leqq -1$ ……①

$x^2+7x+10<0$ を解くと

$(x+2)(x+5)<0$ より

$-5<x<-2$ ……②

①，②より，連立不等式の解は

$\boldsymbol{-3 \leqq x < -2}$

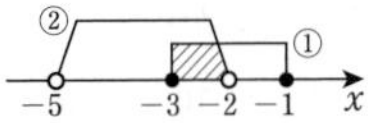

(4) $x^2-x-6<0$ を解くと

$(x+2)(x-3)<0$ より

$-2<x<3$ ……①

$x^2-2x>0$ を解くと

$x(x-2)>0$ より

$x<0,\ 2<x$ ……②

①，②より，連立不等式の解は

$\boldsymbol{-2<x<0,\ 2<x<3}$

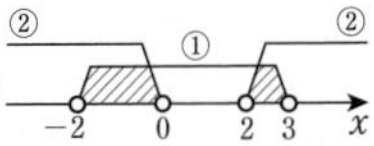

209 (1) 与えられた不等式は $\begin{cases} 4<x^2-3x \\ x^2-3x \leqq 10 \end{cases}$

と表される。

$4<x^2-3x$ を解くと

$x^2-3x-4>0$ より $(x+1)(x-4)>0$

よって $x<-1,\ 4<x$ ……①

$x^2-3x \leqq 10$ を解くと

$x^2-3x-10 \leqq 0$ より $(x+2)(x-5) \leqq 0$

よって $-2 \leqq x \leqq 5$ ……②

①，②より，連立不等式の解は

$\boldsymbol{-2 \leqq x < -1,}$

$\boldsymbol{4<x \leqq 5}$

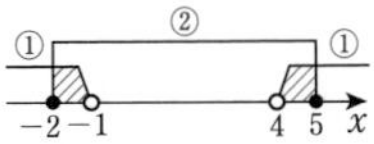

(2) 与えられた不等式は $\begin{cases} 7x-4 \leqq x^2+2x \\ x^2+2x<4x+3 \end{cases}$ と表

される。

$7x-4 \leqq x^2+2x$ を解くと

$x^2-5x+4 \geqq 0$ より $(x-1)(x-4) \geqq 0$

よって $x \leqq 1,\ 4 \leqq x$ ……①

$x^2+2x<4x+3$ を解くと

$x^2-2x-3<0$ より $(x+1)(x-3)<0$

よって $-1<x<3$ ……②

①，②より，連立不等式の解は

$\boldsymbol{-1<x \leqq 1}$

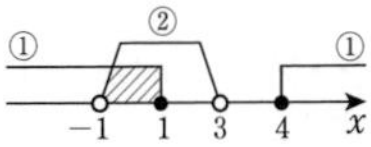

210 道の幅を x m とする。道の幅は正で，長方形の辺の長さより短いから，

$x>0,\ x<6,\ x<10$ より

$0<x<6$ ……①

道の面積をもとの花壇全体の $\dfrac{1}{4}$ 以下になるよう

にしたいから

$6\times x+10\times x-x^2\leqq\frac{1}{4}\times6\times10$ より

$x^2-16x+15\geqq0$

これを解くと

$(x-1)(x-15)\geqq0$ より

$x\leqq1,\ 15\leqq x$ ……②

①，②を同時に満たす x の値の範囲は

$0<x\leqq1$

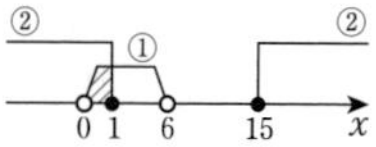

したがって，道の幅を

1 m 以下 にすればよい。

211

考え方　2次不等式の解を求め，その中に含まれる整数を求める。

(1) $x^2-x-12<0$ を解くと

$(x+3)(x-4)<0$ より

$-3<x<4$

よって，$x^2-x-12<0$ を満たす整数 x は

$\boldsymbol{x=-2,\ -1,\ 0,\ 1,\ 2,\ 3}$

(2) $x^2-4x-2=0$ を解くと，解の公式より

$$x=\frac{-(-4)\pm\sqrt{(-4)^2-4\times1\times(-2)}}{2\times1}$$

$$=\frac{4\pm\sqrt{24}}{2}=\frac{4\pm2\sqrt{6}}{2}=2\pm\sqrt{6}$$

ゆえに，$x^2-4x-2<0$ の解は

$2-\sqrt{6}<x<2+\sqrt{6}$

ここで，$\sqrt{4}<\sqrt{6}<\sqrt{9}$ より

$2<\sqrt{6}<3,\ -3<-\sqrt{6}<-2$

であるから

$-1<2-\sqrt{6}<0,\ 4<2+\sqrt{6}<5$

したがって，$x^2-4x-2<0$ を満たす整数 x は

$0\leqq x\leqq4$ より

$\boldsymbol{x=0,\ 1,\ 2,\ 3,\ 4}$

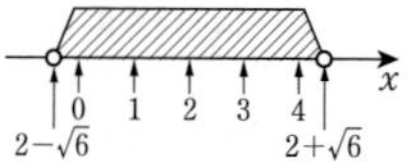

212

$x^2+4mx+11m-6=0$ の判別式を D とすると

$D=(4m)^2-4\times1\times(11m-6)$

$=16m^2-44m+24$

この2次方程式が異なる2つの実数解をもつためには，$D>0$ であればよい。

ゆえに　$16m^2-44m+24>0$

より　$(4m-3)(m-2)>0$

よって　$\boldsymbol{m<\frac{3}{4},\ 2<m}$

213

2次方程式 $x^2-mx+2m+5=0$ の判別式を D とすると

$D=(-m)^2-4\times1\times(2m+5)$

$=m^2-8m-20$

この2次方程式が実数解をもたないためには，$D<0$ であればよい。

ゆえに　$m^2-8m-20<0$

より　$(m+2)(m-10)<0$

よって　$\boldsymbol{-2<m<10}$

214

$f(x)=x^2+4mx-m+3$ とおき，変形すると　$f(x)=(x+2m)^2-4m^2-m+3$

2次方程式 $f(x)=0$ が異なる2つの正の実数解をもつのは，2次関数 $y=f(x)$ のグラフが x 軸の正の部分と異なる2点で交わるとき，すなわち次の(i)，(ii)，(iii)が同時に成り立つときである。

(i)　グラフが x 軸と異なる2点で交わる

2次方程式 $x^2+4mx-m+3=0$ の判別式を D とすると

$D=(4m)^2-4\times1\times(-m+3)$

$=16m^2+4m-12$

$D>0$ であればよいから　$4m^2+m-3>0$

よって　$(m+1)(4m-3)>0$

より　$m<-1,\ \frac{3}{4}<m$ ……①

(ii)　グラフの軸が $x>0$ の部分にある

軸が直線 $x=-2m$ であることより

$-2m>0$

よって　$m<0$ ……②

(iii)　グラフが下に凸より，y 軸との交点の y 座標 $f(0)$ が正

$f(0)=-m+3>0$ より

$m<3$ ……③

①，②，③を同時に満たす m の値の範囲は

$\boldsymbol{m<-1}$

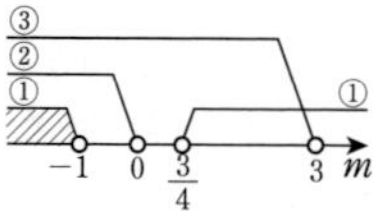

215

$f(x)=x^2-mx+m+3$ とおき，変形すると $f(x)=\left(x-\frac{m}{2}\right)^2-\frac{1}{4}m^2+m+3$

2次方程式 $f(x)=0$ が異なる2つの負の実数解をもつのは，2次関数 $y=f(x)$ のグラフが x 軸の負の部分と異なる2点で交わるとき，すなわち次の(i)，(ii)，(iii)が同時に成り立つときである。

(i) グラフが x 軸と異なる2点で交わる

2次方程式 $x^2-mx+m+3=0$ の判別式を D とすると

$D=(-m)^2-4\times1\times(m+3)$

$=m^2-4m-12$

$D>0$ であればよいから　$m^2-4m-12>0$

よって $(m+2)(m-6)>0$ より

$m<-2,\ 6<m$　……①

(ii) グラフの軸が $x<0$ の部分にある

軸は $x=\dfrac{m}{2}$ であることより

$\dfrac{m}{2}<0$

よって　$m<0$　……②

(iii) グラフが下に凸より，y 軸との交点の y 座標 $f(0)$ が正

$f(0)=m+3>0$ より

$m>-3$　……③

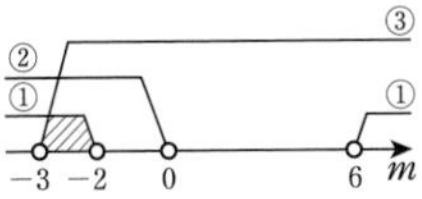

①，②，③を同時に満たす m の値の範囲は

$\boldsymbol{-3<m<-2}$

216

(1) $y=|x+1|$ において

(i) $x+1\geqq0$ すなわち $x\geqq-1$ のとき

$y=x+1$

(ii) $x+1<0$ すなわち $x<-1$ のとき

$y=-(x+1)=-x-1$

よって，$y=|x+1|$ のグラフは下の図のようになる。

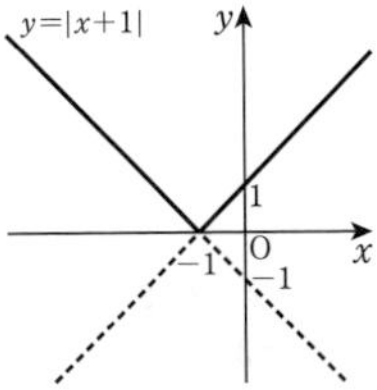

(2) $y=|-2x+4|$ において

(i) $-2x+4\geqq0$ すなわち $x\leqq2$ のとき

$y=-2x+4$

(ii) $-2x+4<0$ すなわち $x>2$ のとき

$y=-(-2x+4)=2x-4$

よって，$y=|-2x+4|$ のグラフは次の図のようになる。

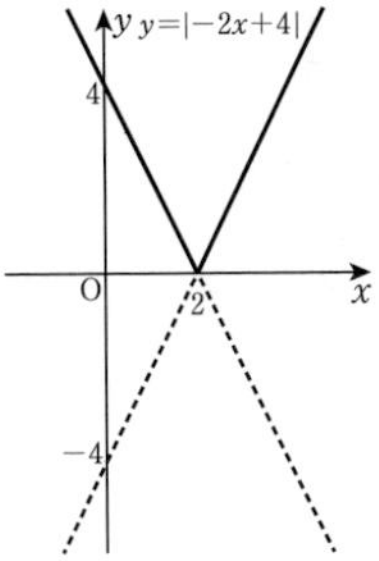

217

(1) $y=|x^2-x|$ において

(i) $x^2-x\geqq0$ を解くと　$x\leqq0,\ 1\leqq x$

このとき

$y=x^2-x=\left(x-\dfrac{1}{2}\right)^2-\dfrac{1}{4}$

(ii) $x^2-x<0$ を解くと　$x(x-1)<0$ より

$0<x<1$

このとき

$y=-(x^2-x)=-x^2+x$

$=-\left(x-\dfrac{1}{2}\right)^2+\dfrac{1}{4}$

よって，$y=|x^2-x|$ のグラフは下の図のようになる。

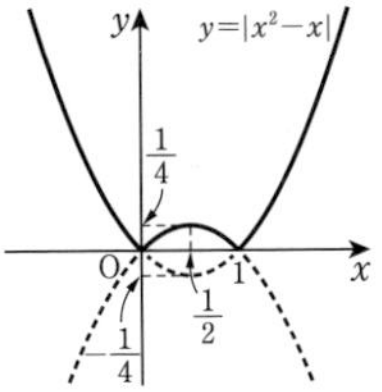

(2) $y=|-x^2-2x+3|$ において

(i) $-x^2-2x+3\geqq0$ を解くと $-3\leqq x\leqq1$

このとき

$y=-x^2-2x+3=-(x+1)^2+4$

(ii) $-x^2-2x+3<0$ を解くと

$(x+3)(x-1)>0$ より　$x<-3,\ 1<x$

このとき

$y=-(-x^2-2x+3)=x^2+2x-3$

$=(x+1)^2-4$

よって，$y=|-x^2-2x-3|$ のグラフは右の図のようになる。

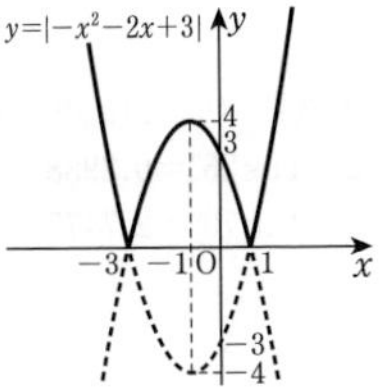

218 (1) $\sin A=\frac{8}{10}=\mathbf{\frac{4}{5}}$,

$\cos A=\frac{6}{10}=\mathbf{\frac{3}{5}}$,

$\tan A=\frac{8}{6}=\mathbf{\frac{4}{3}}$

(2) $\sin A=\mathbf{\frac{3}{\sqrt{10}}}$,

$\cos A=\mathbf{\frac{1}{\sqrt{10}}}$,

$\tan A=\frac{3}{1}=\mathbf{3}$

(3) $\sin A=\mathbf{\frac{\sqrt{5}}{3}}$,

$\cos A=\mathbf{\frac{2}{3}}$,

$\tan A=\mathbf{\frac{\sqrt{5}}{2}}$

219 (1) 三平方の定理より　$3^2+1^2=AB^2$

ゆえに　$AB^2=10$

ここで，$AB>0$ であるから　$AB=\sqrt{10}$

よって　$\sin A=\mathbf{\frac{1}{\sqrt{10}}}$，$\cos A=\mathbf{\frac{3}{\sqrt{10}}}$,

$\tan A=\mathbf{\frac{1}{3}}$

(2) 三平方の定理より　$AC^2+4^2=(2\sqrt{5})^2$

ゆえに　$AC^2=20-16=4$

ここで，$AC>0$ であるから　$AC=2$

よって　$\sin A=\frac{4}{2\sqrt{5}}=\mathbf{\frac{2}{\sqrt{5}}}$,

$\cos A=\frac{2}{2\sqrt{5}}=\mathbf{\frac{1}{\sqrt{5}}}$,

$\tan A=\frac{4}{2}=\mathbf{2}$

(3) 三平方の定理より　$5^2+BC^2=6^2$

ゆえに　$BC^2=6^2-5^2=11$

ここで，$BC>0$ であるから　$BC=\sqrt{11}$

よって　$\sin A=\mathbf{\frac{\sqrt{11}}{6}}$，$\cos A=\mathbf{\frac{5}{6}}$,

$\tan A=\mathbf{\frac{\sqrt{11}}{5}}$

220 (1) $\sin 39^\circ=\mathbf{0.6293}$

(2) $\cos 26^\circ=\mathbf{0.8988}$

(3) $\tan 70^\circ=\mathbf{2.7475}$

221 (1) $\sin A=\frac{3}{4}=0.75$

よって，三角比の表よりAの値を求めると

$A\fallingdotseq\mathbf{49^\circ}$ ← $\sin 48^\circ=0.7431$，$\sin 49^\circ=0.7547$

(2) $\cos A=\frac{4}{5}=0.8$

よって，三角比の表よりAの値を求めると

$A\fallingdotseq\mathbf{37^\circ}$ ← $\cos 36^\circ=0.8090$，$\cos 37^\circ=0.7986$

(3) $\tan A=2$

よって，三角比の表よりAの値を求めると

$A\fallingdotseq\mathbf{63^\circ}$ ← $\tan 63^\circ=1.9626$，$\tan 64^\circ=2.0503$

222 (1) $x=4\cos 30^\circ=4\times\frac{\sqrt{3}}{2}=\mathbf{2\sqrt{3}}$

$y=4\sin 30^\circ=4\times\frac{1}{2}=\mathbf{2}$

(2) $3=x\cos 45^\circ$ より

$3=x\times\frac{1}{\sqrt{2}}$

よって　$x=\mathbf{3\sqrt{2}}$

$y=3\tan 45^\circ$ より

$y=3\times 1=\mathbf{3}$

(3) $2=x\cos 60^\circ$ より

$2=x\times\frac{1}{2}$

よって　$x=\mathbf{4}$

$y=2\tan 60^\circ=2\times\sqrt{3}=\mathbf{2\sqrt{3}}$

辺の長さの比を用いた別解

(1) $4:x=2:\sqrt{3}$ より

$2x=4\sqrt{3}$

$x=\mathbf{2\sqrt{3}}$

$4:y=2:1$ より

$2y=4$

$y=\mathbf{2}$

(2) $x:3=\sqrt{2}:1$ より　$x=\mathbf{3\sqrt{2}}$

$3:y=1:1$ より　$y=\mathbf{3}$

(3) $x:2=2:1$ より　$x=\mathbf{4}$

$2:y=1:\sqrt{3}$ より　$y=\mathbf{2\sqrt{3}}$

223 $BC=AB\sin 29^\circ$ ← $4000\times 0.4848=1939.2 \fallingdotseq 1939$

$AC=AB\cos 29^\circ$ ← $4000\times 0.8746=3498.4 \fallingdotseq 3498$

よって，標高差は **1939 m**，水平距離は **3498 m**

224 $BC=AC\tan 25°$

$=20\times 0.4663$

$=9.326$

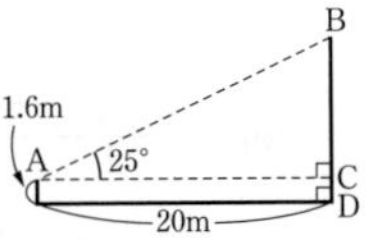

よって

$BD=BC+CD$

$=9.326+1.6=10.926$

$\fallingdotseq 10.9$

したがって，鉄塔の高さは　**10.9 m**

225 (1) $\sin A=\dfrac{2}{5}=0.4$

よって，三角比の表よりAの値を求めると

$A\fallingdotseq$ **24°** ← $\sin 23°=0.3907$，$\sin 24°=0.4067$

(2) $\cos A=\dfrac{6}{7}\fallingdotseq 0.8571$

よって，三角比の表よりAの値を求めると

$A\fallingdotseq$ **31°** ← $\cos 31°=0.8572$，$\cos 32°=0.8480$

226 $\sin\angle BAC=\dfrac{0.5}{2}=0.25$

ここで，$\sin 14°=0.2419$，$\sin 15°=0.2588$

であるから，0.25 に最も近くなる ∠BAC の値を求めると

∠BAC≒**14°**

227 $BC=x$ (m) とすると，

直角三角形 BCD において

$\dfrac{BC}{CD}=\tan 60°$ より　$CD=BC\div\tan 60°$

$=\dfrac{1}{\sqrt{3}}x$

であるから　$AC=100+\dfrac{1}{\sqrt{3}}x$

直角三角形 ABC において，$BC=AC\tan 30°$ より

$x=\left(100+\dfrac{1}{\sqrt{3}}x\right)\times\dfrac{1}{\sqrt{3}}$

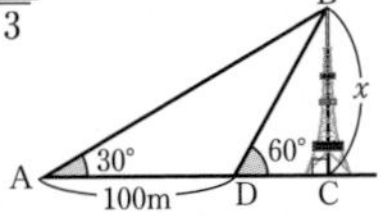

ゆえに

$3x=100\sqrt{3}+x$

よって　$x=$ **$50\sqrt{3}$ (m)**

228 下の図の直角三角形 BFG において，

$BG=x$ (m) とおくと　$FG=BG=x$

であるから　$EG=10+x$

直角三角形 BEG において，

$EG=\sqrt{3}BG$ であるから

$10+x=\sqrt{3}x$

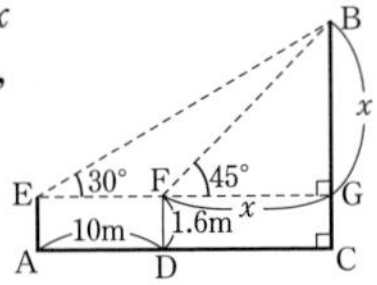

より　$(\sqrt{3}-1)x=10$

これを解くと

$x=\dfrac{10}{\sqrt{3}-1}=\dfrac{10(\sqrt{3}+1)}{(\sqrt{3}-1)(\sqrt{3}+1)}=\dfrac{10(\sqrt{3}+1)}{2}$

$=5(\sqrt{3}+1)=5\times 2.732=13.66$

ゆえに，$BC=BG+GC$ より

$BC=13.66+1.6=15.26\fallingdotseq 15.3$

よって，木の高さ BC は　**15.3 m**

229 直角三角形 BCD において，∠B=60° であるから

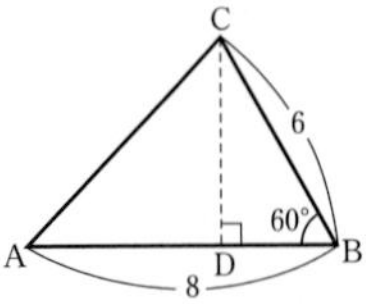

$BD=3$，$CD=3\sqrt{3}$

$AD=8-BD$

$=8-3=5$

よって　$\tan A=\dfrac{3\sqrt{3}}{5}$

$\sqrt{3}=1.732$ であるから

$\tan A=\dfrac{3\times 1.732}{5}=1.0392$

ここで，$\tan 46°=1.0355$，$\tan 47°=1.0724$ であるから，1.0392 に最も近くなるAの値を求めると

$A\fallingdotseq$ **46°**

230 (1) $AB=x$ とおくと，

△ABC∽△BCD より

$\dfrac{CD}{BC}=\dfrac{BC}{AB}$

また，$BC=BD=AD$ より

$\dfrac{AC-AD}{BC}=\dfrac{BC}{AB}$

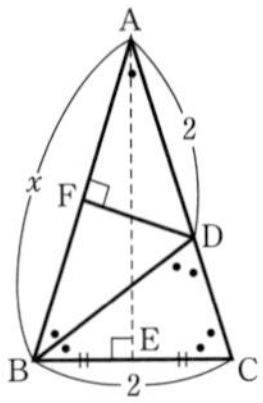

すなわち　$\dfrac{x-2}{2}=\dfrac{2}{x}$

より　$x^2-2x-4=0$

$x>0$ であるから

$x=$ **$1+\sqrt{5}$**

(2) Aから対辺 BC に垂線 AE を引くと

$\sin 18°=\dfrac{BE}{AB}=\dfrac{1}{1+\sqrt{5}}$

$=\dfrac{\sqrt{5}-1}{(\sqrt{5}+1)(\sqrt{5}-1)}$

$=$ **$\dfrac{\sqrt{5}-1}{4}$**

(3) Dから対辺 AB に垂線 DF を引くと

$\cos 36°=\dfrac{AF}{AD}=\dfrac{\frac{1}{2}x}{2}=\dfrac{x}{4}=$ **$\dfrac{\sqrt{5}+1}{4}$**

231 (1) $\sin A=\frac{12}{13}$ のとき，

$\sin^2 A+\cos^2 A=1$ より

$$\cos^2 A=1-\sin^2 A=1-\left(\frac{12}{13}\right)^2=\frac{25}{169}$$

ここで，$0°<A<90°$ のとき，$\cos A>0$ であるから

$$\cos A=\sqrt{\frac{25}{169}}=\mathbf{\frac{5}{13}}$$

また，$\tan A=\frac{\sin A}{\cos A}$ より

$$\tan A=\frac{12}{13}\div\frac{5}{13}=\frac{12}{13}\times\frac{13}{5}=\mathbf{\frac{12}{5}}$$

(2) $\sin A=\frac{\sqrt{3}}{3}$ のとき，

$\sin^2 A+\cos^2 A=1$ より

$$\cos^2 A=1-\sin^2 A=1-\left(\frac{\sqrt{3}}{3}\right)^2=\frac{6}{9}$$

ここで，$0°<A<90°$ のとき，$\cos A>0$ であるから

$$\cos A=\sqrt{\frac{6}{9}}=\mathbf{\frac{\sqrt{6}}{3}}$$

また，$\tan A=\frac{\sin A}{\cos A}$ より

$$\tan A=\frac{\sqrt{3}}{3}\div\frac{\sqrt{6}}{3}=\frac{\sqrt{3}}{3}\times\frac{3}{\sqrt{6}}=\mathbf{\frac{1}{\sqrt{2}}}$$

(3) $\sin A=\frac{2}{\sqrt{5}}$ のとき，

$\sin^2 A+\cos^2 A=1$ より

$$\cos^2 A=1-\sin^2 A=1-\left(\frac{2}{\sqrt{5}}\right)^2=\frac{1}{5}$$

ここで，$0°<A<90°$ のとき，$\cos A>0$ であるから

$$\cos A=\sqrt{\frac{1}{5}}=\mathbf{\frac{1}{\sqrt{5}}}$$

また，$\tan A=\frac{\sin A}{\cos A}$ より

$$\tan A=\frac{2}{\sqrt{5}}\div\frac{1}{\sqrt{5}}=\frac{2}{\sqrt{5}}\times\frac{\sqrt{5}}{1}=\mathbf{2}$$

232 (1) $\cos A=\frac{3}{4}$ のとき，

$\sin^2 A+\cos^2 A=1$ より

$$\sin^2 A=1-\cos^2 A=1-\left(\frac{3}{4}\right)^2=\frac{7}{16}$$

$0°<A<90°$ のとき，$\sin A>0$ であるから

$$\sin A=\sqrt{\frac{7}{16}}=\mathbf{\frac{\sqrt{7}}{4}}$$

また，$\tan A=\frac{\sin A}{\cos A}$ より

$$\tan A=\frac{\sqrt{7}}{4}\div\frac{3}{4}=\frac{\sqrt{7}}{4}\times\frac{4}{3}=\mathbf{\frac{\sqrt{7}}{3}}$$

(2) $\cos A=\frac{5}{7}$ のとき，

$\sin^2 A+\cos^2 A=1$ より

$$\sin^2 A=1-\cos^2 A=1-\left(\frac{5}{7}\right)^2=\frac{24}{49}$$

$0°<A<90°$ のとき，$\sin A>0$ であるから

$$\sin A=\sqrt{\frac{24}{49}}=\mathbf{\frac{2\sqrt{6}}{7}}$$

また，$\tan A=\frac{\sin A}{\cos A}$ より

$$\tan A=\frac{2\sqrt{6}}{7}\div\frac{5}{7}=\frac{2\sqrt{6}}{7}\times\frac{7}{5}=\mathbf{\frac{2\sqrt{6}}{5}}$$

(3) $\cos A=\frac{1}{\sqrt{3}}$ のとき，

$\sin^2 A+\cos^2 A=1$ より

$$\sin^2 A=1-\cos^2 A=1-\left(\frac{1}{\sqrt{3}}\right)^2=\frac{2}{3}$$

$0°<A<90°$ のとき，$\sin A>0$ であるから

$$\sin A=\sqrt{\frac{2}{3}}=\mathbf{\frac{\sqrt{6}}{3}}$$

また，$\tan A=\frac{\sin A}{\cos A}$ より

$$\tan A=\frac{\sqrt{6}}{3}\div\frac{1}{\sqrt{3}}=\frac{\sqrt{6}}{3}\times\frac{\sqrt{3}}{1}=\mathbf{\sqrt{2}}$$

233 (1) $\sin 87°=\sin(90°-3°)=\mathbf{\cos 3°}$

(2) $\cos 74°=\cos(90°-16°)=\mathbf{\sin 16°}$

(3) $\tan 65°=\tan(90°-25°)=\mathbf{\frac{1}{\tan 25°}}$

(4) $\frac{1}{\tan 85°}=\frac{1}{\tan(90°-5°)}=\mathbf{\tan 5°}$

234 (1) $\tan A=\sqrt{5}$ のとき，

$1+\tan^2 A=\frac{1}{\cos^2 A}$ より

$$\frac{1}{\cos^2 A}=1+\tan^2 A=1+(\sqrt{5})^2=6$$

よって　$\cos^2 A=\frac{1}{6}$

ここで，$\cos A>0$ であるから

$$\cos A=\sqrt{\frac{1}{6}}=\mathbf{\frac{1}{\sqrt{6}}}$$

また，$\tan A=\frac{\sin A}{\cos A}$ より

$$\sin A=\tan A\times\cos A=\sqrt{5}\times\frac{1}{\sqrt{6}}=\boldsymbol{\frac{\sqrt{30}}{6}}$$

(2) $\tan A=\frac{1}{2}$ のとき，$1+\tan^2 A=\frac{1}{\cos^2 A}$

より

$$\frac{1}{\cos^2 A}=1+\tan^2 A=1+\left(\frac{1}{2}\right)^2=\frac{5}{4}$$

よって　$\cos^2 A=\frac{4}{5}$

ここで，$0°<A<90°$ のとき，$\cos A>0$ であるから

$$\cos A=\sqrt{\frac{4}{5}}=\boldsymbol{\frac{2}{\sqrt{5}}}$$

また，$\tan A=\frac{\sin A}{\cos A}$ より

$$\sin A=\tan A\times\cos A$$
$$=\frac{1}{2}\times\frac{2}{\sqrt{5}}=\boldsymbol{\frac{1}{\sqrt{5}}}$$

235 (1) $\sin 55°=\sin(90°-35°)=\cos 35°$

であるから

$$\sin^2 35°+\sin^2 55°=\sin^2 35°+\cos^2 35°$$
$$=\mathbf{1}$$

(2) $\cos 40°=\cos(90°-50°)=\sin 50°$

であるから

$$\cos^2 40°+\cos^2 50°=\sin^2 50°+\cos^2 50°=\mathbf{1}$$

(3) $\tan 70°=\tan(90°-20°)=\frac{1}{\tan 20°}$

であるから

$$\tan 20°\times\tan 70°=\tan 20°\times\frac{1}{\tan 20°}=\mathbf{1}$$

(4) $\tan 40°=\tan(90°-50°)=\frac{1}{\tan 50°}$

$$\frac{1}{\cos^2 50°}=1+\tan^2 50°$$

であるから

$$\frac{1}{\tan^2 40°}-\frac{1}{\cos^2 50°}=\tan^2 50°-(1+\tan^2 50°)$$
$$=\mathbf{-1}$$

236 (1) 右の図の半径 2 の半円において，

$\angle AOP=120°$

となる点Pの座標は

$(-1,\ \sqrt{3})$

であるから

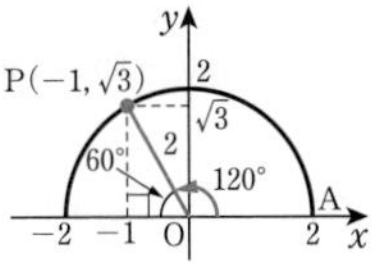

$$\sin 120°=\boldsymbol{\frac{\sqrt{3}}{2}}$$

$$\cos 120°=\frac{-1}{2}=\boldsymbol{-\frac{1}{2}}$$

$$\tan 120°=\frac{\sqrt{3}}{-1}=\boldsymbol{-\sqrt{3}}$$

(2) 右の図の半径 $\sqrt{2}$ の半円において，

$\angle AOP=135°$

となる点Pの座標は

$(-1,\ 1)$

であるから

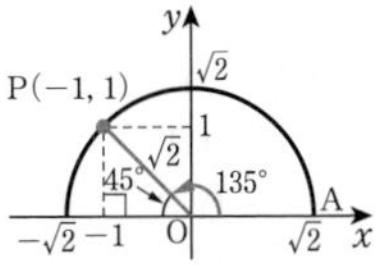

$$\sin 135°=\boldsymbol{\frac{1}{\sqrt{2}}}$$

$$\cos 135°=\frac{-1}{\sqrt{2}}=\boldsymbol{-\frac{1}{\sqrt{2}}}$$

$$\tan 135°=\frac{1}{-1}=\mathbf{-1}$$

(3) 右の図の半径 2 の半円において，

$\angle AOP=150°$

となる点Pの座標は

$(-\sqrt{3},\ 1)$

であるから

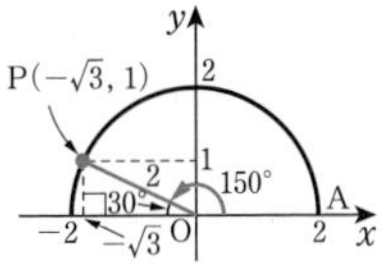

$$\sin 150°=\boldsymbol{\frac{1}{2}}$$

$$\cos 150°=\frac{-\sqrt{3}}{2}=\boldsymbol{-\frac{\sqrt{3}}{2}}$$

$$\tan 150°=\frac{1}{-\sqrt{3}}=\boldsymbol{-\frac{1}{\sqrt{3}}}$$

(4) 右の図の半径 1 の半円において，

$\angle AOP=180°$

となる点Pの座標は

$(-1,\ 0)$

であるから

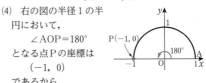

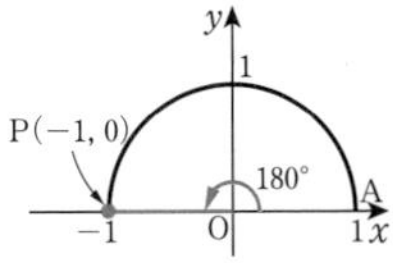

$$\sin 180°=\frac{0}{1}=\mathbf{0}$$

$$\cos 180°=\frac{-1}{1}=\mathbf{-1}$$

$$\tan 180°=\frac{0}{-1}=\mathbf{0}$$

237 (1) $\sin 130°=\sin(180°-50°)$

$$=\mathbf{\sin 50°=0.7660}$$

(2) $\cos 105°=\cos(180°-75°)$

$$=\mathbf{-\cos 75°=-0.2588}$$

(3) $\tan 168°=\tan(180°-12°)$

$$=\mathbf{-\tan 12°=-0.2126}$$

238 (1) 単位円の x 軸より上側の周上の点で，y 座標が $\dfrac{1}{\sqrt{2}}$ となるのは，右の図の2点P，P′ である。

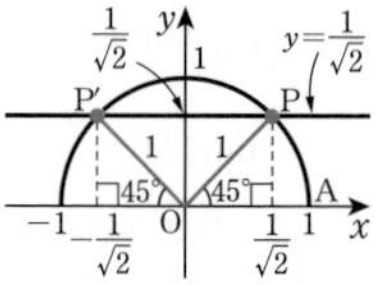

$\angle AOP=45°$

$\angle AOP'=180°-45°=135°$

であるから，求める θ は

$\boldsymbol{\theta=45°,\ 135°}$

(2) 単位円の x 軸より上側の周上の点で，x 座標が $\dfrac{\sqrt{3}}{2}$ となるのは，右の図の1点Pである。

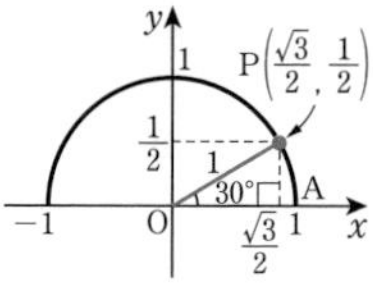

$\angle AOP=30°$

であるから，求める θ は

$\boldsymbol{\theta=30°}$

(3) 単位円において，y 座標が0となるのは，右の図の2点A，Pである。

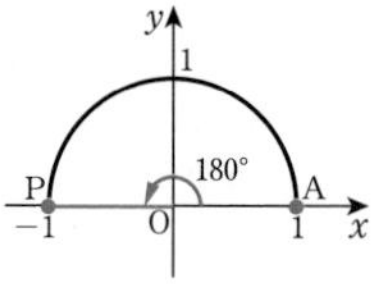

求める θ は

$\boldsymbol{\theta=0°,\ 180°}$

(4) 単位円において，x 座標が -1 となるのは，右の図の1点Pである。

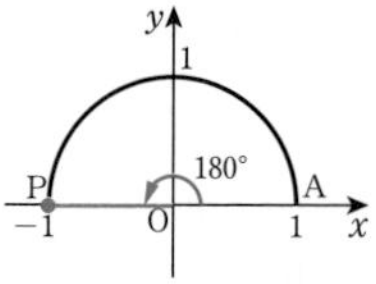

求める θ は

$\boldsymbol{\theta=180°}$

239 (1) $\sin\theta=\dfrac{1}{4}$ のとき，

$\sin^2\theta+\cos^2\theta=1$ より

$$\cos^2\theta=1-\sin^2\theta=1-\left(\frac{1}{4}\right)^2=\frac{15}{16}$$

$90°<\theta<180°$ のとき，$\cos\theta<0$ であるから

$$\cos\theta=-\sqrt{\frac{15}{16}}=\boldsymbol{-\frac{\sqrt{15}}{4}}$$

また，$\tan\theta=\dfrac{\sin\theta}{\cos\theta}$ より

$$\tan\theta=\frac{1}{4}\div\left(-\frac{\sqrt{15}}{4}\right)=\frac{1}{4}\times\left(-\frac{4}{\sqrt{15}}\right)$$
$$=\boldsymbol{-\frac{1}{\sqrt{15}}}$$

(2) $\cos\theta=-\dfrac{12}{13}$ のとき，

$\sin^2\theta+\cos^2\theta=1$ より

$$\sin^2\theta=1-\cos^2\theta=1-\left(-\frac{12}{13}\right)^2=\frac{25}{169}$$

$90°<\theta<180°$ のとき，$\sin\theta>0$ であるから

$$\sin\theta=\sqrt{\frac{25}{169}}=\boldsymbol{\frac{5}{13}}$$

また，$\tan\theta=\dfrac{\sin\theta}{\cos\theta}$ より

$$\tan\theta=\frac{5}{13}\div\left(-\frac{12}{13}\right)=\frac{5}{13}\times\left(-\frac{13}{12}\right)$$
$$=\boldsymbol{-\frac{5}{12}}$$

240 (1) 右の図のように，直線 $x=1$ 上に点 $Q\left(1,\ \dfrac{1}{\sqrt{3}}\right)$ をとり，直線OQと単位円との交点Pを右の図のように定める。このとき，

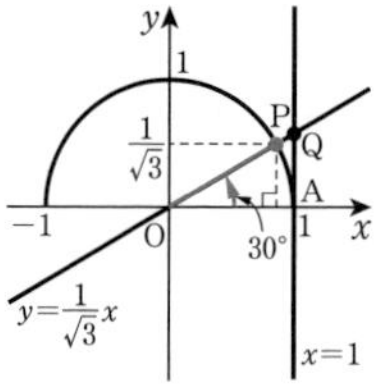

$\angle AOP$ の大きさが求める θ であるから

$\boldsymbol{\theta=30°}$

(2) 右の図のように，直線 $x=1$ 上に点A(1，0) をとり，直線OAと単位円との交点のうち，Aでない点をPとする。このとき，$\angle AOA$ と $\angle AOP$ の大きさが求める θ であるから

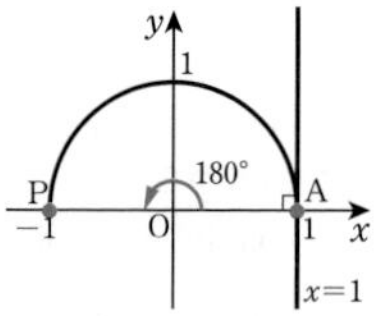

$\boldsymbol{\theta=0°,\ 180°}$

(3) $\sqrt{3}\tan\theta+1=0$ より　$\tan\theta=-\dfrac{1}{\sqrt{3}}$

右の図のように，直線 $x=1$ 上に点 $Q\left(1,\ -\dfrac{1}{\sqrt{3}}\right)$ をとり，直線OQと単位円との交点Pを右の図のように定める。このとき，$\angle AOP$ の大きさが求める θ であるから

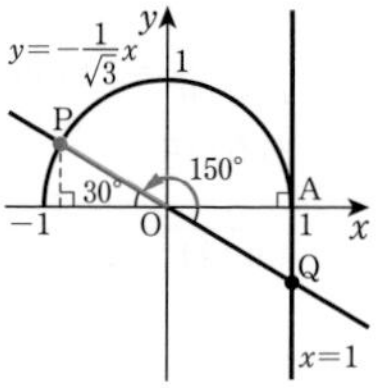

$\boldsymbol{\theta=180°-30°=150°}$

241 (1) $2\sin\theta-\sqrt{3}=0$ より　$\sin\theta=\dfrac{\sqrt{3}}{2}$

単位円の x 軸より上側の周上の点で，y 座標が $\dfrac{\sqrt{3}}{2}$ となるのは，

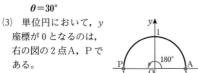

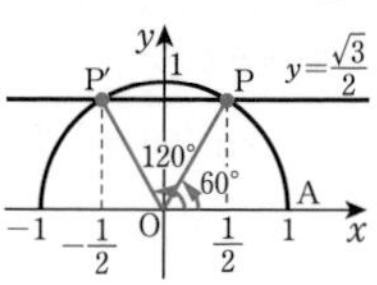

右の図の 2 点P，P′
である。

$\angle \mathrm{AOP}=60^\circ$

$\angle \mathrm{AOP'}=180^\circ-60^\circ=120^\circ$

であるから，求める θ は

$\boldsymbol{\theta=60^\circ,\ 120^\circ}$

(2) $2\cos\theta-\sqrt{2}=0$ より $\cos\theta=\dfrac{\sqrt{2}}{2}=\dfrac{1}{\sqrt{2}}$

単位円の x 軸より上側の周上の点で，x 座標が $\dfrac{1}{\sqrt{2}}$ となるのは，右の図の 1 点Pである。

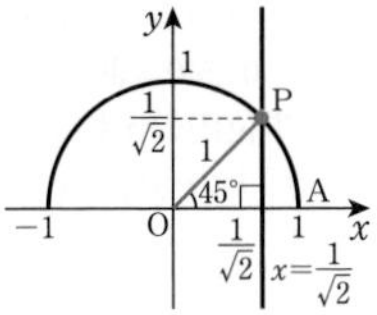

$\angle \mathrm{AOP}=45^\circ$

であるから，求める θ は

$\boldsymbol{\theta=45^\circ}$

242 $\tan\theta=-\dfrac{1}{2}$ のとき，$1+\tan^2\theta=\dfrac{1}{\cos^2\theta}$

より $\dfrac{1}{\cos^2\theta}=1+\tan^2\theta=1+\left(-\dfrac{1}{2}\right)^2=\dfrac{5}{4}$

よって $\cos^2\theta=\dfrac{4}{5}$

$90^\circ<\theta<180^\circ$ のとき，$\cos\theta<0$ であるから

$\cos\theta=-\sqrt{\dfrac{4}{5}}=\boldsymbol{-\dfrac{2\sqrt{5}}{5}}$

また，$\tan\theta=\dfrac{\sin\theta}{\cos\theta}$ より

$\sin\theta=\tan\theta\times\cos\theta=-\dfrac{1}{2}\times\left(-\dfrac{2\sqrt{5}}{5}\right)$

$=\boldsymbol{\dfrac{\sqrt{5}}{5}}$

243 (1) $\sin 115^\circ=\sin(180^\circ-65^\circ)=\sin 65^\circ$

$=\sin(90^\circ-25^\circ)=\cos 25^\circ$

$\cos 155^\circ=\cos(180^\circ-25^\circ)=-\cos 25^\circ$

$\tan 145^\circ=\tan(180^\circ-35^\circ)=-\tan 35^\circ$

したがって

$\sin 115^\circ+\cos 155^\circ+\tan 35^\circ+\tan 145^\circ$

$=\cos 25^\circ+(-\cos 25^\circ)+\tan 35^\circ+(-\tan 35^\circ)$

$=\boldsymbol{0}$

(2) $\cos 70^\circ=\cos(90^\circ-20^\circ)=\sin 20^\circ$

$\sin 110^\circ=\sin(180^\circ-70^\circ)=\sin 70^\circ$

$=\sin(90^\circ-20^\circ)=\cos 20^\circ$

$\sin 160^\circ=\sin(180^\circ-20^\circ)=\sin 20^\circ$

したがって

$(\cos 20^\circ-\cos 70^\circ)^2+(\sin 110^\circ+\sin 160^\circ)^2$

$=(\cos 20^\circ-\sin 20^\circ)^2+(\cos 20^\circ+\sin 20^\circ)^2$

$=\cos^2 20^\circ-2\cos 20^\circ\sin 20^\circ+\sin^2 20^\circ$

$\quad+\cos^2 20^\circ+2\cos 20^\circ\sin 20^\circ+\sin^2 20^\circ$

$=2(\sin^2 20^\circ+\cos^2 20^\circ)$

$=2\times 1=\boldsymbol{2}$

(3) $\sin 80^\circ=\sin(90^\circ-10^\circ)=\cos 10^\circ$

$\cos 80^\circ=\cos(90^\circ-10^\circ)=\sin 10^\circ$

$\sin 170^\circ=\sin(180^\circ-10^\circ)=\sin 10^\circ$

$\cos 170^\circ=\cos(180^\circ-10^\circ)=-\cos 10^\circ$

したがって

$\sin 80^\circ\cos 170^\circ-\cos 80^\circ\sin 170^\circ$

$=\cos 10^\circ\times(-\cos 10^\circ)-\sin 10^\circ\sin 10^\circ$

$=-(\cos^2 10^\circ+\sin^2 10^\circ)=\boldsymbol{-1}$

(4) $\tan 70^\circ=\tan(90^\circ-20^\circ)=\dfrac{1}{\tan 20^\circ}$

$\tan 160^\circ=\tan(180^\circ-20^\circ)=-\tan 20^\circ$

$\tan 50^\circ=\tan(90^\circ-40^\circ)=\dfrac{1}{\tan 40^\circ}$

$\tan 140^\circ=\tan(180^\circ-40^\circ)=-\tan 40^\circ$

したがって

$\tan 70^\circ\tan 160^\circ-2\tan 50^\circ\tan 140^\circ$

$=\dfrac{1}{\tan 20^\circ}\times(-\tan 20^\circ)-2\times\dfrac{1}{\tan 40^\circ}\times(-\tan 40^\circ)$

$=-1-2\times(-1)=\boldsymbol{1}$

244 **考え方** (1) $0^\circ\leqq\theta\leqq 180^\circ$ の範囲では，$\cos^2\theta=$(定数) を満たす $\cos\theta$ の値は 2 つあることに注意する。

(1) $\sin\theta=\dfrac{1}{5}$ のとき，

$\sin^2\theta+\cos^2\theta=1$ より

$\cos^2\theta=1-\sin^2\theta=1-\left(\dfrac{1}{5}\right)^2=\dfrac{24}{25}$

ここで，$0^\circ\leqq\theta\leqq 180^\circ$ より

$\cos\theta=\pm\sqrt{\dfrac{24}{25}}=\pm\dfrac{2\sqrt{6}}{5}$

$\tan\theta=\dfrac{\sin\theta}{\cos\theta}$ より

$\cos\theta=\dfrac{2\sqrt{6}}{5}$ のとき

$\tan\theta=\sin\theta\div\cos\theta=\dfrac{1}{5}\div\dfrac{2\sqrt{6}}{5}$

$=\dfrac{1}{5}\times\dfrac{5}{2\sqrt{6}}=\dfrac{\sqrt{6}}{12}$

$\cos\theta=-\dfrac{2\sqrt{6}}{5}$ のとき

$\tan\theta=\sin\theta\div\cos\theta=\dfrac{1}{5}\div\left(-\dfrac{2\sqrt{6}}{5}\right)$

$$=\frac{1}{5}\times\left(-\frac{5}{2\sqrt{6}}\right)=-\frac{\sqrt{6}}{12}$$

したがって

$$\begin{cases}\cos\theta=\boldsymbol{\frac{2\sqrt{6}}{5}}\\ \tan\theta=\boldsymbol{\frac{\sqrt{6}}{12}}\end{cases}\qquad\begin{cases}\cos\theta=\boldsymbol{-\frac{2\sqrt{6}}{5}}\\ \tan\theta=\boldsymbol{-\frac{\sqrt{6}}{12}}\end{cases}$$

(2) $\cos\theta=\frac{1}{\sqrt{5}}$ のとき,

$\sin^2\theta+\cos^2\theta=1$ より

$$\sin^2\theta=1-\cos^2\theta=1-\left(\frac{1}{\sqrt{5}}\right)^2=\frac{4}{5}$$

ここで,$0°\leqq\theta\leqq180°$ のとき,$\sin\theta\geqq0$ であるから

$$\sin\theta=\sqrt{\frac{4}{5}}=\boldsymbol{\frac{2\sqrt{5}}{5}}$$

また,$\tan\theta=\frac{\sin\theta}{\cos\theta}$ より

$$\tan\theta=\sin\theta\div\cos\theta=\frac{2\sqrt{5}}{5}\div\frac{1}{\sqrt{5}}$$

$$=\frac{2\sqrt{5}}{5}\times\sqrt{5}=\boldsymbol{2}$$

245 (1) $\sin\theta(\sqrt{2}\sin\theta-1)=0$ より

$\sin\theta=0$ または $\sqrt{2}\sin\theta-1=0$

ここで,$0°\leqq\theta\leqq180°$ の範囲で

$\sin\theta=0$ を解くと

$\theta=0°,\ 180°$

$\sqrt{2}\sin\theta-1=0$ を解くと

$\sin\theta=\frac{1}{\sqrt{2}}$ より

$\theta=45°,\ 135°$

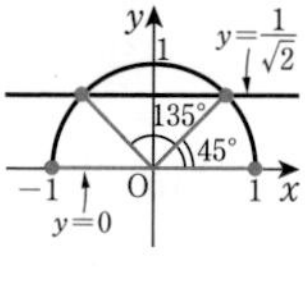

したがって,求める θ の値は

$\boldsymbol{\theta=0°,\ 45°,\ 135°,\ 180°}$

(2) $(\cos\theta+1)(2\cos\theta+1)=0$ より

$\cos\theta+1=0$ または $2\cos\theta+1=0$

ここで,$0°\leqq\theta\leqq180°$ の範囲で

$\cos\theta+1=0$ を解くと

$\cos\theta=-1$ より $\theta=180°$

$2\cos\theta+1=0$ を解くと

$\cos\theta=-\frac{1}{2}$ より $\theta=120°$

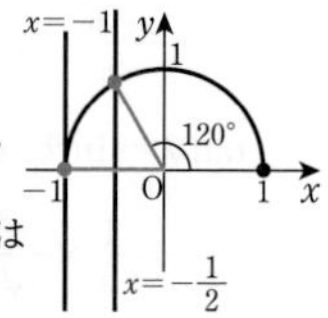

したがって,求める θ の値は

$\boldsymbol{\theta=120°,\ 180°}$

246 (1) 単位円の x 軸より上側の周上の点で,y 座標が $\frac{1}{2}$ となるのは,右の図の2点 P, P′ である。

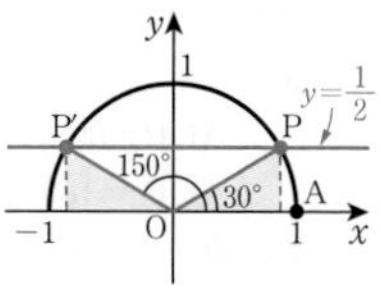

$\angle\mathrm{AOP}=30°$

$\angle\mathrm{AOP'}=150°$

であるから,不等式の解は

$\boldsymbol{0°\leqq\theta\leqq30°,\quad 150°\leqq\theta\leqq180°}$

(2) 単位円の x 軸より上側の周上の点で,x 座標が $\frac{1}{\sqrt{2}}$ となるのは,右の図の1点Pである。

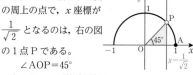

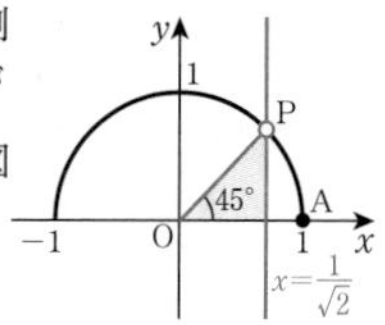

$\angle\mathrm{AOP}=45°$

であるから,不等式の解は

$\boldsymbol{0°\leqq\theta<45°}$

247 (1) $(1-\sin\theta)(1+\sin\theta)-\frac{1}{1+\tan^2\theta}$

$$=(1-\sin^2\theta)-\frac{1}{\frac{1}{\cos^2\theta}}$$

$$=\cos^2\theta-\cos^2\theta=\boldsymbol{0}$$

(2) $\tan^2\theta(1-\sin^2\theta)+\cos^2\theta$

$=\tan^2\theta\cos^2\theta+\cos^2\theta$

$=\frac{\sin^2\theta}{\cos^2\theta}\cdot\cos^2\theta+\cos^2\theta=\sin^2\theta+\cos^2\theta=\boldsymbol{1}$

(3) $(2\sin\theta+\cos\theta)^2+(\sin\theta-2\cos\theta)^2$

$=4\sin^2\theta+4\sin\theta\cos\theta+\cos^2\theta$

$\quad+\sin^2\theta-4\sin\theta\cos\theta+4\cos^2\theta$

$=5\sin^2\theta+5\cos^2\theta=5(\sin^2\theta+\cos^2\theta)=\boldsymbol{5}$

(4) $\frac{1}{1+\tan^2\theta}+\cos^2(90°-\theta)$

$=\frac{1}{\frac{1}{\cos^2\theta}}+\sin^2\theta=\cos^2\theta+\sin^2\theta=\boldsymbol{1}$

(5) $\frac{(1+\tan\theta)^2}{1+\tan^2\theta}+(\sin\theta-\cos\theta)^2$

$=\frac{1+2\tan\theta+\tan^2\theta}{\frac{1}{\cos^2\theta}}$

$\quad+\sin^2\theta-2\sin\theta\cos\theta+\cos^2\theta$

$=\left(1+2\times\frac{\sin\theta}{\cos\theta}+\frac{\sin^2\theta}{\cos^2\theta}\right)\cos^2\theta$

$\quad+\sin^2\theta-2\sin\theta\cos\theta+\cos^2\theta$

$=\cos^2\theta+2\sin\theta\cos\theta+\sin^2\theta$

$+\sin^2\theta-2\sin\theta\cos\theta+\cos^2\theta$

$=2(\sin^2\theta+\cos^2\theta)=\mathbf{2}$

248 (1) $(\sin\theta+\cos\theta)^2=\left(\frac{1}{2}\right)^2$ より

$$\sin^2\theta+2\sin\theta\cos\theta+\cos^2\theta=\frac{1}{4}$$

$\sin^2\theta+\cos^2\theta=1$ より　$1+2\sin\theta\cos\theta=\frac{1}{4}$

よって　　$\sin\theta\cos\theta=\mathbf{-\frac{3}{8}}$

(2) $(\sin\theta-\cos\theta)^2=\sin^2\theta-2\sin\theta\cos\theta+\cos^2\theta$

$$=1-2\sin\theta\cos\theta$$

$$=1-2\times\left(-\frac{3}{8}\right)=\frac{7}{4}$$

ゆえに　$\sin\theta-\cos\theta=\pm\sqrt{\frac{7}{4}}=\pm\frac{\sqrt{7}}{2}$

$0^\circ\leqq\theta\leqq180^\circ$, $\sin\theta\cos\theta<0$ より

$\sin\theta>0$, $\cos\theta<0$

よって　　$\sin\theta-\cos\theta>0$

したがって　　$\sin\theta-\cos\theta=\mathbf{\frac{\sqrt{7}}{2}}$

(3) $\tan\theta+\frac{1}{\tan\theta}=\frac{\sin\theta}{\cos\theta}+\frac{\cos\theta}{\sin\theta}$

$$=\frac{\sin^2\theta+\cos^2\theta}{\sin\theta\cos\theta}$$

$$=\frac{1}{\sin\theta\cos\theta}=\mathbf{-\frac{8}{3}}$$

249 (1) $m=\tan30^\circ=\mathbf{\frac{1}{\sqrt{3}}}$

(2) $m=\tan45^\circ=\mathbf{1}$

(3) $m=\tan120^\circ=\mathbf{-\sqrt{3}}$

250 (1) 正弦定理より

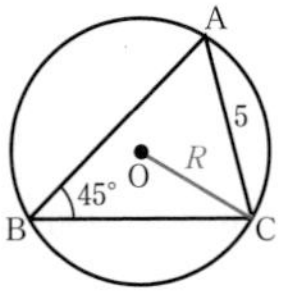

$$\frac{5}{\sin45^\circ}=2R$$

ゆえに　$2R=\frac{5}{\sin45^\circ}$

よって

$$R=\frac{5}{2\sin45^\circ}$$

$$=\frac{5}{2}\div\sin45^\circ=\frac{5}{2}\div\frac{1}{\sqrt{2}}$$

$$=\frac{5}{2}\times\sqrt{2}=\mathbf{\frac{5\sqrt{2}}{2}}$$

(2) 正弦定理より

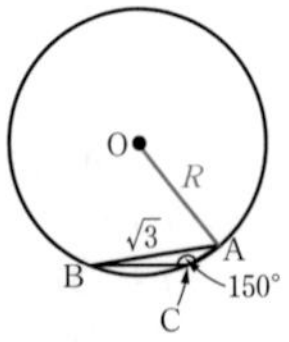

$$\frac{\sqrt{3}}{\sin150^\circ}=2R$$

ゆえに　$2R=\frac{\sqrt{3}}{\sin150^\circ}$

よって

$$R=\frac{\sqrt{3}}{2\sin150^\circ}$$

$$=\frac{\sqrt{3}}{2}\div\sin150^\circ$$

$$=\frac{\sqrt{3}}{2}\div\frac{1}{2}=\frac{\sqrt{3}}{2}\times2=\mathbf{\sqrt{3}}$$

251 (1) 正弦定理より

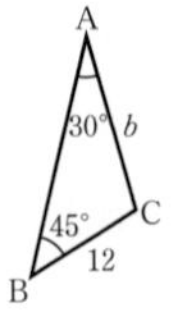

$$\frac{12}{\sin30^\circ}=\frac{b}{\sin45^\circ}$$

両辺に $\sin45^\circ$ を掛けて

$$\frac{12}{\sin30^\circ}\times\sin45^\circ=b$$

より

$$b=\frac{12}{\sin30^\circ}\times\sin45^\circ$$

$$=12\div\frac{1}{2}\times\frac{1}{\sqrt{2}}$$

$$=12\times2\times\frac{1}{\sqrt{2}}=\mathbf{12\sqrt{2}}$$

(2) $A=180^\circ-(75^\circ+45^\circ)=60^\circ$

正弦定理より

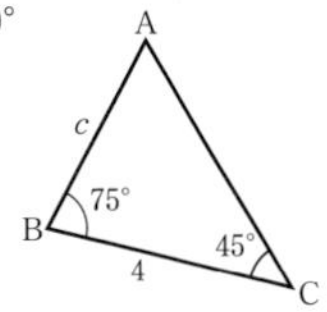

$$\frac{4}{\sin60^\circ}=\frac{c}{\sin45^\circ}$$

両辺に $\sin45^\circ$ を掛けて

$\frac{4}{\sin60^\circ}\times\sin45^\circ=c$ より

$$c=\frac{4}{\sin60^\circ}\times\sin45^\circ$$

$$=4\div\frac{\sqrt{3}}{2}\times\frac{1}{\sqrt{2}}$$

$$=4\times\frac{2}{\sqrt{3}}\times\frac{1}{\sqrt{2}}=\mathbf{\frac{4\sqrt{6}}{3}}$$

252 (1) 余弦定理より

$$b^2=(\sqrt{3})^2+4^2-2\times\sqrt{3}\times4\times\cos30^\circ$$

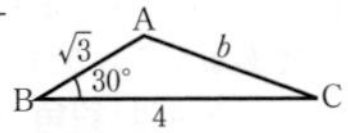

$$=3+16-8\sqrt{3}\times\frac{\sqrt{3}}{2}$$

$$=3+16-12=7$$

$b>0$ より

$$b=\mathbf{\sqrt{7}}$$

(2) 余弦定理より

$a^2=3^2+4^2-2\times3\times4\times\cos120°$

$=9+16-24\times\left(-\dfrac{1}{2}\right)$

$=9+16+12=37$

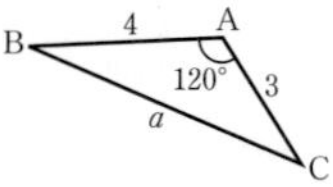

$a>0$ より

$a=\sqrt{37}$

(3) 余弦定理より

$c^2=2^2+(1+\sqrt{3})^2$

$-2\times2\times(1+\sqrt{3})\times\cos60°$

$=4+4+2\sqrt{3}-4(1+\sqrt{3})\times\dfrac{1}{2}$

$=4+4+2\sqrt{3}-2-2\sqrt{3}$

$=6$

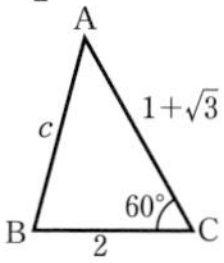

$c>0$ より

$c=\sqrt{6}$

253

(1) 余弦定理より

$\cos A=\dfrac{b^2+c^2-a^2}{2bc}=\dfrac{5^2+3^2-7^2}{2\times5\times3}$

$=\dfrac{25+9-49}{2\times5\times3}=\dfrac{-15}{2\times5\times3}=-\dfrac{1}{2}$

よって，$0°<A<180°$ より

$A=120°$

(2) 余弦定理より

$\cos B=\dfrac{c^2+a^2-b^2}{2ca}=\dfrac{(3\sqrt{2})^2+4^2-(\sqrt{10})^2}{2\times3\sqrt{2}\times4}$

$=\dfrac{18+16-10}{2\times3\sqrt{2}\times4}=\dfrac{24}{2\times3\sqrt{2}\times4}$

$=\dfrac{1}{\sqrt{2}}$

よって，$0°<B<180°$ より

$B=45°$

(3) 余弦定理より

$\cos C=\dfrac{a^2+b^2-c^2}{2ab}=\dfrac{7^2+(6\sqrt{2})^2-11^2}{2\times7\times6\sqrt{2}}=0$

よって，$0°<C<180°$ より

$C=90°$

254

(1) $b^2+c^2=3^2+2^2=13$，$a^2=4^2=16$

であるから，$b^2+c^2<a^2$ より

Aは **鈍角** である。

(2) $b^2+c^2=4^2+5^2=41$，$a^2=6^2=36$

であるから，$b^2+c^2>a^2$ より

Aは **鋭角** である。

(3) $b^2+c^2=12^2+5^2=169$，$a^2=13^2=169$

であるから，$b^2+c^2=a^2$ より

Aは **直角** である。

255

(1) 余弦定理より

$b^2=(\sqrt{3}-1)^2+(\sqrt{2})^2-2\times(\sqrt{3}-1)$

$\times\sqrt{2}\times\cos135°$

$=4-2\sqrt{3}+2+2\sqrt{3}-2=4$

ここで，$b>0$ であるから　$b=2$

正弦定理より

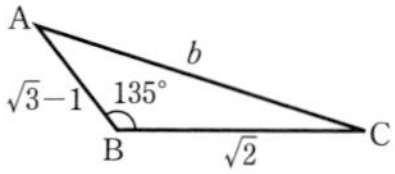

$\dfrac{\sqrt{2}}{\sin A}=\dfrac{2}{\sin135°}$

両辺に $\sin A\sin135°$ を

掛けて

$\sqrt{2}\times\sin135°=2\times\sin A$

ゆえに

$\sin A=\dfrac{\sqrt{2}}{2}\times\sin135°$

$=\dfrac{\sqrt{2}}{2}\times\dfrac{1}{\sqrt{2}}=\dfrac{1}{2}$

ここで，$180°-135°=45°$ より　$0°<A<45°$

よって　$A=30°$

さらに　$C=180°-(135°+30°)=15°$

したがって

$b=2$，$A=30°$，$C=15°$

(2) 余弦定理より

$a^2=(\sqrt{6})^2+(\sqrt{3}-1)^2$

$-2\times\sqrt{6}\times(\sqrt{3}-1)\times\cos45°$

$=6+4-2\sqrt{3}-(6-2\sqrt{3})$

$=4$

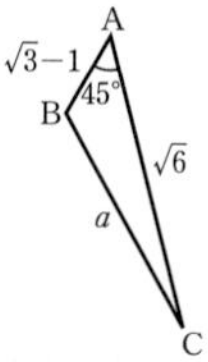

ここで，$a>0$ であるから　$a=2$

余弦定理より

$\cos B=\dfrac{(\sqrt{3}-1)^2+2^2-(\sqrt{6})^2}{2\times(\sqrt{3}-1)\times2}$

$=\dfrac{4-2\sqrt{3}+4-6}{4(\sqrt{3}-1)}=\dfrac{2-2\sqrt{3}}{4(\sqrt{3}-1)}$

$=-\dfrac{1}{2}$

$0°<B<180°$ より　$B=120°$

さらに　$C=180°-(45°+120°)=15°$

したがって

$a=2$，$B=120°$，$C=15°$

(3) 正弦定理より

$\dfrac{2\sqrt{2}}{\sin A}=\dfrac{\sqrt{6}}{\sin60°}$

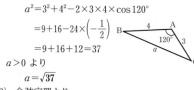

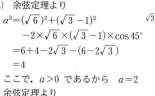

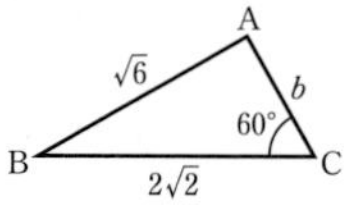

両辺に $\sin A\sin60°$ を

掛けて

$2\sqrt{2}\times\sin60°=\sqrt{6}\times\sin A$

ゆえに

$$\sin A=\frac{2\sqrt{2}}{\sqrt{6}}\times\sin 60^\circ=\frac{2}{\sqrt{3}}\times\frac{\sqrt{3}}{2}=1$$

$0^\circ<A<180^\circ$ より　　$A=90^\circ$

さらに　　$B=180^\circ-(90^\circ+60^\circ)=30^\circ$

余弦定理より

$b^2=(\sqrt{6})^2+(2\sqrt{2})^2-2\times\sqrt{6}\times2\sqrt{2}\times\cos 30^\circ$
$=6+8-12=2$

よって，$b>0$ より　　$b=\sqrt{2}$

したがって

　　$b=\boldsymbol{\sqrt{2}}$，$A=\mathbf{90^\circ}$，$B=\mathbf{30^\circ}$

256　(1)　△ABD において，余弦定理より

$BD^2=3^2+4^2-2\times3\times4\times\cos 60^\circ=13$

$BD>0$ より　　$BD=\boldsymbol{\sqrt{13}}$

(2)　四角形 ABCD は円に内接するから

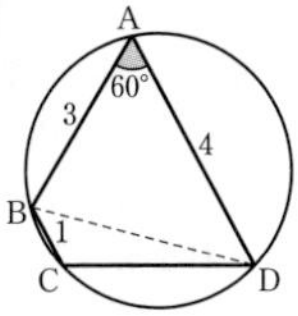

$\angle BCD=180^\circ-\angle BAD$
$=180^\circ-60^\circ$
$=120^\circ$

$CD=x$ とすると，△BCD において，余弦定理より

$(\sqrt{13})^2=1^2+x^2-2\times1\times x\times\cos 120^\circ$

整理すると　　$x^2+x-12=0$

より　　$(x-3)(x+4)=0$

ここで $x>0$ であるから　　$x=3$

すなわち　　$CD=\mathbf{3}$

257　(1)　△ABC において，余弦定理より

$$\cos B=\frac{6^2+8^2-4^2}{2\times6\times8}=\boldsymbol{\frac{7}{8}}$$

(2)　△ABM において，余弦定理より

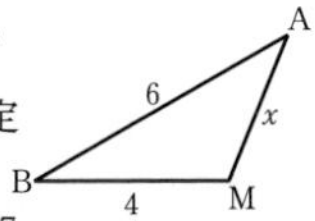

$$x^2=6^2+4^2-2\times6\times4\times\frac{7}{8}$$
$=10$

$x>0$ であるから

　　$x=\boldsymbol{\sqrt{10}}$

258　(1)　正弦定理より　$\dfrac{2\sqrt{2}}{\sin B}=\dfrac{4}{\sin 45^\circ}$

両辺に $\sin B\sin 45^\circ$ を掛けると

　　$2\sqrt{2}\times\sin 45^\circ=4\times\sin B$

よって

$$\sin B=\frac{2\sqrt{2}}{4}\times\sin 45^\circ=\frac{\sqrt{2}}{2}\times\frac{1}{\sqrt{2}}=\frac{1}{2}$$

$0^\circ<B<180^\circ$ より

　　$B=30^\circ$，150°

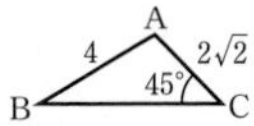

ここで，$C=45^\circ$ であるから

$0^\circ<B<135^\circ$ より

　　$B=\mathbf{30^\circ}$

(2)　正弦定理より

$$\frac{3}{\sin A}=2\times3$$

$$\sin A=\frac{1}{2}$$

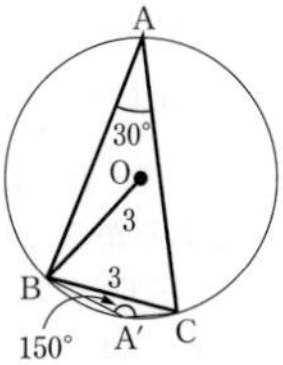

$0^\circ<A<180^\circ$ より

　　$A=\mathbf{30^\circ}$，$\mathbf{150^\circ}$

259　$\cos C=\dfrac{1^2+(\sqrt{2})^2-(\sqrt{5})^2}{2\times1\times\sqrt{2}}$

$$=\frac{1+2-5}{2\sqrt{2}}=-\frac{1}{\sqrt{2}}$$

$0^\circ<C<180^\circ$ より

　　$C=\mathbf{135^\circ}$

正弦定理より

$$\frac{\sqrt{5}}{\sin 135^\circ}=2R$$

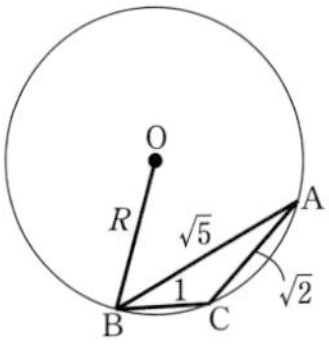

よって

$$R=\frac{\sqrt{5}}{2\sin 135^\circ}$$
$=\sqrt{5}\div2\sin 135^\circ$
$$=\sqrt{5}\div\left(2\times\frac{1}{\sqrt{2}}\right)=\sqrt{5}\times\frac{\sqrt{2}}{2}=\boldsymbol{\frac{\sqrt{10}}{2}}$$

260　(1)　正弦定理より

$$\frac{\sqrt{3}}{\sin 60^\circ}=\frac{\sqrt{2}}{\sin B}$$

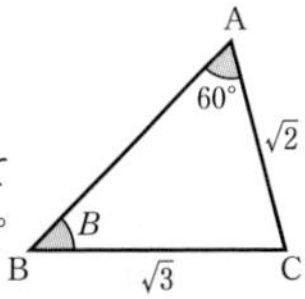

両辺に $\sin 60^\circ\sin B$ を掛けて

　　$\sqrt{3}\times\sin B=\sqrt{2}\times\sin 60^\circ$

ゆえに

$$\sin B=\frac{\sqrt{2}}{\sqrt{3}}\times\frac{\sqrt{3}}{2}=\frac{1}{\sqrt{2}}$$

ここで，$A=60^\circ$ であるから，$B<120^\circ$ より

　　$B=\mathbf{45^\circ}$

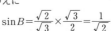

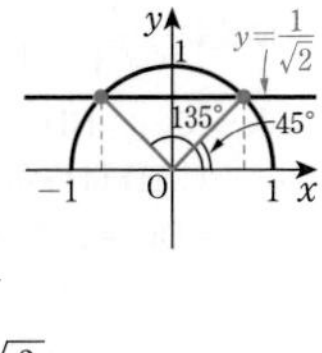

また，正弦定理より

$$\frac{\sqrt{3}}{\sin 60^\circ}=2R$$

よって　　$R=\dfrac{1}{2}\times\dfrac{\sqrt{3}}{\sin 60^\circ}$

$$=\frac{1}{2}\times\sqrt{3}\div\frac{\sqrt{3}}{2}$$
$=\mathbf{1}$

(2)　正弦定理より

$$\frac{2\sqrt{3}}{\sin 120^\circ}=\frac{2}{\sin C}$$

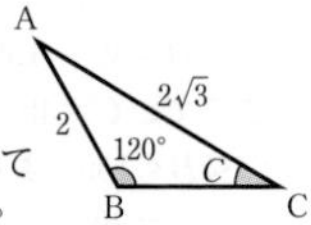

両辺に $\sin 120^\circ \sin C$ を掛けて

$2\sqrt{3}\times\sin C=2\times\sin 120^\circ$

ゆえに

$$\sin C=\frac{2}{2\sqrt{3}}\times\frac{\sqrt{3}}{2}=\frac{1}{2}$$

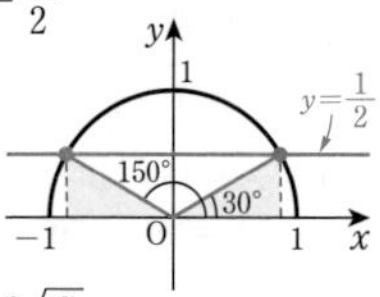

ここで，$B=120^\circ$

であるから

$C<60^\circ$ より

$C=\mathbf{30^\circ}$

また，正弦定理より　$\dfrac{2\sqrt{3}}{\sin 120^\circ}=2R$

よって

$$R=\frac{1}{2}\times\frac{2\sqrt{3}}{\sin 120^\circ}=\frac{1}{2}\times 2\sqrt{3}\div\frac{\sqrt{3}}{2}=\mathbf{2}$$

261

正弦定理 $\dfrac{a}{\sin A}=\dfrac{b}{\sin B}=\dfrac{c}{\sin C}$ より

$a:b:c=\sin A:\sin B:\sin C$

が成り立つ。

$\sin A:\sin B:\sin C=5:8:7$ より

$a:b:c=5:8:7$

となるから

$a=5k,\ b=8k,\ c=7k\quad(k>0)$

とおける。

余弦定理 $\cos C=\dfrac{a^2+b^2-c^2}{2ab}$ より

$$\cos C=\frac{(5k)^2+(8k)^2-(7k)^2}{2\cdot 5k\cdot 8k}$$

$$=\frac{25k^2+64k^2-49k^2}{80k^2}=\frac{1}{2}$$

よって，$0^\circ<C<180^\circ$ より

$C=\mathbf{60^\circ}$

262

(1)　△ABC において　$\tan 30^\circ=\dfrac{1}{\mathrm{BD}+1}$

ゆえに $\dfrac{1}{\sqrt{3}}=\dfrac{1}{\mathrm{BD}+1}$　より　$\mathrm{BD}+1=\sqrt{3}$

よって　　$\mathrm{BD}=\mathbf{\sqrt{3}-1}$

(2)　△CAD は直角二等辺三角形であり，

AC=DC=1 であるから

$\mathrm{AD}=\sqrt{2}$

また，△ABD において内角と外角の関係より

$\angle\mathrm{BAD}=\angle\mathrm{ADC}-\angle\mathrm{ABD}$

$=45^\circ-30^\circ=15^\circ$

△ABD に正弦定理を用いると

$$\frac{\mathrm{BD}}{\sin 15^\circ}=\frac{\mathrm{AD}}{\sin 30^\circ}$$

よって　$\sin 15^\circ=\dfrac{\mathrm{BD}}{\mathrm{AD}}\times\sin 30^\circ$

$$=\frac{\sqrt{3}-1}{\sqrt{2}}\times\frac{1}{2}=\mathbf{\frac{\sqrt{6}-\sqrt{2}}{4}}$$

263

(1)　正弦定理より　$\dfrac{c}{\sin 45^\circ}=\dfrac{2\sqrt{3}}{\sin 60^\circ}$

よって　　$c=\dfrac{2\sqrt{3}}{\sin 60^\circ}\times\sin 45^\circ$

$=2\sqrt{3}\div\sin 60^\circ\times\sin 45^\circ$

$=2\sqrt{3}\div\dfrac{\sqrt{3}}{2}\times\dfrac{1}{\sqrt{2}}$

$=2\sqrt{3}\times\dfrac{2}{\sqrt{3}}\times\dfrac{1}{\sqrt{2}}=\mathbf{2\sqrt{2}}$

また，余弦定理より

$(2\sqrt{3})^2=(2\sqrt{2})^2+a^2-2\times 2\sqrt{2}\times a\times\cos 60^\circ$

$a^2-2\sqrt{2}a-4=0$

これを解くと　$a=\sqrt{2}\pm\sqrt{6}$

$a>0$ より　　$a=\mathbf{\sqrt{2}+\sqrt{6}}$

別解　頂点Aから対辺 BC におろした垂線と BC の交点を H とすると

$\angle\mathrm{CAH}=45^\circ,\ \angle\mathrm{BAH}=30^\circ$

よって　$\mathrm{AH}=b\sin 45^\circ=2\sqrt{3}\times\dfrac{1}{\sqrt{2}}=\sqrt{6}$

また　$\mathrm{AH}=c\sin 60^\circ=\dfrac{\sqrt{3}}{2}c$

であるから

$\dfrac{\sqrt{3}}{2}c=\sqrt{6}$ より　　$c=\mathbf{2\sqrt{2}}$

また　$\mathrm{CH}=\mathrm{AH}=\sqrt{6}$

$\mathrm{BH}=c\cos 60^\circ=2\sqrt{2}\times\dfrac{1}{2}=\sqrt{2}$

より　　$a=\mathrm{CH}+\mathrm{BH}=\mathbf{\sqrt{6}+\sqrt{2}}$

(2)　正弦定理より　　$\dfrac{\sqrt{6}+\sqrt{2}}{\sin 75^\circ}=\dfrac{2\sqrt{3}}{\sin 60^\circ}$

したがって　　$\sin 75^\circ=\dfrac{\sqrt{6}+\sqrt{2}}{2\sqrt{3}}\times\sin 60^\circ$

$=\dfrac{\sqrt{6}+\sqrt{2}}{2\sqrt{3}}\times\dfrac{\sqrt{3}}{2}$

$=\mathbf{\dfrac{\sqrt{6}+\sqrt{2}}{4}}$

264

△ABC の外接円の半径を R とすると

正弦定理より　$\dfrac{b}{\sin B}=2R,\ \dfrac{c}{\sin C}=2R$

ゆえに　$\sin B=\dfrac{b}{2R}$，$\sin C=\dfrac{c}{2R}$　……①

また，余弦定理より

$$\cos A=\frac{b^2+c^2-a^2}{2bc}\quad\cdots\cdots②$$

①，②を与えられた条件式に代入して

$$\frac{c}{2R}=2\times\frac{b}{2R}\times\frac{b^2+c^2-a^2}{2bc}$$

両辺に $2R$ を掛けて

$$c=2b\times\frac{b^2+c^2-a^2}{2bc}$$

さらに，両辺に c を掛けて

$$c^2=b^2+c^2-a^2$$

よって　$a^2=b^2$

$a>0$，$b>0$ より　$a=b$

したがって，△ABC は，

BC=CA の二等辺三角形

265

(1) 正弦定理

$$\frac{a}{\sin A}=\frac{b}{\sin B}=\frac{c}{\sin C}=2R$$

(ただし，R は△ABC の外接円の半径)

より

$$\sin A=\frac{a}{2R},\ \sin B=\frac{b}{2R},\ \sin C=\frac{c}{2R}$$

であるから

$$a(\sin B+\sin C)=a\left(\frac{b}{2R}+\frac{c}{2R}\right)=\frac{a}{2R}(b+c)$$

$$(b+c)\sin A=(b+c)\times\frac{a}{2R}=\frac{a}{2R}(b+c)$$

よって

$$a(\sin B+\sin C)=(b+c)\sin A$$

(2) 正弦定理

$$\frac{a}{\sin A}=\frac{b}{\sin B}=2R$$

(ただし，R は△ABC の外接円の半径)

より

$$\sin A=\frac{a}{2R},\ \sin B=\frac{b}{2R}$$

余弦定理より

$$\cos A=\frac{b^2+c^2-a^2}{2bc},\ \cos B=\frac{c^2+a^2-b^2}{2ca}$$

であるから

$$\frac{a-c\cos B}{b-c\cos A}$$

$$=\left(a-c\times\frac{c^2+a^2-b^2}{2ca}\right)\div\left(b-c\times\frac{b^2+c^2-a^2}{2bc}\right)$$

$$=\frac{2a^2-(c^2+a^2-b^2)}{2a}\div\frac{2b^2-(b^2+c^2-a^2)}{2b}$$

$$=\frac{a^2+b^2-c^2}{2a}\times\frac{2b}{a^2+b^2-c^2}=\frac{b}{a}$$

$$\frac{\sin B}{\sin A}=\frac{b}{2R}\div\frac{a}{2R}=\frac{b}{2R}\times\frac{2R}{a}=\frac{b}{a}$$

よって　$\dfrac{a-c\cos B}{b-c\cos A}=\dfrac{\sin B}{\sin A}$

266

(1) $S=\dfrac{1}{2}\times5\times4\times\sin45^\circ$

$=\dfrac{1}{2}\times5\times4\times\dfrac{1}{\sqrt{2}}$

$=\mathbf{5\sqrt{2}}$

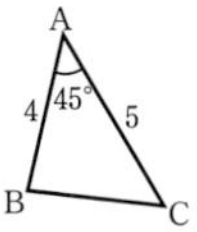

(2) $S=\dfrac{1}{2}\times6\times4\times\sin120^\circ$

$=\dfrac{1}{2}\times6\times4\times\dfrac{\sqrt{3}}{2}$

$=\mathbf{6\sqrt{3}}$

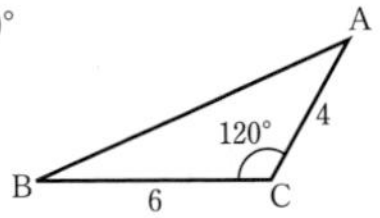

(3) $A=180^\circ-(45^\circ+75^\circ)=60^\circ$ より

$S=\dfrac{1}{2}\times\sqrt{6}\times(1+\sqrt{3})\times\sin60^\circ$

$=\dfrac{1}{2}\times\sqrt{6}\times(1+\sqrt{3})\times\dfrac{\sqrt{3}}{2}$

$=\mathbf{\dfrac{3}{4}}(\mathbf{\sqrt{2}+\sqrt{6}})$

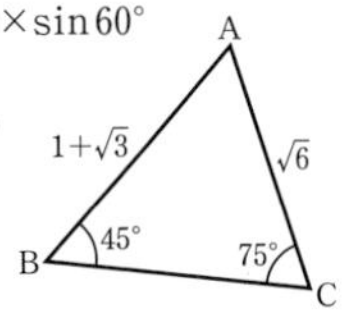

267

(1) 余弦定理より

$\cos A=\dfrac{b^2+c^2-a^2}{2bc}$

$=\dfrac{3^2+4^2-2^2}{2\times3\times4}$

$=\mathbf{\dfrac{7}{8}}$

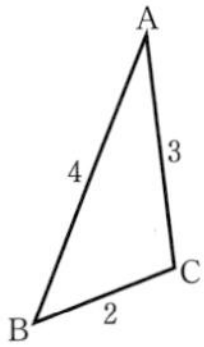

(2) $\sin^2A+\cos^2A=1$ より

$$\sin^2A=1-\cos^2A=1-\left(\frac{7}{8}\right)^2=\frac{15}{64}$$

$0^\circ<A<180^\circ$ のとき，$\sin A>0$　であるから

$$\sin A=\sqrt{\frac{15}{64}}=\mathbf{\frac{\sqrt{15}}{8}}$$

(3) $S=\dfrac{1}{2}bc\sin A=\dfrac{1}{2}\times3\times4\times\dfrac{\sqrt{15}}{8}$

$=\mathbf{\dfrac{3\sqrt{15}}{4}}$

別解　教科書 p.153 のヘロンの公式より

$s=\dfrac{2+3+4}{2}=\dfrac{9}{2}$ であるから

$$S=\sqrt{\frac{9}{2}\left(\frac{9}{2}-2\right)\left(\frac{9}{2}-3\right)\left(\frac{9}{2}-4\right)}$$
$$=\sqrt{\frac{9}{2}\times\frac{5}{2}\times\frac{3}{2}\times\frac{1}{2}}=\boldsymbol{\frac{3\sqrt{15}}{4}}$$

268 (1) 余弦定理より

$$a^2=5^2+3^2-2\times5\times3\times\cos120^\circ$$
$$=25+9-30\times\left(-\frac{1}{2}\right)$$
$$=49$$

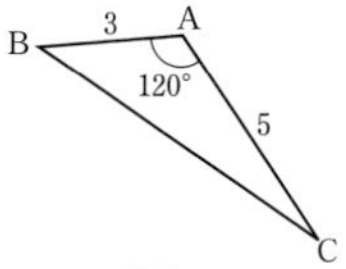

$a>0$ より

$a=\mathbf{7}$

(2) $S=\dfrac{1}{2}\times5\times3\times\sin120^\circ=\dfrac{15}{2}\times\dfrac{\sqrt{3}}{2}$

$=\boldsymbol{\dfrac{15\sqrt{3}}{4}}$

$S=\dfrac{1}{2}(a+b+c)r$ より

$\dfrac{15\sqrt{3}}{4}=\dfrac{1}{2}(7+5+3)r$

$\dfrac{15\sqrt{3}}{4}=\dfrac{15}{2}r$

よって　$r=\dfrac{15\sqrt{3}}{4}\times\dfrac{2}{15}=\boldsymbol{\dfrac{\sqrt{3}}{2}}$

269 (1) 余弦定理より

$$\cos A=\frac{5^2+7^2-8^2}{2\times5\times7}$$
$$=\frac{1}{7}$$

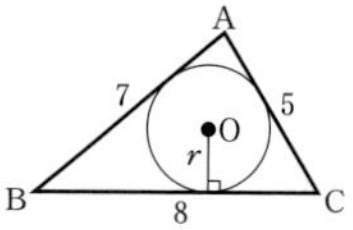

ゆえに，$\sin^2A+\cos^2A=1$ より

$$\sin^2A=1-\cos^2A=1-\left(\frac{1}{7}\right)^2=\frac{48}{49}$$

ここで，$\sin A>0$ であるから

$$\sin A=\sqrt{\frac{48}{49}}=\frac{4\sqrt{3}}{7}$$

よって，△ABC の面積 S は

$$S=\frac{1}{2}bc\sin A$$
$$=\frac{1}{2}\times5\times7\times\frac{4\sqrt{3}}{7}=\mathbf{10\sqrt{3}}$$

(2) $S=\dfrac{1}{2}r(a+b+c)$ より

$10\sqrt{3}=\dfrac{1}{2}r(8+5+7)$

よって　$10\sqrt{3}=10r$ より

$r=\mathbf{\sqrt{3}}$

270 正弦定理より

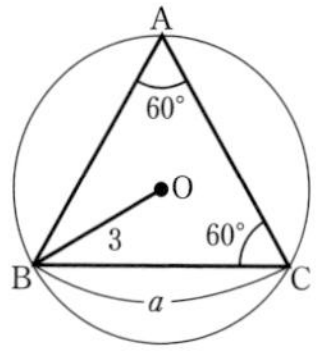

$$\frac{a}{\sin60^\circ}=2\times3$$

よって

$$a=2\times3\times\sin60^\circ$$
$$=6\times\frac{\sqrt{3}}{2}=3\sqrt{3}$$

正三角形であるから

$b=c=3\sqrt{3}$

求める正三角形の面積を S とすると，

$S=\dfrac{1}{2}bc\sin A$ より

$$S=\frac{1}{2}\times3\sqrt{3}\times3\sqrt{3}\times\sin60^\circ$$
$$=\frac{27}{2}\times\frac{\sqrt{3}}{2}=\boldsymbol{\frac{27\sqrt{3}}{4}}$$

271 (1) ∠BAD=∠CAD=30° より

$\triangle\mathrm{ABD}=\dfrac{1}{2}\times3\times x\times\sin30^\circ=\boldsymbol{\dfrac{3}{4}x}$

$\triangle\mathrm{ACD}=\dfrac{1}{2}\times2\times x\times\sin30^\circ=\boldsymbol{\dfrac{1}{2}x}$

(2) $\triangle\mathrm{ABC}=\dfrac{1}{2}\times2\times3\times\sin60^\circ=\dfrac{3\sqrt{3}}{2}$

△ABD＋△ACD＝△ABC であるから

$$\frac{3}{4}x+\frac{1}{2}x=\frac{3\sqrt{3}}{2}$$

よって　$x=\boldsymbol{\dfrac{6\sqrt{3}}{5}}$

272 (1) $s=\dfrac{a+b+c}{2}=\dfrac{4+5+7}{2}=8$

であるから，面積 S は

$$S=\sqrt{8(8-4)(8-5)(8-7)}$$
$$=\sqrt{8\times4\times3\times1}=\mathbf{4\sqrt{6}}$$

(2) $s=\dfrac{a+b+c}{2}=\dfrac{5+6+9}{2}=10$

であるから，面積 S は

$$S=\sqrt{10(10-5)(10-6)(10-9)}$$
$$=\sqrt{10\times5\times4\times1}=\mathbf{10\sqrt{2}}$$

273 (1) △ABD において，余弦定理より

$BD^2=1^2+4^2-2\times1\times4\times\cos\theta=17-8\cos\theta$

△BCD において，余弦定理より

$BD^2=2^2+3^2-2\times2\times3\times\cos(180^\circ-\theta)$

$=13+12\cos\theta$

ゆえに　$17-8\cos\theta=13+12\cos\theta$

整理すると　$20\cos\theta=4$

よって　$\cos\theta=\mathbf{\frac{1}{5}}$

(2) $0^\circ<\theta<180^\circ$ より $\sin\theta>0$ であるから

$\sin\theta=\sqrt{1-\cos^2\theta}=\sqrt{1-\left(\frac{1}{5}\right)^2}=\frac{2\sqrt{6}}{5}$

よって

$S=\triangle ABD+\triangle BCD$

$=\frac{1}{2}\times1\times4\times\sin\theta$

$+\frac{1}{2}\times2\times3\times\sin(180^\circ-\theta)$

$=2\times\frac{2\sqrt{6}}{5}+3\times\frac{2\sqrt{6}}{5}$

$=\mathbf{2\sqrt{6}}$

$\sin(180^\circ-\theta)=\sin\theta$

274 △ABH において，

$\angle AHB=180^\circ-(60^\circ+75^\circ)=45^\circ$

であるから，正弦定理より

$\frac{AH}{\sin60^\circ}=\frac{30}{\sin45^\circ}$

両辺に $\sin60^\circ$ を掛けて

$AH=\frac{30}{\sin45^\circ}\times\sin60^\circ$

$=30\div\frac{1}{\sqrt{2}}\times\frac{\sqrt{3}}{2}=15\sqrt{6}$

したがって，△ACH において

$CH=AH\tan45^\circ=15\sqrt{6}\times1=\mathbf{15\sqrt{6}}$ **(m)**

275 △ABC において

$\angle ACB=180^\circ-(45^\circ+105^\circ)=30^\circ$

正弦定理より　$\frac{BC}{\sin45^\circ}=\frac{4}{\sin30^\circ}$

両辺に $\sin45^\circ$ を掛けて

$BC=\frac{4}{\sin30^\circ}\times\sin45^\circ=4\div\frac{1}{2}\times\frac{1}{\sqrt{2}}=4\sqrt{2}$

よって，△BCH において

$CH=BC\sin30^\circ$

$=4\sqrt{2}\times\frac{1}{2}=\mathbf{2\sqrt{2}}$ **(m)**

276 (1) △ABH において

$\angle ABH=180^\circ-(30^\circ+105^\circ)$

$=45^\circ$

正弦定理より　$\frac{AH}{\sin45^\circ}=\frac{10}{\sin30^\circ}$

であるから

$AH=\frac{10}{\sin30^\circ}\times\sin45^\circ$

$=10\div\frac{1}{2}\times\frac{1}{\sqrt{2}}=10\times2\times\frac{1}{\sqrt{2}}$

$=10\sqrt{2}$

よって，△PAH において，辺 PH は

$PH=AH\tan\angle PAH=10\sqrt{2}\times\tan60^\circ$

$=10\sqrt{2}\times\sqrt{3}=\mathbf{10\sqrt{6}}$

(2) △PHB において

$\tan\angle PBH=\frac{PH}{BH}$ より

$\tan\theta=\frac{10\sqrt{6}}{10}=\sqrt{6}$

ここで，$1+\tan^2\theta=\frac{1}{\cos^2\theta}$ であるから

$\cos^2\theta=\frac{1}{1+\tan^2\theta}=\frac{1}{1+(\sqrt{6})^2}=\frac{1}{7}$

$0^\circ<\theta<90^\circ$ のとき，$\cos\theta>0$ であるから

$\cos\theta=\sqrt{\frac{1}{7}}=\mathbf{\frac{\sqrt{7}}{7}}$

277 (1) $AC=\sqrt{1^2+(\sqrt{3})^2}=\mathbf{2}$

$AF=\sqrt{(\sqrt{6})^2+(\sqrt{3})^2}=\mathbf{3}$

$FC=\sqrt{1^2+(\sqrt{6})^2}=\mathbf{\sqrt{7}}$

(2) △AFC において，余弦定理より

$\cos\theta=\frac{2^2+3^2-(\sqrt{7})^2}{2\times2\times3}=\frac{1}{2}$

$0^\circ<\angle CAF<180^\circ$ より

$\angle CAF=\mathbf{60^\circ}$

(3) $\sin\theta=\sin60^\circ=\frac{\sqrt{3}}{2}$

であるから

$S=\frac{1}{2}\times AF\times AC\times\sin\theta$

$=\frac{1}{2}\times3\times2\times\frac{\sqrt{3}}{2}$

$=\mathbf{\frac{3\sqrt{3}}{2}}$

278 (1) 辺 BC の中点を M とし，頂点 A から線分 DM に垂線 AH をおろすと，AH の長

さは△BCDを底面としたときの四面体ABCDの高さになっている。

△BCDは，1辺の長さが$6\sqrt{2}$の正三角形であるから

$\mathrm{DM}=6\sqrt{2}\times\sin 60°$
$=3\sqrt{6}$

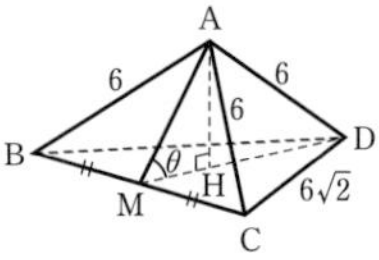

また，$\mathrm{AB}:\mathrm{AC}:\mathrm{BC}=1:1:\sqrt{2}$ であるから，△ABCは直角二等辺三角形である。

$\angle\mathrm{ABC}=45°$，$\mathrm{AM}\perp\mathrm{BC}$ より

$\mathrm{AM}=6\times\sin 45°=3\sqrt{2}$

$\angle\mathrm{AMD}=\theta$ とすると

$\mathrm{AH}=\mathrm{AM}\sin\theta$ ……①

△AMDにおいて，余弦定理より

$$\cos\theta=\frac{(3\sqrt{2})^2+(3\sqrt{6})^2-6^2}{2\times3\sqrt{2}\times3\sqrt{6}}=\frac{\sqrt{3}}{3}$$

$\sin\theta>0$ であるから

$$\sin\theta=\sqrt{1-\left(\frac{\sqrt{3}}{3}\right)^2}=\frac{\sqrt{6}}{3}$$

よって，①より　$\mathrm{AH}=3\sqrt{2}\times\frac{\sqrt{6}}{3}=2\sqrt{3}$

したがって

$$V=\frac{1}{3}\times\triangle\mathrm{BCD}\times\mathrm{AH}$$
$$=\frac{1}{3}\times\left\{\frac{1}{2}\times(6\sqrt{2})^2\times\sin 60°\right\}\times2\sqrt{3}$$
$$=\frac{1}{3}\times18\sqrt{3}\times2\sqrt{3}$$
$$=\mathbf{36}$$

(2)　4つの四面体OABC，OACD，OABD，OBCDのいずれについても，四面体ABCDの各面を底面としたときの高さが球Oの半径rになっている。四面体ABCDの体積Vは，これら4つの四面体の体積の和に等しい。

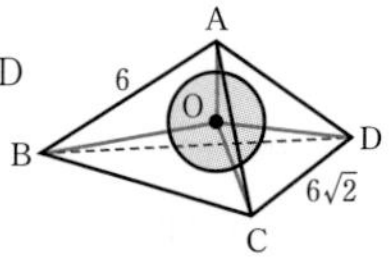

△ABC，△ACD，△ABDは合同であり，その面積は　$\frac{1}{2}\times6\sqrt{2}\times3\sqrt{2}=18$

(1)より，△BCDの面積は$18\sqrt{3}$

よって

$$\left(\frac{1}{3}\times18\times r\right)\times3+\frac{1}{3}\times18\sqrt{3}\times r=36$$

したがって

$$r=\frac{6}{3+\sqrt{3}}=\frac{6(3-\sqrt{3})}{(3+\sqrt{3})(3-\sqrt{3})}$$
$$=\frac{6(3-\sqrt{3})}{9-3}=\mathbf{3-\sqrt{3}}$$

279

(1)　9.5～10.0の階級の階級値であるから

$\frac{9.5+10.0}{2}=\mathbf{9.75}$ **(秒)**

(2)　8.0～8.5の階級に速い方から4番目までの生徒がおり，8.5～9.0の階級までに速い方から4+6=10 番目までの生徒がいる。よって，速い方から5番目の生徒は8.5～9.0の階級にいることがわかる。

その階級値は　$\frac{8.5+9.0}{2}=\mathbf{8.75}$ **(秒)**

(3)　4+6+7=**17 (人)**

(4)　1+2=**3 (人)**

280

(1)

階級(回) 以上～未満	階級値 (回)	度数 (人)	相対 度数
12～16	**14**	**1**	**0.05**
16～20	**18**	**3**	**0.15**
20～24	**22**	**6**	**0.30**
24～28	**26**	**8**	**0.40**
28～32	**30**	**2**	**0.10**
計		20	1

(2)

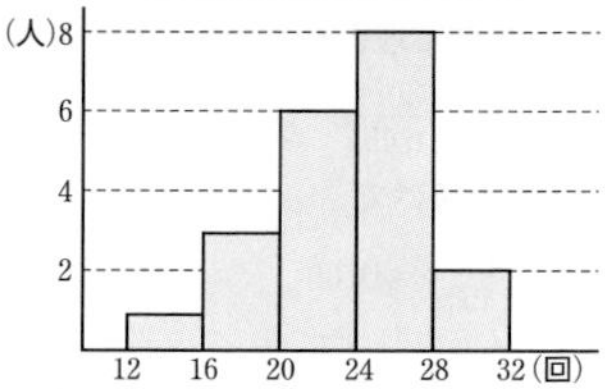

(3)　度数が最も大きい階級は，24 ～ 28の階級である。

最頻値はこの階級の階級値であるから

$\frac{24+28}{2}=\mathbf{26}$ **(回)**

281

$$\bar{x}=\frac{1}{5}(18+21+31+9+17)$$
$$=\frac{1}{5}\times96=\frac{96}{5}=\mathbf{19.2}$$

282

(1)　A班の平均値$\bar{x}$は

$$\bar{x}=\frac{1}{9}(29+33+35+38+40+41+49+51+53)$$
$$=\frac{369}{9}=\mathbf{41}\ \textbf{(kg)}$$

B班の平均値 $\overline{y}$ は

$$\overline{y}=\frac{1}{10}(23+30+36+39+41+43+44+46+48+50)$$

$$=\frac{400}{10}=\mathbf{40}\ \textbf{(kg)}$$

(2) A班の中央値は **40 kg**

B班の中央値は $\frac{41+43}{2}=\mathbf{42}$ **(kg)**

283 (1) データの大きさが 11 であるから，中央値は 6 番目の値である。

よって　**32**

(2) データの大きさが 9 であるから，中央値は 5 番目の値である。

よって　**37**

(3) データの大きさが 10 であるから，中央値は 5 番目と 6 番目の値の平均値である。

よって　$\frac{28+41}{2}=\mathbf{34.5}$

(4) データの大きさが 12 であるから，中央値は 6 番目と 7 番目の値の平均値である。

よって　$\frac{21+24}{2}=\mathbf{22.5}$

284 平均値を $\overline{x}$ とすると

$$\overline{x}=\frac{1}{6}(25+19+k+10+32+16)$$

$$=\frac{1}{6}(102+k)$$

ゆえに　$\frac{1}{6}(102+k)=21$

よって　$k=\mathbf{24}$

285 Aグループの点の合計は　$85\times12=1020$

Bグループの点の合計は　$75.6\times20=1512$

Cグループの点の合計は　$64.5\times8=516$

よって，全員の平均値 a は

$$a=\frac{1}{12+20+8}(1020+1512+516)=\mathbf{76.2}$$

286 （本書では，第 1 四分位数，第 2 四分位数，第 3 四分位数を，それぞれ Q_1，Q_2，Q_3 で表す。）

(1) 中央値が Q_2 であるから

$Q_2=6$

Q_2 を除いて，データを前半と後半に分ける。

Q_1 は前半のデータの中央値であるから

$Q_1=3$

Q_3 は後半のデータの中央値であるから

$Q_3=8$

よって　$Q_1=\mathbf{3}$，$Q_2=\mathbf{6}$，$Q_3=\mathbf{8}$

(2) 中央値が Q_2 であるから

$Q_2=\frac{5+6}{2}=5.5$

Q_2 によって，データを前半と後半に分ける。

Q_1 は前半のデータの中央値であるから

$Q_1=\frac{3+3}{2}=3$

Q_3 は後半のデータの中央値であるから

$Q_3=\frac{6+7}{2}=6.5$

よって　$Q_1=\mathbf{3}$，$Q_2=\mathbf{5.5}$，$Q_3=\mathbf{6.5}$

(3) 中央値が Q_2 であるから

$Q_2=10$

Q_2 を除いて，データを前半と後半に分ける。

Q_1 は前半のデータの中央値であるから

$Q_1=\frac{7+7}{2}=7$

Q_3 は後半のデータの中央値であるから

$Q_3=\frac{13+15}{2}=14$

よって　$Q_1=\mathbf{7}$，$Q_2=\mathbf{10}$，$Q_3=\mathbf{14}$

(4) 中央値が Q_2 であるから

$Q_2=\frac{15+17}{2}=16$

Q_2 によって，データを前半と後半に分ける。

Q_1 は前半のデータの中央値であるから

$Q_1=14$

Q_3 は後半のデータの中央値であるから

$Q_3=17$

よって　$Q_1=\mathbf{14}$，$Q_2=\mathbf{16}$，$Q_3=\mathbf{17}$

287 (1) 最大値 11，最小値 5 より

範囲は　$11-5=\mathbf{6}$

$Q_1=6$，$Q_2=9$，$Q_3=10$ より

四分位範囲は　$10-6=\mathbf{4}$

(2) 最大値 7，最小値 1 より

範囲は　$7-1=\mathbf{6}$

$Q_1=2$，$Q_2=\frac{5+5}{2}=5$，$Q_3=5$ より

四分位範囲は　$5-2=\mathbf{3}$

(3) 最大値 12，最小値 5 より

範囲は　$12-5=\mathbf{7}$

$Q_1=5$，$Q_2=8$，$Q_3=9$ より

四分位範囲は　$9-5=\mathbf{4}$

箱ひげ図は次のようになる。

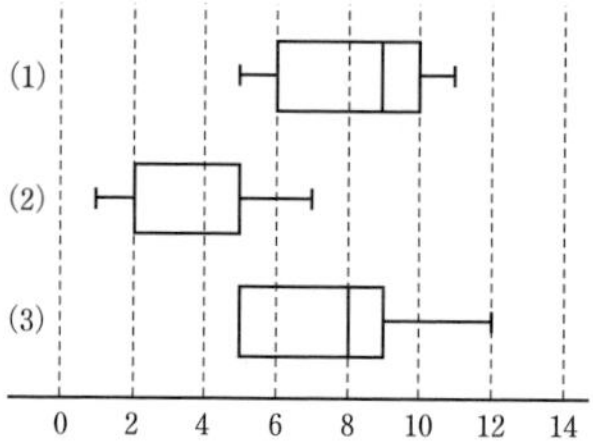

288 ① 那覇と東京の最大値と最小値の差はそれぞれ，およそ

$26-16=10,\quad 22-7=15$

であるから，正しい。

② 那覇と東京の四分位範囲はそれぞれ，およそ

$24-19=5,\quad 19-10=9$

であるから，正しくない。

③ 那覇の最高気温の最小値はおよそ 16°C であるから，正しい。

④ 31 個の値について，四分位数の位置は次のようになる。

①～⑦，⑧，⑨～⑮，⑯，⑰～㉓，㉔，㉕～㉛

⑧↑ Q_1　⑯↑ Q_2　㉔↑ Q_3

東京の Q_1 は 10°C であるが，たとえば次のようなデータの場合，最高気温が 10°C 未満の日数は 7 日ではない。

(単位 °C)

	①②③④⑤⑥⑦⑧⑨ ～ ⑯ ～ ㉔ ～ ㉛
東京	7 9 10101010101010 ～ 14 ～ 19 ～ 22

以上より，正しいと判断できるものは

①，③

289 ヒストグラムⓐ，ⓑの表す分布は左右対称であるから，対応する箱ひげ図は㋐か㋓。ⓐは中央付近にデータが集まっているから，㋓が対応する。

ヒストグラムⓒの表す分布は左寄りであるから，箱ひげ図㋑が対応し，ⓓの表す分布は右寄りの分布であるから㋒が対応する。

よって，対応する組は

ⓐと㋓，ⓑと㋐，ⓒと㋑，ⓓと㋒

290 (1) 国語，数学，英語の最小値，Q_1，Q_2，Q_3，最大値をまとめると

	最小値	Q_1	Q_2	Q_3	最大値
国語	31	47	64	78	91
数学	29	50	67	79	98
英語	34	47	65	85	90

(点)

であるから，箱ひげ図は次のようになる。

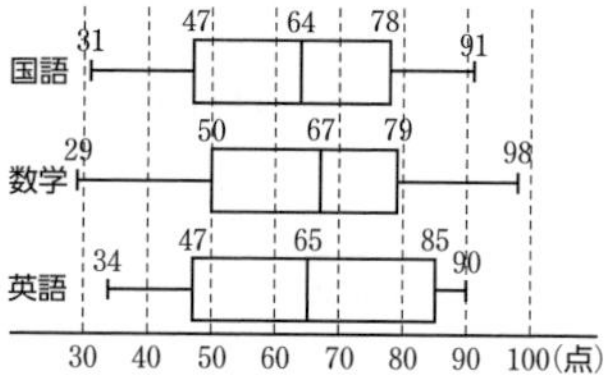

(2) 3 教科の四分位範囲は

国語 $78-47=31$

数学 $79-50=29$

英語 $85-47=38$

であるから，最も大きい教科は　**英語**

291 このデータについて

$$Q_2=\frac{61+63}{2}=62$$

$$Q_1=\frac{55+55}{2}=55$$

$$Q_3=\frac{65+67}{2}=66$$

よって　㋓

292 16 個の値について，四分位数の位置は次のようになる。

① ～ ④⑤ ～ ⑧⑨ ～ ⑫⑬ ～ ⑯

④⑤ Q_1　⑧⑨ Q_2　⑫⑬ Q_3

Q_1 は 4 番目と 5 番目の値の平均値であるから，0 点以上 20 点未満の階級に含まれる。ゆえに，㋒は矛盾する。

次に，Q_3 は 12 番目と 13 番目の値の平均値であるから，60 点以上 80 点未満の階級に含まれる。ゆえに，㋑は矛盾する。

Q_2 は 8 番目と 9 番目の値の平均値であるから，40 点以上 60 点未満の階級に含まれる。ゆえに，㋐は矛盾しない。

よって，ヒストグラムと矛盾しないものは　㋐

293 中央値が 77 であるから

$a=77$　……①

第 1 四分位数は　$\dfrac{72+74}{2}=73$

第 3 四分位数は　$\dfrac{b+88}{2}$

四分位範囲が 13 であるから　$\dfrac{b+88}{2}-73=13$

よって　　$b=84$　　……②

平均値が 79 であるから

$\dfrac{1}{9}(67+72+74+75+a+80+b+88+c)=79$

$456+a+b+c=711$

これに，①，②を代入すると

$456+77+84+c=711$ より　$c=94$

したがって　　$a=\mathbf{77}$，$b=\mathbf{84}$，$c=\mathbf{94}$

294　(1)　平均値 $\overline{x}$ は

$\overline{x}=\dfrac{1}{5}(3+5+7+4+6)=\dfrac{25}{5}=5$

ゆえに，分散 s^2 は

$s^2=\dfrac{1}{5}\{(3-5)^2+(5-5)^2+(7-5)^2+(4-5)^2+(6-5)^2\}$

$=\dfrac{10}{5}=\mathbf{2}$

よって，標準偏差 s は　　$s=\sqrt{\mathbf{2}}$

(2)　平均値 $\overline{x}$ は

$\overline{x}=\dfrac{1}{6}(1+2+5+5+7+10)=\dfrac{30}{6}=5$

ゆえに，分散 s^2 は

$s^2=\dfrac{1}{6}\{(1-5)^2+(2-5)^2+(5-5)^2+(5-5)^2+(7-5)^2+(10-5)^2\}$

$=\dfrac{54}{6}=\mathbf{9}$

よって，標準偏差 s は　　$s=\sqrt{9}=\mathbf{3}$

(3)　平均値 $\overline{x}$ は

$\overline{x}=\dfrac{1}{10}(44+45+46+49+51+52+54+56+61+62)$

$=\dfrac{520}{10}=52$

ゆえに，分散 s^2 は

$s^2=\dfrac{1}{10}\{(-8)^2+(-7)^2+(-6)^2+(-3)^2+(-1)^2$

$+0^2+2^2+4^2+9^2+10^2\}=\dfrac{360}{10}=\mathbf{36}$

よって，標準偏差 s は　　$s=\sqrt{36}=\mathbf{6}$

295　x の平均値 $\overline{x}$ は

$\overline{x}=\dfrac{1}{5}(4+6+7+8+10)=\dfrac{35}{5}=7$

であるから，x の標準偏差 s_x は

$s_x=\sqrt{\dfrac{1}{5}\{(4-7)^2+(6-7)^2+(7-7)^2+(8-7)^2+(10-7)^2\}}$

$=\sqrt{\dfrac{20}{5}}=\sqrt{4}=\mathbf{2}$

y の平均値 $\overline{y}$ は

$\overline{y}=\dfrac{1}{5}(4+5+7+9+10)=\dfrac{35}{5}=7$

であるから，y の標準偏差 s_y は

$s_y=\sqrt{\dfrac{1}{5}\{(4-7)^2+(5-7)^2+(7-7)^2+(9-7)^2+(10-7)^2\}}$

$=\sqrt{\dfrac{26}{5}}=\sqrt{\mathbf{5.2}}$

よって　　$s_x<s_y$

したがって，**y の方が散らばりの度合いが大きい。**

296　平均値 $\overline{x}$ は

$\overline{x}=\dfrac{1}{5}(8+2+4+6+5)=\dfrac{25}{5}=5$

ゆえに，分数 s^2 は

$s^2=\dfrac{1}{5}(8^2+2^2+4^2+6^2+5^2)-5^2$

$=\dfrac{145}{5}-25=\mathbf{4}$

よって，標準偏差 s は　　$s=\sqrt{4}=\mathbf{2}$

297

	身長 (cm)									計	平均値
x	169	170	175	177	177	178	180	183	184	1593	177
$x-\overline{x}$	−8	−7	−2	0	0	1	3	6	7	0	0
$(x-\overline{x})^2$	64	49	4	0	0	1	9	36	49	212	23.6

$(x-\overline{x})^2$ の平均値は

$\dfrac{1}{9}(64+49+4+0+0+1+9+36+49)$

$=\dfrac{1}{9}\times212=23.55\cdots\cdots\fallingdotseq23.6$

よって，分散 s^2 は　　$s^2=\mathbf{23.6}$

298

							計	平均値
x	2	4	4	5	7	8	30	5
x^2	4	16	16	25	49	64	174	29

x の平均値 $\overline{x}$ は

$\overline{x}=\dfrac{1}{6}(2+4+4+5+7+8)$

$=\dfrac{1}{6}\times30=5$

x^2 の平均値 $\overline{x^2}$ は

$\overline{x^2}=\dfrac{1}{6}(4+16+16+25+49+64)$

$=\dfrac{1}{6}\times174=29$

よって，分散 s^2 は

$s^2=\overline{x^2}-(\overline{x})^2$

$=29-5^2=29-25=\mathbf{4}$

299 表を完成させると，下のようになる。

変量 x	度数 f	xf	$x-\overline{x}$	$(x-\overline{x})^2f$
1	2	2	-2	8
2	2	4	-1	2
3	11	33	0	0
4	4	16	1	4
5	1	5	2	4
計	20	60		18

偏差の 2 乗の和は，$(x-\overline{x})^2f$ の和であるから

$s^2=\dfrac{18}{20}=\mathbf{0.9}$

300 分散 s^2 は

$$s^2=\frac{1}{20}(4^2\cdot2+8^2\cdot3+12^2\cdot9+16^2\cdot5+20^2\cdot1)$$
$$-\left\{\frac{1}{20}(4\cdot2+8\cdot3+12\cdot9+16\cdot5+20\cdot1)\right\}^2$$
$$=\frac{3200}{20}-\left(\frac{240}{20}\right)^2=160-144=\mathbf{16}$$

301 全体の平均値は

$$\frac{1}{20+12}(40\times20+56\times12)=\frac{1472}{32}=\mathbf{46}\text{ (点)}$$

A班の得点の 2 乗の平均値を a とすると，

$7^2=a-40^2$ より　$a=1649$

B班の得点の 2 乗の平均値を b とすると，

$9^2=b-56^2$ より　$b=3217$

よって，全体の分散は

$$\frac{1}{20+12}(1649\times20+3217\times12)-46^2$$
$$=\frac{71584}{32}-2116=121$$

したがって，全体の標準偏差は　$\sqrt{121}=\mathbf{11}$ **(点)**

302 (1) 全体の平均値は

$$\frac{1}{16+24}(65\times16+70\times24)=\frac{2720}{40}=\mathbf{68}\text{ (点)}$$

A班の得点の 2 乗の平均値を a とすると，

$175=a-65^2$ より　$a=4400$

B班の得点の 2 乗の平均値を b とすると

$100=b-70^2$ より　$b=5000$

よって，全体の分散は

$$\frac{1}{16+24}(4400\times16+5000\times24)-68^2$$
$$=\frac{190400}{40}-4624=\mathbf{136}$$

(2) B班の平均値が 75 点になるから，全体の平均値は

$$\frac{1}{16+24}(65\times16+75\times24)=\frac{2840}{40}=\mathbf{71}\text{ (点)}$$

A班の得点の 2 乗の平均値は変化しないから，4400。

B班の得点の 2 乗の平均値を b' とすると，B班だけの分散は変化しないから，

$100=b'-75^2$ より　$b'=5725$

よって，全体の分散は

$$\frac{1}{16+24}(4400\times16+5725\times24)-71^2$$
$$=\frac{207800}{40}-5041=\mathbf{154}$$

303 平均値が 4 であるから

$\dfrac{1}{5}(3+3+x+y+5)=4$ より

$x+y=9$　……①

分散が 3.2 であるから

$\dfrac{1}{5}(3^2+3^2+x^2+y^2+5^2)-4^2=3.2$ より

$x^2+y^2=53$　……②

①，②より　$x^2+(9-x)^2=53$

$2x^2-18x+28=0$

$x^2-9x+14=0$

$(x-2)(x-7)=0$

よって　$x=2,\ 7$

$x=2$ のとき　$y=7$

$x=7$ のとき　$y=2$

$x\leqq y$ であるから　$x=\mathbf{2},\ y=\mathbf{7}$

304 $\overline{u}=4\overline{x}+1$

$=4\times8+1=\mathbf{33}$

${s_u}^2=4^2{s_x}^2$

$=16\times7=\mathbf{112}$

305 $u=\dfrac{3x-10}{5}=\dfrac{3}{5}x-2$ より

$\overline{u}=\dfrac{3}{5}\overline{x}-2$

$=\dfrac{3}{5}\times5-2=\mathbf{1}$

${s_u}^2=\left(\dfrac{3}{5}\right)^2{s_x}^2$

$=\dfrac{9}{25}\times10=\mathbf{\dfrac{18}{5}}$

306 (1) $x=97$ であるから

$$u=10\times\left(\frac{97-67}{20}\right)+50$$
$$=15+50=\mathbf{65}$$

(2) $u=10\left(\frac{x-\overline{x}}{s_x}\right)+50$

$$=\frac{10}{s_x}x-\frac{10}{s_x}\overline{x}+50$$

よって

$$\overline{u}=\frac{10}{s_x}\overline{x}-\frac{10}{s_x}\overline{x}+50=\mathbf{50}$$

$$s_u{}^2=\left(\frac{10}{s_x}\right)^2 s_x{}^2=100$$

よって　$s_u=\sqrt{100}=\mathbf{10}$

(3) ①

(4) もとの得点を x' とすると，あらたな得点 x は

$$x=x'+3$$

ゆえに

$$\overline{x}=\overline{x'}+3=67+3=\mathbf{70}$$

$s_x{}^2=1^2\times s_{x'}{}^2$ より　$s_x=s_{x'}=\mathbf{20}$

このとき

$$x-\overline{x}=x'+3-70$$
$$=x'-67$$
$$=x'-\overline{x'}$$

であるから

$$u=10\left(\frac{x-\overline{x}}{s_x}\right)+50$$
$$=10\left(\frac{x'-\overline{x'}}{s_{x'}}\right)+50$$

すなわち，u の値は変わらない。

よって　$\overline{u}=\mathbf{50}$，$s_u=\mathbf{10}$

307 ㋑にはすべての生徒が表されている。

よって　㋑

308

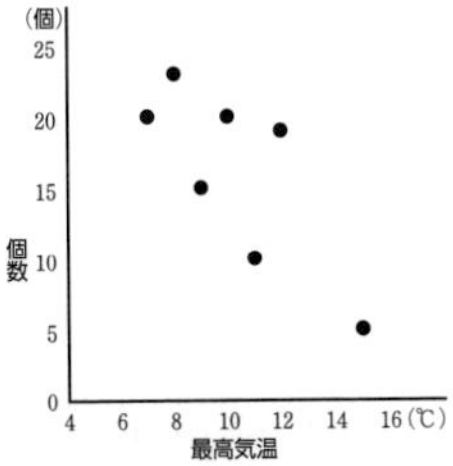

負の相関がある。

309 x の平均値 $\overline{x}$ は

$$\overline{x}=\frac{1}{4}(4+7+3+6)=5$$

y の平均値 $\overline{y}$ は

$$\overline{y}=\frac{1}{4}(4+8+6+10)=7$$

したがって，共分散 s_{xy} は

$$s_{xy}=\frac{1}{4}\{(4-5)(4-7)+(7-5)(8-7)+(3-5)(6-7)$$
$$+(6-5)(10-7)\}=\frac{10}{4}=\mathbf{2.5}$$

310

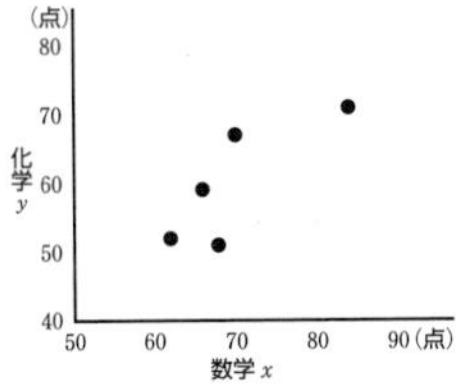

x の平均値 $\overline{x}$ は　$\overline{x}=\frac{1}{5}(68+62+84+70+66)$

$$=\frac{350}{5}=70$$

y の平均値 $\overline{y}$ は　$\overline{y}=\frac{1}{5}(51+52+71+67+59)$

$$=\frac{300}{5}=60$$

したがって，共分散 s_{xy} は

$$s_{xy}=\frac{1}{5}\{(68-70)(51-60)+(62-70)(52-60)$$
$$+(84-70)(71-60)+(70-70)(67-60)$$
$$+(66-70)(59-60)\}$$
$$=\frac{240}{5}=\mathbf{48}$$

311

生徒	x	y	$x-\overline{x}$	$y-\overline{y}$	$(x-\overline{x})^2$	$(y-\overline{y})^2$	$(x-\overline{x})(y-\overline{y})$
①	4	7	−2	−1	4	1	2
②	7	9	1	1	1	1	1
③	5	8	−1	0	1	0	0
④	8	10	2	2	4	4	4
⑤	6	6	0	−2	0	4	0
計	30	40			10	10	7
平均値	6	8			2	2	1.4

上の表より，x，y の分散 $s_x{}^2$，$s_y{}^2$ は

$$s_x{}^2=2,\quad s_y{}^2=2$$

よって，標準偏差 s_x，s_y は

$$s_x=\sqrt{2},\ s_y=\sqrt{2}$$

また，x と y の共分散 s_{xy} は

$s_{xy}=1.4$

したがって，x と y の相関係数 r は

$$r=\frac{s_{xy}}{s_x s_y}=\frac{1.4}{\sqrt{2}\times\sqrt{2}}=\mathbf{0.7}$$

312 (1) $(x,\ y)=(2,\ 5)$ に対応する点がある散布図は㋐のみ。強い正の相関が見られるので，相関係数は 0.9 が最も近い。

よって，散布図は　㋐

相関係数は　(e)

(2) $(x,\ y)=(6,\ 3)$ に対応する点がある散布図は㋒のみ。弱い正の相関が見られるので，相関係数は 0.3 が最も近い。

よって，散布図は　㋒

相関係数は　(c)

(3) $(x,\ y)=(4,\ 10)$ に対応する点がある散布図は㋑のみ。強い負の相関が見られるので，相関係数は -0.8 が最も近い。

よって，散布図は　㋑

相関係数は　(a)

313 （ボール投げ）

㋐と㋑の箱ひげ図において，第 3 四分位数のみが異なる階級に属している。それらの階級は

㋐ 30～35，　㋑ 25～30

データの大きさが 20 であるから，Q_3 は 15 番目と 16 番目の値の平均値である。

15 番目の値は　約 28，　16 番目の値は　約 28

であるから　$Q_3<30$

よって，ボール投げの箱ひげ図は　㋑

（握力）

㋒と㋓の箱ひげ図において，第 2 四分位数のみが異なる階級に属している。それらの階級は

㋒ 40～50，　㋓ 30～40

Q_2 は 10 番目と 11 番目の値の平均値である。

10 番目の値は　約 38，　11 番目の値は　約 39

であるから　$Q_2<40$

よって，握力の箱ひげ図は　㋓

314 y のすべての値に 10 が加えられるから，$y-\overline{y}$ の値は変化しない。よって，$(x-\overline{x})^2$，$(y-\overline{y})^2$，$(x-\overline{x})(y-\overline{y})$ のいずれの値も変化しないから，相関係数は　**0.76**

315 (1)

生徒	1回目 x	2回目 y	$x-\overline{x}$	$y-\overline{y}$	$(x-\overline{x})^2$	$(y-\overline{y})^2$	$(x-\overline{x})(y-\overline{y})$
①	56	85	-4	5	16	25	-20
②	64	80	4	0	16	0	0
③	53	75	-7	-5	49	25	35
④	72	90	12	10	144	100	120
⑤	55	70	-5	-10	25	100	50
計	300	400			250	250	185
平均値	60	80			50	50	37

上の表より，x，y の標準偏差 s_x，s_y は

$s_x=\sqrt{50}$，$s_y=\sqrt{50}$

また，x と y の共分散 s_{xy} は

$s_{xy}=37$

よって，x と y の相関係数 r は

$$r=\frac{s_{xy}}{s_x s_y}=\frac{37}{\sqrt{50}\sqrt{50}}=\mathbf{0.74}$$

(2) y のすべての値に 5 が加えられるから，$y-\overline{y}$ の値は変化しない。よって，$(x-\overline{x})^2$，$(y-\overline{y})^2$，$(x-\overline{x})(y-\overline{y})$ のいずれの値も変化しないから，相関係数は　**0.74**

316 $Q_1=22$，$Q_3=30$ であるから

$Q_1-1.5(Q_3-Q_1)=22-1.5\times(30-22)=10$

$Q_3+1.5(Q_3-Q_1)=30+1.5\times(30-22)=42$

よって，外れ値は 10 以下または 42 以上の値である。

したがって　①，④

317 (1) 回数のデータを小さい順に並べると

0，3，6，6，6，7，8，8，9，12

よって　$\mathbf{Q_1=6}$，$\mathbf{Q_3=8}$

(2) $Q_1-1.5(Q_3-Q_1)=6-1.5\times(8-6)=3$

$Q_3+1.5(Q_3-Q_1)=8+1.5\times(8-6)=11$

よって，外れ値は　3 以下　または　11 以上の値である。

したがって，外れ値の生徒は

①，③，⑤

318 度数分布表より，コインを 6 回投げたとき，表が 6 回出る相対度数は

$$\frac{13}{1000}=0.013$$

よって，A が 6 勝する確率は 1.3％ と考えられ，基準となる確率の 5％ より小さい。

したがって，**「A，B の実力が同じ」という仮説が誤り**と判断する。すなわち，A が 6 勝したときは，A の方が強いといえる。

319 $Q_1=10$，$Q_3=k$ であるから

$k \geqq 10$ ……①

また $Q_3+1.5(Q_3-Q_1)=k+1.5(k-10)$

$=2.5k-15$

25 が外れ値であるならば

$2.5k-15 \leqq 25$

よって $k \leqq 16$ ……②

①，②の共通範囲を求めて

$\boldsymbol{10 \leqq k \leqq 16}$

スパイラル　数学A

解答編

1 (1) $\mathbf{3 \in A}$　(2) $\mathbf{6 \notin A}$　(3) $\mathbf{11 \notin A}$

2 (1) $A=\{\mathbf{1,\ 2,\ 3,\ 4,\ 6,\ 12}\}$
(2) $B=\{\mathbf{-2,\ -1,\ 0,\ 1,\ \cdots\cdots}\}$

3 (1) $\mathbf{A \subset B}$
(2) $A=\{2,\ 3,\ 5,\ 7\}$ より　$\mathbf{A=B}$
(3) $A=\{3,\ 6,\ 9,\ 12,\ 15,\ 18\}$
$B=\{6,\ 12,\ 18\}$ より　$\mathbf{A \supset B}$

4 (1) $\varnothing$, $\{\mathbf{3}\}$, $\{\mathbf{5}\}$, $\{\mathbf{3,\ 5}\}$
(2) $\varnothing$, $\{\mathbf{2}\}$, $\{\mathbf{4}\}$, $\{\mathbf{6}\}$, $\{\mathbf{2,\ 4}\}$, $\{\mathbf{2,\ 6}\}$, $\{\mathbf{4,\ 6}\}$, $\{\mathbf{2,\ 4,\ 6}\}$
(3) $\varnothing$, $\{\boldsymbol{a}\}$, $\{\boldsymbol{b}\}$, $\{\boldsymbol{c}\}$, $\{\boldsymbol{d}\}$, $\{\boldsymbol{a,\ b}\}$, $\{\boldsymbol{a,\ c}\}$, $\{\boldsymbol{a,\ d}\}$, $\{\boldsymbol{b,\ c}\}$, $\{\boldsymbol{b,\ d}\}$, $\{\boldsymbol{c,\ d}\}$, $\{\boldsymbol{a,\ b,\ c}\}$, $\{\boldsymbol{a,\ b,\ d}\}$, $\{\boldsymbol{a,\ c,\ d}\}$, $\{\boldsymbol{b,\ c,\ d}\}$, $\{\boldsymbol{a,\ b,\ c,\ d}\}$

5 (1) $A\cap B=\{\mathbf{3,\ 5,\ 7}\}$
(2) $A\cup B=\{\mathbf{1,\ 2,\ 3,\ 5,\ 7}\}$
(3) $B\cup C=\{\mathbf{2,\ 3,\ 4,\ 5,\ 7}\}$
(4) $A\cap C=\varnothing$

6 下の図から
(1) $A\cap B=\{\boldsymbol{x}\,|\,\mathbf{-1<\boldsymbol{x}<4}$, $\boldsymbol{x}$ **は実数**$\}$
(2) $A\cup B=\{\boldsymbol{x}\,|\,\mathbf{-3<\boldsymbol{x}<6}$, $\boldsymbol{x}$ **は実数**$\}$

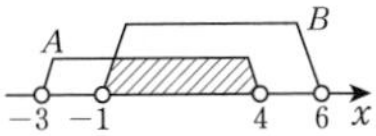

7 (1) $\overline{A}=\{\mathbf{7,\ 8,\ 9,\ 10}\}$
(2) $\overline{B}=\{\mathbf{1,\ 2,\ 3,\ 4,\ 9,\ 10}\}$

(1)
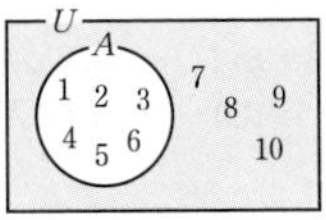

(2)
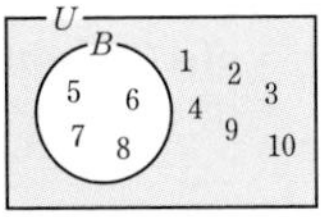

8 (1) $A\cap B=\{1,\ 3\}$ より
$\overline{A\cap B}=\{\mathbf{2,\ 4,\ 5,\ 6,\ 7,\ 8,\ 9,\ 10}\}$
(2) $A\cup B=\{1,\ 2,\ 3,\ 5,\ 6,\ 7,\ 9\}$ より
$\overline{A\cup B}=\{\mathbf{4,\ 8,\ 10}\}$
(3) $\overline{A}=\{2,\ 4,\ 6,\ 8,\ 10\}$ より
$\overline{A}\cup B=\{\mathbf{1,\ 2,\ 3,\ 4,\ 6,\ 8,\ 10}\}$
(4) $\overline{B}=\{4,\ 5,\ 7,\ 8,\ 9,\ 10\}$ より
$A\cap\overline{B}=\{\mathbf{5,\ 7,\ 9}\}$

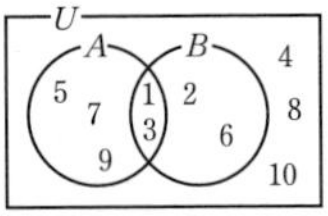

9 (1) $\boldsymbol{A}=\{\mathbf{2,\ 4,\ 6,\ 8,\ 10,\ 12,\ 14,\ 16,\ 18}\}$
(2) $\boldsymbol{A}=\{\mathbf{0,\ 1,\ 4}\}$

10 (1) $A=\{4,\ 8\}$, $B=\{2,\ 4,\ 6,\ 8\}$ より
$A\cap B=\{\mathbf{4,\ 8}\}$
$A\cup B=\{\mathbf{2,\ 4,\ 6,\ 8}\}$
(2) $A=\{3,\ 6,\ 9,\ 12,\ 15,\ 18\}$
$B=\{2,\ 5,\ 8,\ 11,\ 14,\ 17\}$ より
$A\cap B=\varnothing$
$A\cup B=\{\mathbf{2,\ 3,\ 5,\ 6,\ 8,\ 9,\ 11,\ 12,\ 14,\ 15,\ 17,\ 18}\}$

11 $U=\{10,\ 11,\ 12,\ 13,\ 14,\ 15,\ 16,\ 17,\ 18,\ 19,\ 20\}$
$A=\{12,\ 15,\ 18\}$
$B=\{10,\ 15,\ 20\}$　であるから
(1) $\overline{A}=\{\mathbf{10,\ 11,\ 13,\ 14,\ 16,\ 17,\ 19,\ 20}\}$
(2) $A\cap B=\{\mathbf{15}\}$
(3) $\overline{A}\cap B=\{\mathbf{10,\ 20}\}$
(4) $\overline{A}\cup\overline{B}=\overline{A\cap B}$
$=\{\mathbf{10,\ 11,\ 12,\ 13,\ 14,\ 16,\ 17,\ 18,\ 19,\ 20}\}$

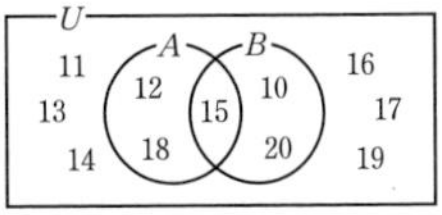

12 (1) 70 以下の自然数のうち，7 の倍数の集合をAとすると
$A=\{7\times1,\ 7\times2,\ 7\times3,\ \cdots\cdots,\ 7\times10\}$
であるから
$n(A)=\mathbf{10}$
(2) 70 以下の自然数のうち，6 の倍数の集合をB

とすると

$B=\{6\times1,\ 6\times2,\ 6\times3,\ \cdots\cdots,\ 6\times11\}$

であるから

$n(B)=\mathbf{11}$

13 $n(A)=5,\ n(B)=5$

また，

$A\cap B=\{1,\ 3,\ 5\}$ より

$n(A\cap B)=3$

よって

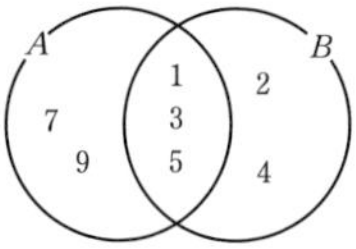

$n(A\cup B)=n(A)+n(B)-n(A\cap B)$

$=5+5-3=\mathbf{7}$

14 (1) 80 以下の自然数のうち 3 の倍数の集合を A，5 の倍数の集合を B とすると 3 の倍数かつ 5 の倍数の集合は $A\cap B$ であり，3 と 5 の最小公倍数 15 の倍数の集合である。

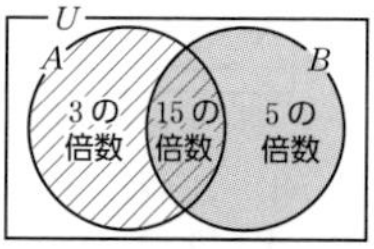

$A\cap B=\{15\times1,\ 15\times2,\ 15\times3,\ 15\times4,\ 15\times5\}$

であるから，求める個数は

$n(A\cap B)=\mathbf{5}$ **(個)**

(2) 80 以下の自然数のうち 6 の倍数の集合を A，8 の倍数の集合を B とすると

6 の倍数または 8 の倍数の集合は $A\cup B$ であり，6 と 8 の最小公倍数は 24 であるから，$A\cap B$ は 24 の倍数の集合である。

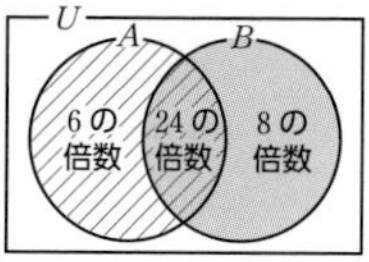

$A=\{6\times1,\ 6\times2,\ 6\times3,\ \cdots\cdots,\ 6\times13\}$

$B=\{8\times1,\ 8\times2,\ 8\times3,\ \cdots\cdots,\ 8\times10\}$

$A\cap B=\{24\times1,\ 24\times2,\ 24\times3\}$

より $n(A)=13,\ n(B)=10,\ n(A\cap B)=3$

であるから，求める個数は

$n(A\cup B)=n(A)+n(B)-n(A\cap B)$

$=13+10-3=\mathbf{20}$ **(個)**

15 80 以下の自然数を全体集合 U とすると

$n(U)=80$

(1) U の部分集合で，8 で割り切れる数の集合を A とすると

$A=\{8\times1,\ 8\times2,\ 8\times3,\ \cdots\cdots,\ 8\times10\}$

より $n(A)=10$

8 で割り切れない数の集合は $\overline{A}$ であるから，求める個数は

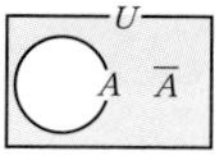

$n(\overline{A})=n(U)-n(A)$

$=80-10=\mathbf{70}$ **(個)**

(2) U の部分集合で，13 で割り切れる数の集合を B とすると

$B=\{13\times1,\ 13\times2,\ 13\times3,\ \cdots\cdots,\ 13\times6\}$

より $n(B)=6$

13 で割り切れない数の集合は $\overline{B}$ であるから，求める個数は

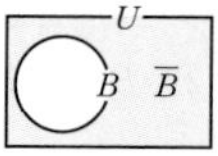

$n(\overline{B})=n(U)-n(B)$

$=80-6=\mathbf{74}$ **(個)**

16 (1) $A=\{3\times1,\ 3\times2,\ 3\times3,\ \cdots\cdots,\ 3\times33\}$

であるから $n(A)=\mathbf{33}$

(2) $B=\{4\times1,\ 4\times2,\ 4\times3,\ \cdots\cdots,\ 4\times25\}$

であるから $n(B)=\mathbf{25}$

(3) $A\cap B$ は 3 の倍数かつ 4 の倍数，すなわち 12 の倍数の集合である。

$A\cap B=\{12\times1,\ 12\times2,\ 12\times3,\ \cdots\cdots,\ 12\times8\}$

であるから

$n(A\cap B)=\mathbf{8}$

(4) $n(A\cup B)=n(A)+n(B)-n(A\cap B)$

$=33+25-8=\mathbf{50}$

17 100 人の生徒全体の集合を U とし，その部分集合で，本 a を読んだ生徒の集合を A，本 b を読んだ生徒の集合を B とすると

$n(U)=100,\ n(A)=72,\ n(B)=60$

$n(A\cap B)=45$

(1) a または b を読んだ生徒の集合は $A\cup B$ と表されるから，求める生徒の人数は

$n(A\cup B)=n(A)+n(B)-n(A\cap B)$

$=72+60-45=\mathbf{87}$ **(人)**

(2) a も b も読まなかった生徒の集合は $\overline{A}\cap\overline{B}$ で表される。ド・モルガンの法則より

$\overline{A}\cap\overline{B}=\overline{A\cup B}$

であるから，求める生徒の人数は

$n(\overline{A}\cap\overline{B})=n(\overline{A\cup B})=n(U)-n(A\cup B)$

$=100-87=\mathbf{13}$ **(人)**

18 ド・モルガンの法則より $\overline{A}\cup\overline{B}=\overline{A\cap B}$

よって

$n(\overline{A}\cup\overline{B})=n(\overline{A\cap B})=n(U)-n(A\cap B)$

$=50-19=\mathbf{31}$

19 $n(A\cup B)=n(U)-n(\overline{A\cup B})$
$=70-10=60$
ここで，$n(A\cup B)=n(A)+n(B)-n(A\cap B)$
が成り立つから
$60=30+35-n(A\cap B)$
より　$n(A\cap B)=30+35-60=\mathbf{5}$

20 100 以下の自然数の集合を U とする。
$A=\{6\times1,\ 6\times2,\ 6\times3,\ \cdots\cdots,\ 6\times16\}$
$B=\{7\times1,\ 7\times2,\ 7\times3,\ \cdots\cdots,\ 7\times14\}$
$A\cap B$ は 6 の倍数かつ 7 の倍数，すなわち 42 の倍数の集合であり
$A\cap B=\{42\times1,\ 42\times2\}$
よって　$n(U)=100$，$n(A)=16$，$n(B)=14$，
$n(A\cap B)=2$
(1) $n(A\cup B)=n(A)+n(B)-n(A\cap B)$
$=16+14-2=28$
より　$n(\overline{A\cup B})=n(U)-n(A\cup B)$
$=100-28=\mathbf{72}$
(2) $A\cap\overline{B}$ は右の図の斜線部分であるから
$n(A\cap\overline{B})$
$=n(A)-n(A\cap B)$
$=16-2=\mathbf{14}$

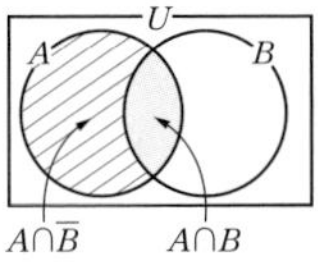

(3) ド・モルガンの法則より　$\overline{A}\cap\overline{B}=\overline{A\cup B}$
よって，(1)より
$n(\overline{A}\cap\overline{B})=n(\overline{A\cup B})=\mathbf{72}$

21 60 以上 200 以下の自然数の集合を全体集合 U とし，U の部分集合で，3 の倍数の集合を A，4 の倍数の集合を B とすると
$A=\{3\times20,\ 3\times21,\ 3\times22,\ \cdots\cdots,\ 3\times66\}$
$B=\{4\times15,\ 4\times16,\ 4\times17,\ \cdots\cdots,\ 4\times50\}$
(1) 3 でも 4 でも割り切れる数の集合は $A\cap B$ であり，12 の倍数の集合である。
$A\cap B=\{12\times5,\ 12\times6,\ 12\times7,\ \cdots\cdots,\ 12\times16\}$
であるから，求める個数は
$n(A\cap B)=16-5+1=\mathbf{12}$ **(個)**
(2) 3 と 4 の少なくとも一方で割り切れる数の集合は，3 の倍数または 4 の倍数の集合であり，$A\cup B$ である。
$n(A)=66-20+1=47$
$n(B)=50-15+1=36$
$n(A\cap B)=12$
であるから，求める個数は
$n(A\cup B)=n(A)+n(B)-n(A\cap B)$
$=47+36-12=\mathbf{71}$ **(個)**

22 320 人の生徒全体の集合を U とし，その部分集合で，本 a を読んだ生徒の集合を A，本 b を読んだ生徒の集合を B とすると
$n(U)=320$，$n(A)=115$，$n(B)=80$
a だけを読んだ生徒の集合は $A\cap\overline{B}$ であり，
$n(A\cap\overline{B})=92$ より
$n(A\cap B)=n(A)-n(A\cap\overline{B})=115-92=23$
また　$n(A\cup B)=n(A)+n(B)-n(A\cap B)$
$=115+80-23=172$
a も b も読まなかった生徒の集合は $\overline{A}\cap\overline{B}$ で表され，ド・モルガンの法則より
$\overline{A}\cap\overline{B}=\overline{A\cup B}$
よって，求める生徒の人数は
$n(\overline{A\cup B})=n(U)-n(A\cup B)$
$=320-172=\mathbf{148}$ **(人)**

23 500 以下の自然数のうち，4 の倍数の集合を A，6 の倍数の集合を B，7 の倍数の集合を C とすると
$A=\{4\times1,\ 4\times2,\ 4\times3,\ \cdots\cdots,\ 4\times125\}$
$B=\{6\times1,\ 6\times2,\ 6\times3,\ \cdots\cdots,\ 6\times83\}$
$C=\{7\times1,\ 7\times2,\ 7\times3,\ \cdots\cdots,\ 7\times71\}$
より　$n(A)=125$，$n(B)=83$，$n(C)=71$
また，4 の倍数かつ 6 の倍数，すなわち 4 と 6 の最小公倍数 12 の倍数の集合は
$A\cap B=\{12\times1,\ 12\times2,\ 12\times3,\ \cdots\cdots,\ 12\times41\}$
6 の倍数かつ 7 の倍数，すなわち 6 と 7 の最小公倍数 42 の倍数の集合は
$B\cap C=\{42\times1,\ 42\times2,\ 42\times3,\ \cdots\cdots,\ 42\times11\}$
7 の倍数かつ 4 の倍数，すなわち 7 と 4 の最小公倍数 28 の倍数の集合は
$C\cap A=\{28\times1,\ 28\times2,\ 28\times3,\ \cdots\cdots,\ 28\times17\}$
よって
$n(A\cap B)=41$，$n(B\cap C)=11$，$n(C\cap A)=17$
さらに，4 の倍数かつ 6 の倍数かつ 7 の倍数，すなわち 4, 6, 7 の最小公倍数 84 の倍数の集合は
$A\cap B\cap C=\{84\times1,\ 84\times2,\ 84\times3,\ 84\times4,\ 84\times5\}$
より　$n(A\cap B\cap C)=5$
したがって
$n(A\cup B\cup C)=n(A)+n(B)+n(C)$
$-n(A\cap B)-n(B\cap C)$
$-n(C\cap A)+n(A\cap B\cap C)$
$=125+83+71-41-11-17+5$
$=215$

よって，求める自然数の個数は **215 個**

24

考え方 $n(A) \leqq n(A \cup B) \leqq n(U)$ が成り立つことを用いる。

40 人の生徒全体の集合を U，通学に電車を使う生徒の集合を A，通学にバスを使う生徒の集合を B とすると

$n(U)=40$，$n(A)=25$，$n(B)=23$

電車とバスの両方を使う生徒の集合は $A \cap B$ であり，$n(A \cap B)=x$ である。

$n(A)>n(B)$ であるから

x の値の範囲を求めるには，

$n(A) \leqq n(A \cup B) \leqq n(U)$

の関係を用いればよい。

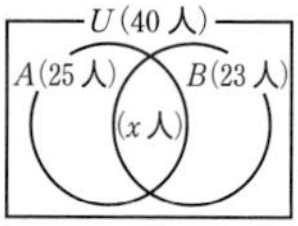

$n(A \cup B)$

$=n(A)+n(B)-n(A \cap B)$

$=25+23-x=48-x$

よって　$25 \leqq 48-x \leqq 40$

$25 \leqq 48-x$ より　$x \leqq 23$

$48-x \leqq 40$ より　$8 \leqq x$

したがって，x の値のとり得る範囲は

$\boldsymbol{8 \leqq x \leqq 23}$

25

樹形図をかくと，次のようになる。

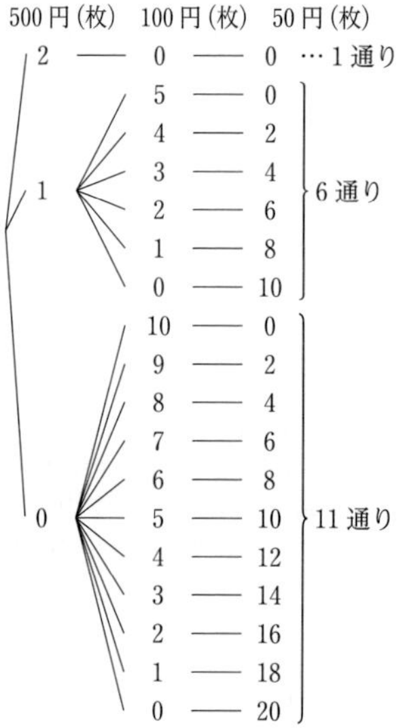

よって　$1+6+11=$**18 (通り)**

26

樹形図をかくと，次のようになる。

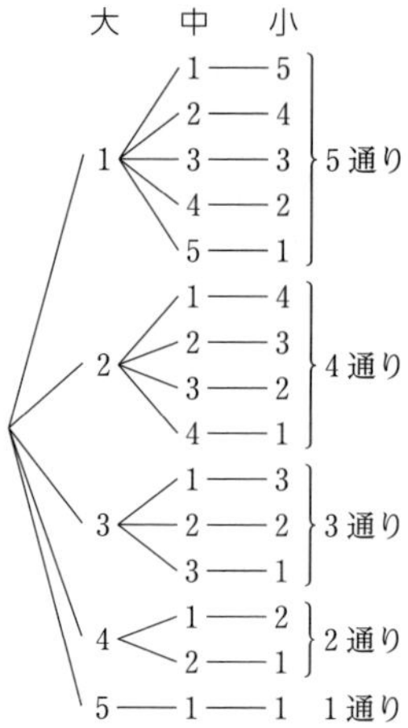

よって　$5+4+3+2+1=$**15 (通り)**

27

A が勝つことを A，B が勝つことを B，A の優勝をⒶ，B の優勝をⒷと表すことにして樹形図をかくと，次のようになる。

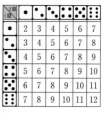

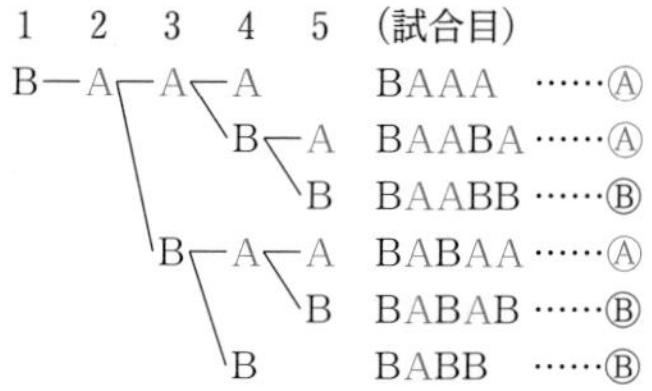

よって，勝敗のつき方は **6 通り**

28

1 回目，2 回目のさいころの目の和の表をつくると，右のようになる。

1回＼2回	⚀	⚁	⚂	⚃	⚄	⚅
⚀	2	3	4	5	6	7
⚁	3	4	5	6	7	8
⚂	4	5	6	7	8	9
⚃	5	6	7	8	9	10
⚄	6	7	8	9	10	11
⚅	7	8	9	10	11	12

(1)　3 の倍数となる目の和は 3，6，9，12 であり，3 となるのは 2 通り，6 となるのは 5 通り，9 となるのは 4 通り，12 となるのは 1 通り。これらは同時には起こらないから

$2+5+4+1=$**12 (通り)**

(2)　7 以下となる目の和は 2，3，4，5，6，7 であり，それぞれ 1，2，3，4，5，6 通りある。これらは同時には起こらないから

$1+2+3+4+5+6=21$（**通り**）

29　パンの選び方が3通りあり，そのそれぞれについて飲み物の選び方が4通りずつある。よって，選び方の総数は，積の法則より
$3×4=12$（**通り**）

30　色の選び方が5通りあり，そのそれぞれについてインテリアの選び方が3通りずつある。よって，選び方の総数は，積の法則より
$5×3=15$（**通り**）

31　A高校からB高校への行き方が5通りあり，そのそれぞれについて，B高校からC高校への行き方が4通りずつある。よって，行き方の総数は，積の法則より
$5×4=20$（**通り**）

32　(1) 大，中のさいころの目の出方が2, 4, 6の3通りずつあり，小のさいころの目の出方が2, 3, 4, 5, 6の5通りあるから，積の法則より
$3×3×5=45$（**通り**）
(2) 素数は2, 3, 5の3通り。大中小どのさいころも目の出方が3通りずつあるから，積の法則より
$3×3×3=27$（**通り**）

33　まず，0円の場合も含めて考える。
(i) 500円硬貨を使うとき
100円硬貨の使い方が0円, 100円, 200円, 300円, 400円, 500円の6通り。
10円硬貨の使い方が0円, 10円, 20円, 30円, 40円の5通り。
よって，積の法則より　$6×5=30$（通り）
(ii) 500円硬貨を使わないとき
(i)と同じく30通りあるが，100円硬貨を5枚使う5通りは，(i)の場合に含まれる。
(i), (ii)をあわせた55通りの中には，0円の場合も含まれているから，求める場合の数は
$55-1=54$（**通り**）

別解　まず，0円の場合も含めて考える。
500円硬貨1枚と100円硬貨5枚で支払える金額は，0円から1000円まで100円きざみの11通り。
そのそれぞれについて，10円硬貨の使い方が5通りずつあるから　$11×5=55$（通り）

この中には，0円の場合も含まれているから，求める場合の数は
$55-1=54$（**通り**）

34　それぞれのかっこの中から1つの項を選んで積をつくればよい。
(1) 項の選び方は，それぞれ3通り，4通りであるから　$3×4=12$（**項**）
(2) 項の選び方は，それぞれ2通り，3通り，4通りであるから　$2×3×4=24$（**項**）

35　(1) 奇数は1, 3, 5, 7, 9の5通りあるから

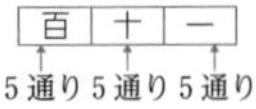

百	十	一
5通り	5通り	5通り

$5×5×5=125$（**個**）
(2) 偶数は0, 2, 4, 6, 8の5通りあるが，百の位に0は入らないから

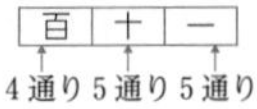

百	十	一
4通り	5通り	5通り

$4×5×5=100$（**個**）

36　(1) 目の積が奇数となるのは（奇数，奇数，奇数）のときであり，奇数の目は1, 3, 5の3通りであるから
$3×3×3=27$（**通り**）
(2) 目の和が偶数となるのは（偶，偶，偶），（奇，奇，偶），（奇，偶，奇），（偶，奇，奇）のときであり，偶数の目は2, 4, 6の3通り，奇数の目も1, 3, 5の3通りである。
（偶，偶，偶）の場合は　$3×3×3=27$（通り）
（奇，奇，偶），（奇，偶，奇），（偶，奇，奇）の場合もそれぞれ　$3×3×3=27$（通り）
よって　$27+27×3=108$（**通り**）
(3) 積が100を超えるのは
$6×6×6=216$, $6×6×5=180$
$6×6×4=144$, $6×6×3=108$
$6×5×5=150$, $6×5×4=120$
$5×5×5=125$
の場合である。
(i) $6×6×6$ の場合
（大，中，小）$=(6, 6, 6)$ の1通り
(ii) $6×6×5$ の場合
$(6, 6, 5)$, $(6, 5, 6)$, $(5, 6, 6)$ の3通り
(iii) $6×6×4$, $6×6×3$, $6×5×5$ の場合
$6×6×5$ の場合と同様に，それぞれ3通り
(iv) $6×5×4$ の場合
$(6, 5, 4)$, $(6, 4, 5)$, $(5, 6, 4)$,
$(5, 4, 6)$, $(4, 5, 6)$, $(4, 6, 5)$ の6通り
(v) $5×5×5$ の場合

(5, 5, 5) の1通り
よって，和の法則より
$1+3\times4+6+1=$**20（通り）**

37

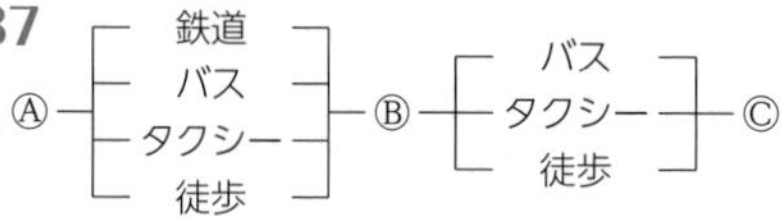

(1) A市からB市へ行くのに4通り，帰りは行きの手段は使わないから3通り
よって　$4\times3=$**12（通り）**

(2) (i) A市からB市へ鉄道を使う場合
B市からC市へは3通り
C市からB市へもどるのに2通り
よって　$3\times2=6$（通り）

(ii) A市からB市へ鉄道を使わない場合
A市からB市へは3通り
B市からC市へは2通り
C市からB市へもどるのに1通り
よって　$3\times2\times1=6$（通り）

(i), (ii)より，求める行き方は
$6+6=$**12（通り）**

38 たとえば，出席番号5の人が5の数字が書かれたカードを選んだとする。このとき，出席番号1, 2, 3, 4の人が，1, 2, 3, 4のカードから自分の番号と異なる数字のカードを選ぶ選び方は
（1番の人）（2番の人）（3番の人）（4番の人）

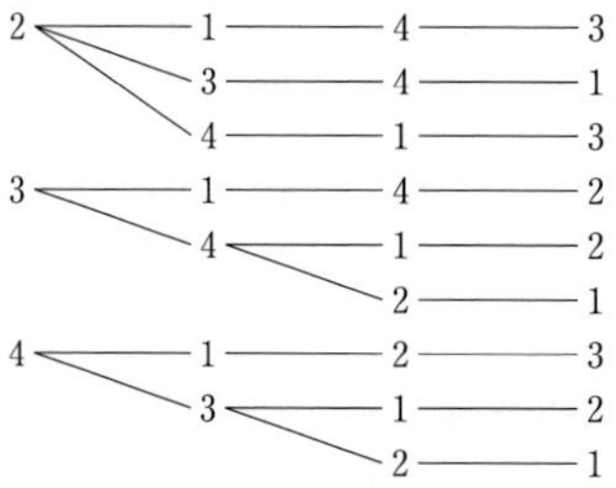

の9通りである。
同じ数字のカードを選ぶ人の番号が1, 2, 3, 4の場合も，それぞれ9通りずつあるから
$9\times5=$**45（通り）**

39 (1) $27=3^3$ より，正の約数は
$1,\ 3,\ 3^2,\ 3^3$ の**4個**

(2) $96=2^5\times3$
2^5 の正の約数は $1,\ 2,\ 2^2,\ 2^3,\ 2^4,\ 2^5$ の6個あり，3の正の約数は1, 3の2個ある。
よって，96の正の約数の個数は，積の法則より
$6\times2=$**12（個）**

(3) $216=2^3\times3^3$
2^3 の正の約数は $1,\ 2,\ 2^2,\ 2^3$ の4個あり，3^3 の正の約数は $1,\ 3,\ 3^2,\ 3^3$ の4個ある。
よって，216の正の約数の個数は，積の法則より
$4\times4=$**16（個）**

(4) $540=2^2\times3^3\times5$
540の正の約数は，$(1,\ 2,\ 2^2)$ の1つと $(1,\ 3,\ 3^2,\ 3^3)$ の1つと $(1,\ 5)$ の1つの積で表される。
よって，540の正の約数の個数は
$3\times4\times2=$**24（個）**

40 (1) ${}_4P_2=4\cdot3=$**12**
(2) ${}_5P_5=5!=5\cdot4\cdot3\cdot2\cdot1=$**120**
(3) ${}_6P_5=6\cdot5\cdot4\cdot3\cdot2=$**720**
(4) ${}_7P_1=$**7**

41 5人の中から3人を選んで並べる並べ方の総数は
${}_5P_3=5\cdot4\cdot3$
$=$**60（通り）**

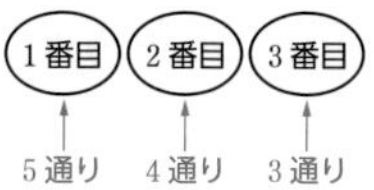

42 9個のものから4個取る順列の総数であるから
${}_9P_4=9\cdot8\cdot7\cdot6$
$=$**3024（通り）**

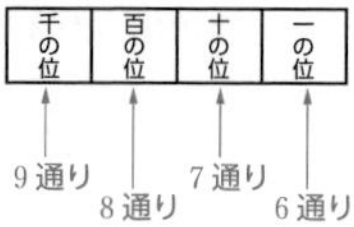

43 (1) ${}_{12}P_2$
$=12\cdot11$
$=$**132（通り）**

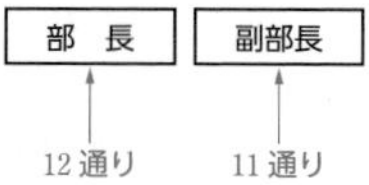

(2) ${}_9P_3=9\cdot8\cdot7$
$=$**504（通り）**

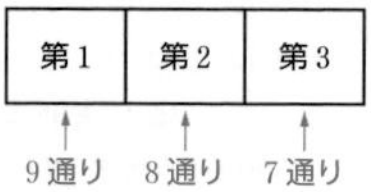

(3) ${}_{12}P_4$
$=12\cdot11\cdot10\cdot9$
$=$**11880（通り）**

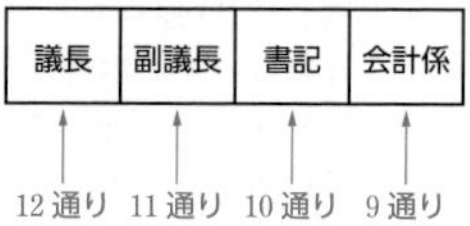

44 5桁の整数の総数は
${}_5P_5=5!$
$=5\cdot4\cdot3\cdot2\cdot1$
$=$**120（通り）**

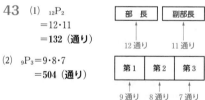

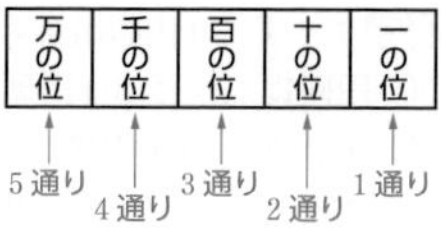

45 (1) 一の位が偶数であればよいから，2，4，6 の 3 通り。残りの 5 枚のカードを百の位，十の位に並べればよいから $_5P_2$ 通り。よって，積の法則より

$3\times{}_5P_2=3\times5\cdot4=$ **60（通り）**

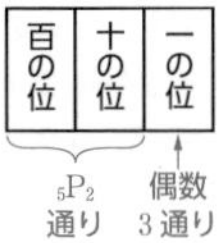

(2) 一の位が奇数であればよいから，1，3，5 の 3 通り。残りの 5 枚のカードを千の位，百の位，十の位に並べればよいから $_5P_3$ 通り。よって，積の法則より

$3\times{}_5P_3=3\times5\cdot4\cdot3=$ **180（通り）**

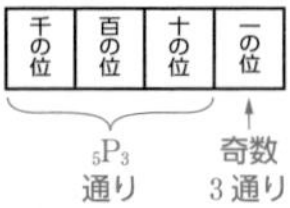

46 異なる 7 個のものの円順列であるから

$(7-1)!=6!=$ **720（通り）**

47 (1) ○，×の 2 個のものから 6 個取る重複順列であるから

$2^6=$ **64（通り）**

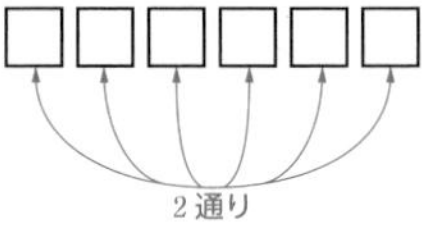

(2) 2 人を A，B とするとき，それぞれ 3 通りの出し方があるから，3 個のものから 2 個取る重複順列である。よって

$3^2=$ **9（通り）**

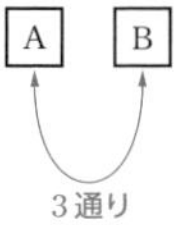

(3) 各桁にそれぞれ 3 通りずつ並べ方があるから，3 個のものから 5 個取る重複順列である。よって

$3^5=$ **243（通り）**

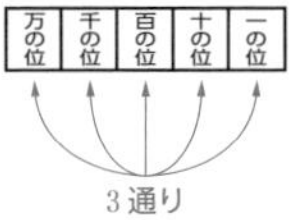

48 (1) 百の位は 0 以外の 6 通り。十の位，一の位に残りの 6 枚から 2 枚を選んで並べればよい。よって，積の法則より

$6\times{}_6P_2=6\times6\cdot5$

$=$ **180（通り）**

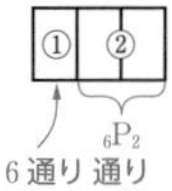

(2) 一の位は奇数 1，3，5 の 3 通り，百の位は一の位の数字と 0 を除いた 5 通り，十の位は残りの 5 通りであるから，積の法則より

$3\times5\times5=$ **75（通り）**

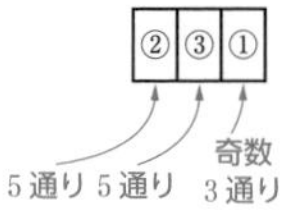

(3) 一の位が 0 のとき，残りの 6 枚から 2 枚を取る順列であるから，積の法則より

$_6P_2=6\cdot5=30$

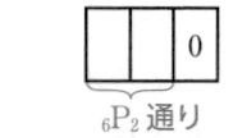

一の位が 2，4，6 のとき，百の位は一の位の数字と 0 を除いた残りの 5 通り，十の位は百の位と一の位の数字を除いた残りの 5 通りであるから，積の法則より

$3\times5\times5=75$

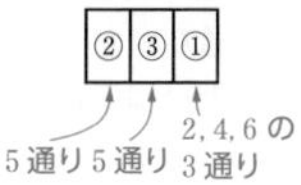

よって　$30+75=$ **105（通り）**

別解 (1)より，整数全体が 180 通り，(2)より奇数が 75 通りであり，残りが偶数であるから

$180-75=$ **105（通り）**

(4) 一の位が 0 のとき

$_6P_2=6\cdot5=30$

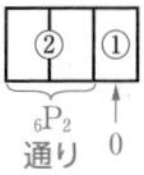

一の位が 5 のとき，百の位は 0，5 を除く 5 通り，十の位は残りの 5 通りであるから，積の法則より

$5\times5=25$

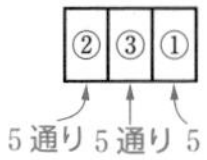

よって　$30+25=$ **55（通り）**

49 (1) 女子 4 人のうち両端にくる女子 2 人の並び方は $_4P_2$ 通り。このそれぞれの場合について，残りの男女 4 人が 1 列に並ぶ並び方は $_4P_4$ 通り。よって，積の法則より

$_4P_2\times{}_4P_4=12\times24=$ **288（通り）**

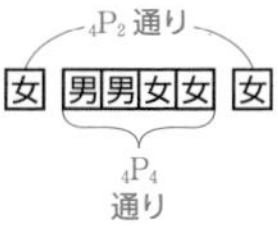

(2) 女子 4 人をひとまとめにして 1 人と考えると，3 人の並び方は $_3P_3$ 通り。それぞれの場合について，女子 4 人の並び方は $_4P_4$ 通り。よって，積の法則より

$_3P_3\times{}_4P_4=6\times24=$ **144（通り）**

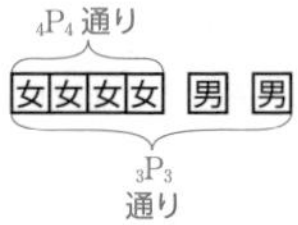

(3) すべての並び方は

$_6P_6=720$（通り）

男子 2 人が隣り合う並び方は，男子 2 人をひとまとめにして 1 人と考えて

$_5P_5\times{}_2P_2=120\times2=240$

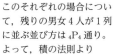

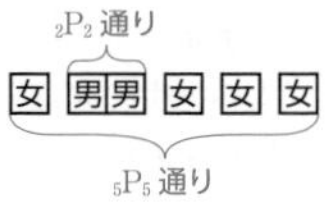

よって，男子 2 人が隣り合わない並び方は

$720-240=$ **480（通り）**

別解　女子4人の並び方は${}_4P_4$通り。女子の間と両端の5か所から2か所を選んで男子2人が並ぶ並び方は${}_5P_2$通り。

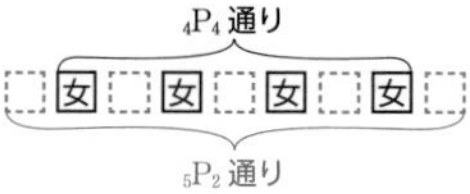

よって　${}_4P_4\times{}_5P_2=24\times20=$ **480（通り）**

50

(1)　異なる6文字の順列であるから

${}_6P_6=$ **720（通り）**

(2)　SとLの並び方は${}_2P_2$通り，他の4つの文字の並び方は${}_4P_4$通りであるから，積の法則より

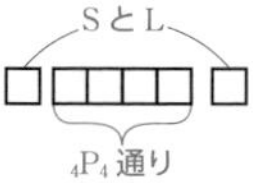

${}_2P_2\times{}_4P_4=2\times24=$ **48（通り）**

(3)　SとPをひとまとめにして考えて

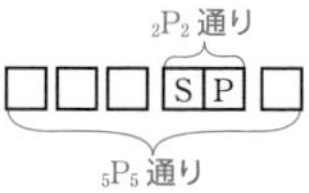

${}_5P_5\times{}_2P_2=120\times2$

$=$ **240（通り）**

51

千の位の数字は1，2，3の3通り，百の位，十の位，一の位の数字は0を含めた4通りであるから

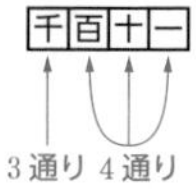

$3\times4^3=$ **192（通り）**

52

考え方　(2)　先生2人をひとまとめにして1人と考える。
(3)　1人の先生の席を固定する。

(1)　異なる6個のものの円順列であるから，

$(6-1)!=5!=$ **120（通り）**

(2)　先生2人をひとまとめにして1人と考えると，異なる5個のものの円順列であるから，座り方は

$(5-1)!=4!=24$（通り）

このそれぞれの場合について，先生2人の並び方が ${}_2P_2=2!=2$（通り）

$(5-1)!\times{}_2P_2=24\times2=$ **48（通り）**

(3)　まず，1人の先生の席を固定すると，もう1人の先生の席は1つに決まる。

生徒4人は，残りの4つの席に座ればよいから，求める座り方の総数は

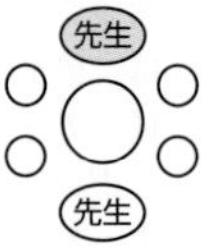

${}_4P_4=$ **24（通り）**

53

5人の部屋の選び方はそれぞれ2通りずつあるから2^5通り。ただし，この中には5人全員がA，5人全員がBの2通りを含むから

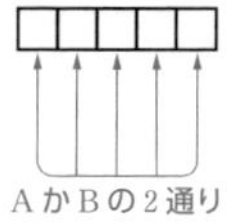

$2^5-2=32-2$

$=$ **30（通り）**

54

(1)　${}_5C_2=\dfrac{5\cdot4}{2\cdot1}=$ **10**

(2)　${}_6C_3=\dfrac{6\cdot5\cdot4}{3\cdot2\cdot1}=$ **20**

(3)　${}_8C_1=\dfrac{8}{1}=$ **8**

(4)　${}_7C_7=\dfrac{7\cdot6\cdot5\cdot4\cdot3\cdot2\cdot1}{7\cdot6\cdot5\cdot4\cdot3\cdot2\cdot1}=$ **1**

55

(1)　10個のものから5個取る組合せであるから

${}_{10}C_5=\dfrac{10\cdot9\cdot8\cdot7\cdot6}{5\cdot4\cdot3\cdot2\cdot1}=$ **252（通り）**

(2)　12個のものから4個取る組合せであるから

${}_{12}C_4=\dfrac{12\cdot11\cdot10\cdot9}{4\cdot3\cdot2\cdot1}=$ **495（通り）**

56

(1)　${}_8C_6={}_8C_2=\dfrac{8\cdot7}{2\cdot1}=$ **28**

(2)　${}_{10}C_9={}_{10}C_1=\dfrac{10}{1}=$ **10**

(3)　${}_{12}C_{10}={}_{12}C_2=\dfrac{12\cdot11}{2\cdot1}=$ **66**

(4)　${}_{14}C_{11}={}_{14}C_3=\dfrac{14\cdot13\cdot12}{3\cdot2\cdot1}=$ **364**

57

(1)　5個の頂点から3個の頂点を選んで結ぶと1個の三角形ができるから

${}_5C_3={}_5C_2=$ **10（個）**

(2)　5個の頂点から2個の頂点を選んで結ぶと，正五角形の対角線または辺となる。正五角形の辺は5本あるから，対角線の本数は

${}_5C_2-5=10-5=$ **5（本）**

別解　頂点は5個あり，1個の頂点から対角線は2本ずつ引くことができる。しかし，たとえばAからCへ引く対角線とCからAへ引く対角線は同じものであるから，求める本数は

$\dfrac{2\times5}{2}=$ **5（本）**

58 男子7人から2人を選ぶ選び方は ${}_7C_2$ 通り。このそれぞれの場合について，女子5人から3人を選ぶ選び方は ${}_5C_3$ 通りずつある。よって，選び方の総数は，積の法則より

$${}_7C_2\times{}_5C_3=21\times10=\mathbf{210}\ (\textbf{通り})$$

59 (1) 7枚のカードの中に，[1]が3枚，[2]が2枚，[3]が2枚あるから

$$\frac{7!}{3!2!2!}=\mathbf{210}\ (\textbf{通り})$$

別解 7か所から3か所を選んで[1]を並べ，残りの4か所から2か所を選んで[2]を並べ，残りの2か所に[3]を並べる並べ方であるから

$${}_7C_3\times{}_4C_2\times{}_2C_2=35\times6\times1=\mathbf{210}\ (\textbf{通り})$$

(2) 8個の文字の中に a が4個，b が2個，c が2個あるから

$$\frac{8!}{4!2!2!}=\mathbf{420}\ (\textbf{通り})$$

別解 8か所から4か所を選んで a を並べ，残りの4か所から2か所を選んで b を並べ，残りの2か所に c を並べる並べ方であるから

$${}_8C_4\times{}_4C_2\times{}_2C_2=70\times6\times1=\mathbf{420}\ (\textbf{通り})$$

60 8チームから2チームを選んで対戦させればよいから

$${}_8C_2=\mathbf{28}\ (\textbf{試合})$$

61 副委員長の選び方は ${}_6C_1\times{}_6C_1$ 通り，委員長は残りの10人から1人を選び，書記は残りの9人から1人を選べばよい。よって

$$({}_6C_1\times{}_6C_1)\times{}_{10}C_1\times{}_9C_1=6\times6\times10\times9$$
$$=\mathbf{3240}\ (\textbf{通り})$$

別解 副委員長の選び方は上と同じ。委員長と書記については，10人から2人を選んで並べて，1番目の人を委員長に，2番目の人を書記にすればよい。よって，選び方の総数は

$$({}_6C_1\times{}_6C_1)\times{}_{10}P_2=6\times6\times10\times9$$
$$=\mathbf{3240}\ (\textbf{通り})$$

62 (1) 男子5人から2人，女子7人から3人を選ぶから

$${}_5C_2\times{}_7C_3=10\times35=\mathbf{350}\ (\textbf{通り})$$

(2) Aを除く11人から残りの4人を選べばよいから

$${}_{11}C_4=\mathbf{330}\ (\textbf{通り})$$

(3) 12人全員から5人の委員を選ぶ選び方は ${}_{12}C_5$ 通り。このうち，5人の委員が全員女子となる選び方は ${}_7C_5$ 通り。よって，求める選び方の総数は

$${}_{12}C_5-{}_7C_5=792-21=\mathbf{771}\ (\textbf{通り})$$

63 (1) 8人から部屋Aに入る4人を選ぶ選び方は ${}_8C_4$ 通り。残りの4人が部屋Bに入る。よって，積の法則より

$${}_8C_4\times{}_4C_4=70\times1=\mathbf{70}\ (\textbf{通り})$$

(2) 8人が2人ずつ4つの部屋A，B，C，Dに入る入り方は

$${}_8C_2\times{}_6C_2\times{}_4C_2\times{}_2C_2=28\times15\times6\times1=2520$$

4つの部屋の区別をなくすと，2人ずつ4組に分けたことになる。このとき，同じ組分けになるものが，それぞれ4!通りずつあるから

$$\frac{2520}{4!}=\mathbf{105}\ (\textbf{通り})$$

(3) (1)と同じように考えて

$${}_8C_4\times{}_4C_3\times{}_1C_1=70\times4\times1=\mathbf{280}\ (\textbf{通り})$$

(4) 4人の組をA組，3人の組をB組，1人の組をC組と名づければ，(3)と同じである。
よって　**280 通り**

(5) 8人から3人を選びA組とし，残りの5人から3人を選びB組とし，残りの2人をC組とすれば，その分け方は，積の法則より

$${}_8C_3\times{}_5C_3\times{}_2C_2\ (\text{通り})$$

ここで，A組とB組は人数が同じであるから，区別をなくすと

$$\frac{{}_8C_3\times{}_5C_3\times{}_2C_2}{2!}=\frac{56\times10\times1}{2}=\mathbf{280}\ (\textbf{通り})$$

64 (1) 5文字のうち，Aが2個含まれているから

$$\frac{5!}{2!1!1!1!}=\mathbf{60}\ (\textbf{通り})$$

別解 5か所から2か所を選んでAを並べ，残りの3か所にJ，P，Nを並べると考えて

$${}_5C_2\times{}_3P_3=10\times6=\mathbf{60}\ (\textbf{通り})$$

(2) (i) Aが両端にくるとき
間にJ，P，Nの3文字を並べる並べ方であるから

$${}_3P_3=6\ (\text{通り})$$

(ii) AとNが両端にくるとき
AとNを両端に並べる並べ方は2通りあり，そのそれぞれについて，間にJ，A，Pを並べる並べ方が ${}_3P_3$ 通りずつある。よって，

その総数は　$2\times{}_3P_3=12$（通り）

(i)，(ii)より，求める並べ方の総数は

$6+12=$ **18（通り）**

65 (1) 右へ1区画進むことを a，上へ1区画進むことを b と表すと，求める道順の総数は，6個の a と5個の b を1列に並べる順列の総数に等しい。

よって　$\dfrac{11!}{6!5!}=$ **462（通り）**

別解　全部で11区画進むうち，右へ進む6区画をどこにするか選べば，最短経路が1つ決まる。

よって　${}_{11}C_6={}_{11}C_5=\dfrac{11\cdot10\cdot9\cdot8\cdot7}{5\cdot4\cdot3\cdot2\cdot1}=$ **462（通り）**

(2) AからBへの道順の総数は $\dfrac{5!}{2!3!}$ 通り，BからDへの道順の総数は $\dfrac{6!}{4!2!}$ 通り。よって

$\dfrac{5!}{2!3!}\times\dfrac{6!}{4!2!}=10\times15=$ **150（通り）**

(3) AからCへの道順の総数は $\dfrac{8!}{4!4!}$ 通り，CからDへの道順の総数は $\dfrac{3!}{2!1!}$ 通り。よって

$\dfrac{8!}{4!4!}\times\dfrac{3!}{2!1!}=70\times3=$ **210（通り）**

(4) (1)の場合のうち，(3)の場合でないときであるから

$462-210=$ **252（通り）**

(5) AからBを通り，さらにCを通りDに行く道順の総数は

$\dfrac{5!}{2!3!}\times\dfrac{3!}{2!1!}\times\dfrac{3!}{2!1!}=10\times3\times3=90$（通り）

求める道順の総数は，(2)の場合からこの場合を除けばよい。よって

$150-90=$ **60（通り）**

66　6本の横の平行線から2本を選び，7本の縦の平行線から2本を選べば，平行線で囲まれた1つの平行四辺形が定まる。

よって

${}_6C_2\times{}_7C_2=15\times21$

$=$ **315（個）**

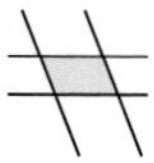

67　E，Iを□で置きかえたP□NC□Lの6文字を並べかえ，□には左から順にE，Iを入れると考えればよい。よって，求める並べ方の総数は

$\dfrac{6!}{2!1!1!1!1!}=$ **360（通り）**

68　考え方　AからBまでの道順の総数から，×印を通る道順の総数を引けばよい。

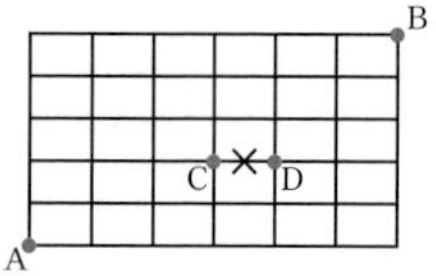

右の図においてAからCまで行く道順は

$\dfrac{5!}{3!2!}=10$（通り）

DからBまで行く道順は

$\dfrac{5!}{2!3!}=10$（通り）

よって，×印の箇所を通る道順は

$10\times10=100$（通り）

AからBまでの道順の総数は

$\dfrac{11!}{6!5!}=462$（通り）

したがって，×印の箇所を通らない道順は

$462-100=$ **362（通り）**

69 (1) たとえば，AB，AGを共有する△ABGは，頂点Aを決めることで定まる。つまり，2辺を共有する三角形の個数は頂点の数に等しいから　**7個**。

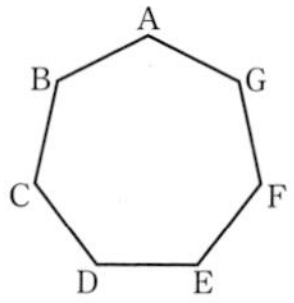

(2) たとえば，ABだけを共有する三角形は，頂点A，Bと，それらの隣のC，Gを除く3個の頂点D，E，Fから1個を選んでできる△ABD，△ABE，△ABFの3個である。

他の辺を共有する三角形も同様であるから

$3\times7=$ **21（個）**

(3) 頂点を結んでできる三角形は全部で ${}_7C_3$ 個あり，その中から(1)と(2)の場合を除けばよいから

${}_7C_3-(7+21)=35-28=$ **7（個）**

70　バスケットのつくり方の総数は，果物6個を○で表し，果物の種類の区切りを｜で表したときの，6個の○と3個の｜の並べ方の総数に等しいから

$\dfrac{(6+3)!}{6!3!}=\dfrac{9!}{6!3!}$

$=$ **84（通り）**

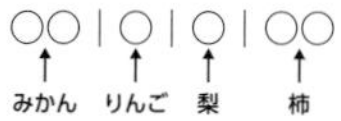

別解　異なる4個のものから重複を許して6個取る組合せであるから

$_{4+6-1}C_6={}_9C_6={}_9C_3=\mathbf{84}$ **(通り)**

71 (1) 異なる3個のものから重複を許して6個取る組合せであるから

$_{3+6-1}C_6={}_8C_6={}_8C_2=\mathbf{28}$ **(通り)**

(2) はじめに，オレンジ，アップル，グレープを1本ずつ買っておき，それから残り3本を買えばよい。
よって，異なる3個から重複を許して3個取る組合せであるから

$_{3+3-1}C_3={}_5C_3={}_5C_2=\mathbf{10}$ **(通り)**

72 (1) $x+y+z=7$ を満たす0以上の整数の組のうち，たとえば

$(x,\ y,\ z)=(4,\ 2,\ 1)$ は $xxxxyyz$

$(x,\ y,\ z)=(5,\ 0,\ 2)$ は $xxxxxzz$

に対応すると考える。このように考えると，求める $(x,\ y,\ z)$ の組の総数は，異なる3個のものから，重複を許して7個取る組合せの総数に等しい。

よって　$_{3+7-1}C_7={}_9C_7={}_9C_2=\mathbf{36}$ **(組)**

(2) $x-1=X,\ y-1=Y,\ z-1=Z$

とおき，$x+y+z=7$ に

$x=X+1,\ y=Y+1,\ z=Z+1$

を代入すると

$X+Y+Z=4$ ……①

ここで，$x,\ y,\ z$ は自然数であるから，$X,\ Y,\ Z$ は0以上の整数である。
よって，(1)と同様に考えて，①を満たす $(X,\ Y,\ Z)$ の組の総数は，異なる3個のものから重複を許して4個取る組合せの総数に等しい。
したがって，求める組の総数は

$_{3+4-1}C_4={}_6C_4={}_6C_2=\mathbf{15}$ **(組)**

73 全事象 $\boldsymbol{U}=\{\mathbf{1,\ 2,\ 3,\ 4,\ 5}\}$

根元事象 $\{\mathbf{1}\},\ \{\mathbf{2}\},\ \{\mathbf{3}\},\ \{\mathbf{4}\},\ \{\mathbf{5}\}$

74 全事象は $U=\{1,\ 2,\ 3,\ 4,\ 5,\ 6\}$

(1) 「3の倍数の目が出る」事象 A は

$A=\{3,\ 6\}$ ←$n(A)=2$

よって　$P(A)=\dfrac{n(A)}{n(U)}=\dfrac{2}{6}=\mathbf{\dfrac{1}{3}}$

(2) 「5より小さい目が出る」事象 B は

$B=\{1,\ 2,\ 3,\ 4\}$ ←$n(B)=4$

よって　$P(B)=\dfrac{n(B)}{n(U)}=\dfrac{4}{6}=\mathbf{\dfrac{2}{3}}$

75 全事象を U とすると　$n(U)=90$

(1) 「3の倍数のカードを引く」事象を A とすると，

$A=\{3\times4,\ 3\times5,\ 3\times6,\ \cdots\cdots,\ 3\times33\}$

より　$n(A)=30$

よって　$P(A)=\dfrac{n(A)}{n(U)}=\dfrac{30}{90}=\mathbf{\dfrac{1}{3}}$

(2) 「引いたカードの十の位の数と一の位の数の和が7である」事象を B とすると，

$B=\{16,\ 25,\ 34,\ 43,\ 52,\ 61,\ 70\}$

より　$n(B)=7$

よって　$P(B)=\dfrac{n(B)}{n(U)}=\mathbf{\dfrac{7}{90}}$

76 全事象を U，「白球が出る」事象を A とすると，$n(U)=8,\ n(A)=5$ より

$P(A)=\mathbf{\dfrac{5}{8}}$

77 全事象を U とすると　$n(U)=2^2=4$

「2枚とも裏が出る」事象を A とすると，

$n(A)=1$ より　$P(A)=\mathbf{\dfrac{1}{4}}$

78 全事象を U とすると　$n(U)=2^3=8$

(1) 「3枚とも表が出る」事象を A とすると，$n(A)=1$ であるから

$P(A)=\mathbf{\dfrac{1}{8}}$

(2) 「2枚だけ表が出る」事象を B とすると，$n(B)$ は3個のものから2個取る組合せの総数であり　$n(B)={}_3C_2=3$

よって　$P(B)=\mathbf{\dfrac{3}{8}}$

79 目の出方は全部で　$6\times6=36$ (通り)

(1) 目の和が5になるのは，右の表の斜線部分より4通りであるから，求める確率は

$\dfrac{4}{36}=\mathbf{\dfrac{1}{9}}$

大＼小	⚀	⚁	⚂	⚃	⚄	⚅
⚀	2	3	4	5	6	7
⚁	3	4	5	6	7	8
⚂	4	5	6	7	8	9
⚃	5	6	7	8	9	10
⚄	6	7	8	9	10	11
⚅	7	8	9	10	11	12

(2) 目の和が6以下になるのは，右の表の ▭ 部分より15通りであるから，求める確率は

$\dfrac{15}{36}=\mathbf{\dfrac{5}{12}}$

80 6人が1列に並ぶ並び方は $_6P_6=6!$（通り）
左から1番目がa，3番目がb，5番目がcになる場合は，a，b，c以外の3人の並び方の総数だけあるから

$_3P_3=3!$（通り）

よって，求める確率は

$$\frac{3!}{6!}=\frac{3\cdot2\cdot1}{6\cdot5\cdot4\cdot3\cdot2\cdot1}=\mathbf{\frac{1}{120}}$$

81 4枚の硬貨の表裏の出方は　$2^4=16$（通り）
3枚が表，1枚が裏になる場合は，4個のものから3個取る組合せの総数だけあるから

$_4C_3=4$（通り）

よって，求める確率は　$\frac{4}{16}=\mathbf{\frac{1}{4}}$

82 7個の球から3個の球を同時に取り出す取り出し方は　$_7C_3$ 通り

(1) 赤球3個を取り出す取り出し方は　$_4C_3$ 通り
よって，求める確率は

$$\frac{_4C_3}{_7C_3}=\frac{_4C_1}{_7C_3}=4\times\frac{3\cdot2\cdot1}{7\cdot6\cdot5}=\mathbf{\frac{4}{35}}$$

(2) 赤球2個，白球1個を取り出す取り出し方は
$_4C_2\times{}_3C_1$ 通り
よって，求める確率は

$$\frac{_4C_2\times{}_3C_1}{_7C_3}=\frac{4\cdot3}{2\cdot1}\times3\times\frac{3\cdot2\cdot1}{7\cdot6\cdot5}=\mathbf{\frac{18}{35}}$$

83 10本のくじから2本を同時に引く引き方は　$_{10}C_2$ 通り

(1) 2本とも当たる場合は　$_3C_2$ 通り
よって，求める確率は

$$\frac{_3C_2}{_{10}C_2}=\frac{_3C_1}{_{10}C_2}=3\times\frac{2\cdot1}{10\cdot9}=\mathbf{\frac{1}{15}}$$

(2) 1本が当たり，1本がはずれる場合は
$_3C_1\times{}_7C_1$ 通り
よって，求める確率は

$$\frac{_3C_1\times{}_7C_1}{_{10}C_2}=3\times7\times\frac{2\cdot1}{10\cdot9}=\mathbf{\frac{7}{15}}$$

84 大中小3個のさいころの目の出方は
6^3 通り

(1) すべての目が1である場合は，1通り。
よって，求める確率は

$$\frac{1}{6^3}=\mathbf{\frac{1}{216}}$$

(2) すべての目が異なる場合は，$_6P_3$ 通り。
よって，求める確率は

$$\frac{_6P_3}{6^3}=\frac{6\cdot5\cdot4}{216}=\mathbf{\frac{5}{9}}$$

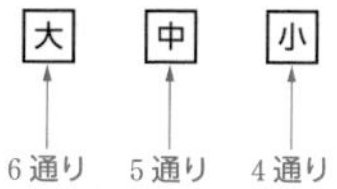

(3) 目の積が奇数になるのは，すべての目が奇数の場合であるから

$3\times3\times3=27$（通り）

よって，求める確率は

$$\frac{27}{6^3}=\mathbf{\frac{1}{8}}$$

(4) 目の和が10になる組合せは
(1，3，6)，(1，4，5)，(2，2，6)，
(2，3，5)，(2，4，4)，(3，3，4)
さいころに区別をつけるので，
(1，3，6)，(1，4，5)，(2，3，5)
はそれぞれ $_3P_3=6$ より，6通りずつあり，
(2，2，6)，(2，4，4)，(3，3，4)
はそれぞれ $\frac{3!}{2!1!}=3$ より，3通りずつある。
ゆえに，目の和が10になる場合は

$3\times6+3\times3=27$（通り）

よって，求める確率は

$$\frac{27}{6^3}=\mathbf{\frac{1}{8}}$$

85 6人が1列に並ぶ並び方は
$_6P_6=6!$（通り）

(1) 男子が両端にくる並び方の総数は
$_2P_2\times{}_4P_4=2\times4!$（通り）
よって，求める確率は

$$\frac{2\times4!}{6!}=\mathbf{\frac{1}{15}}$$

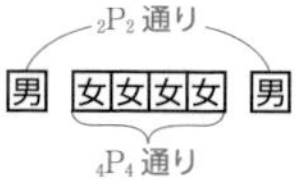

(2) 男子が隣り合う並び方の総数は
$_5P_5\times{}_2P_2=5!\times2!$（通り）
よって，求める確率は

$$\frac{5!\times2!}{6!}=\mathbf{\frac{1}{3}}$$

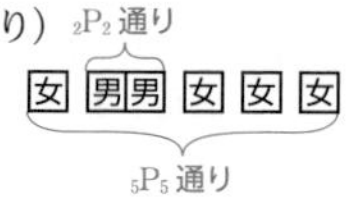

(3) 女子が両端にくる並び方の総数は
$_4P_2\times{}_4P_4=4\cdot3\times4!$（通り）
よって，求める確率は

$$\frac{4\cdot3\times4!}{6!}=\mathbf{\frac{2}{5}}$$

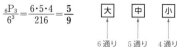

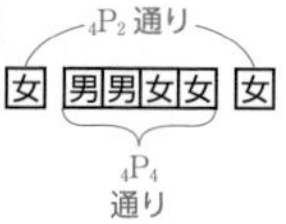

86 7枚のカードを1列に並べる並べ方は

$_7P_7=7!$（通り）

奇数のカードは1，3，5，7の4枚，偶数は2，4，6の3枚である。

(1) 奇数番目に奇数，偶数番目に偶数がくる並べ方の総数は

$_4P_4\times{}_3P_3=4!\times3!$（通り）

よって，求める確率は

$\dfrac{4!\times3!}{7!}=\mathbf{\dfrac{1}{35}}$

(2) 奇数が両端にくる並べ方の総数は

$_4P_2\times{}_5P_5=4\cdot3\times5!$（通り）

よって，求める確率は

$\dfrac{4\cdot3\times5!}{7!}=\mathbf{\dfrac{2}{7}}$

(3) 3つの偶数が続いて並ぶ並べ方の総数は

$_5P_5\times{}_3P_3=5!\times3!$（通り）

よって，求める確率は

$\dfrac{5!\times3!}{7!}=\mathbf{\dfrac{1}{7}}$

87 8人の座り方の総数は，異なる8個のものの円順列であるから

$(8-1)!=7!$（通り）

(1) 女子2人が隣り合って座る座り方の総数は

$(7-1)!\times{}_2P_2=6!\times2!$（通り）

よって，求める確率は

$\dfrac{6!\times2!}{7!}=\mathbf{\dfrac{2}{7}}$

(2) 女子2人が向かい合って座る座り方の総数は

$_6P_6=6!$（通り）

よって，求める確率は

$\dfrac{6!}{7!}=\mathbf{\dfrac{1}{7}}$

88 答え方の総数は　2^5（通り）

ちょうど3題が正解となる場合は，5題の中から正解となる3題を選ぶ選び方だけあるから

$_5C_3=10$（通り）

よって，求める確率は

$\dfrac{10}{2^5}=\mathbf{\dfrac{5}{16}}$

89 $A=\{2,\ 4,\ 6\}$，$B=\{2,\ 3,\ 5\}$ より

$A\cap B=\mathbf{\{2\}}$

$A\cup B=\mathbf{\{2,\ 3,\ 4,\ 5,\ 6\}}$

90 $A=\{2,\ 4,\ 6,\ 8,\ 10,\ \cdots\cdots,\ 30\}$

$B=\{5,\ 10,\ 15,\ 20,\ 25,\ 30\}$

$C=\{1,\ 2,\ 3,\ 4,\ 6,\ 8,\ 12,\ 24\}$

より　$A\cap B=\{10,\ 20,\ 30\}$，

$A\cap C=\{2,\ 4,\ 6,\ 8,\ 12,\ 24\}$，$B\cap C=\varnothing$

よって，***B* と *C*** が互いに排反である。

91 (1) 1等が当たる事象をA，2等が当たる事象をBとすると，事象AとBは互いに排反である。

よって，求める確率は

$P(A\cup B)=P(A)+P(B)$

$=\dfrac{1}{20}+\dfrac{2}{20}=\mathbf{\dfrac{3}{20}}$

(2) 4等が当たる事象をC，はずれる事象をDとすると，事象CとDは互いに排反である。

よって，求める確率は

$P(C\cup D)=P(C)+P(D)$

$=\dfrac{4}{20}+\dfrac{10}{20}$

$=\dfrac{14}{20}=\mathbf{\dfrac{7}{10}}$

92 「目の差が2となる」事象をA，「目の差が4となる」事象をBとすると，右の図より

大＼小	⚀	⚁	⚂	⚃	⚄	⚅
⚀			2		4	
⚁				2		4
⚂	2				2	
⚃		2				2
⚄	4		2			
⚅		4		2		

$P(A)=\dfrac{8}{36}=\dfrac{2}{9}$

$P(B)=\dfrac{4}{36}=\dfrac{1}{9}$

事象AとBは互いに排反であるから求める確率は

$P(A\cup B)=P(A)+P(B)$

$=\dfrac{2}{9}+\dfrac{1}{9}=\dfrac{3}{9}=\mathbf{\dfrac{1}{3}}$

93 「3人とも男子が選ばれる」事象をA，「3人とも女子が選ばれる」事象をBとすると

$P(A)=\dfrac{_3C_3}{_8C_3}=\dfrac{1}{56}$

$P(B)=\dfrac{_5C_3}{_8C_3}=\dfrac{10}{56}$

「3人とも男子または3人とも女子が選ばれる」事象は，AとBの和事象$A\cup B$であり，事象AとBは互いに排反である。

よって，求める確率は

$$P(A\cup B)=P(A)+P(B)$$
$$=\frac{1}{56}+\frac{10}{56}=\mathbf{\frac{11}{56}}$$

94 引いたカードの番号が「5の倍数である」事象をAとすると,「5の倍数でない」事象は,事象Aの余事象$\overline{A}$である。

$$A=\{5,\ 10,\ 15,\ 20,\ 25,\ 30\}$$

より　$P(A)=\frac{6}{30}=\frac{1}{5}$

よって,求める確率は

$$P(\overline{A})=1-P(A)=1-\frac{1}{5}=\mathbf{\frac{4}{5}}$$

95 引いたカードの番号が「4の倍数である」事象をA,「6の倍数である」事象をBとする。

$A=\{4\times1,\ 4\times2,\ 4\times3,\ \cdots\cdots,\ 4\times25\}$

$B=\{6\times1,\ 6\times2,\ 6\times3,\ \cdots\cdots,\ 6\times16\}$

積事象 $A\cap B$ は,4と6の最小公倍数12の倍数である事象である。

$A\cap B=\{12\times1,\ 12\times2,\ 12\times3,\ \cdots\cdots,\ 12\times8\}$

ゆえに　$n(A)=25,\ n(B)=16,\ n(A\cap B)=8$

よって

$P(A)=\frac{25}{100},\ P(B)=\frac{16}{100},\ P(A\cap B)=\frac{8}{100}$

したがって,求める確率は

$$P(A\cup B)=P(A)+P(B)-P(A\cap B)$$
$$=\frac{25}{100}+\frac{16}{100}-\frac{8}{100}=\mathbf{\frac{33}{100}}$$

96 (1) $A\cap B$ は,「スペードの絵札である」事象であるから　$n(A\cap B)=3$

よって　$P(A\cap B)=\mathbf{\frac{3}{52}}$

(2) $n(A)=13,\ n(B)=12$

であるから

$$P(A\cup B)=P(A)+P(B)-P(A\cap B)$$
$$=\frac{13}{52}+\frac{12}{52}-\frac{3}{52}$$
$$=\frac{22}{52}=\mathbf{\frac{11}{26}}$$

97 (1) 3の倍数であるのは

$\{3\times17,\ \cdots\cdots,\ 3\times33\}$

より　$33-17+1=17$ (通り)

同様にして

4の倍数であるのは

$\{4\times13,\ \cdots\cdots,\ 4\times25\}$

より　$25-13+1=13$ (通り)

3の倍数かつ4の倍数,すなわち12の倍数であるのは

$\{12\times5,\ 12\times6,\ 12\times7,\ 12\times8\}$

より　$8-5+1=4$ (通り)

よって,求める確率は

$$\frac{17}{50}+\frac{13}{50}-\frac{4}{50}=\frac{26}{50}=\mathbf{\frac{13}{25}}$$

(2) 4の倍数であるのは　13通り

6の倍数であるのは

$\{6\times9,\ \cdots\cdots,\ 6\times16\}$

より　$16-9+1=8$ (通り)

4の倍数かつ6の倍数,すなわち12の倍数であるのは　4通り

よって,求める確率は

$$\frac{13}{50}+\frac{8}{50}-\frac{4}{50}=\mathbf{\frac{17}{50}}$$

(3) 2の倍数であるのは

$\{2\times26,\ \cdots\cdots,\ 2\times50\}$

より　$50-26+1=25$ (通り)

2の倍数かつ3の倍数,すなわち6の倍数であるのは8通り。

よって,2の倍数であり3の倍数でない場合は

$25-8=17$ (通り)

したがって,求める確率は

$$\mathbf{\frac{17}{50}}$$

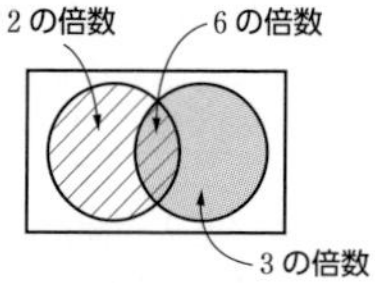

別解　求める確率は

$$\frac{25}{50}-\frac{8}{50}=\mathbf{\frac{17}{50}}$$

98 「少なくとも1個は白球である」事象をAとすると,事象Aの余事象$\overline{A}$は「3個とも赤球である」事象である。球は全部で9個であり,この中から3個の球を取り出す取り出し方は

${}_9C_3=84$ (通り)

このうち,3個とも赤球になる取り出し方は

${}_4C_3={}_4C_1=4$ (通り)

よって,事象$\overline{A}$が起こる確率$P(\overline{A})$は

$$P(\overline{A})=\frac{{}_4C_3}{{}_9C_3}=\frac{4}{84}=\frac{1}{21}$$

したがって,求める確率は

$$P(A)=1-P(\overline{A})=1-\frac{1}{21}=\mathbf{\frac{20}{21}}$$

99 「少なくとも1本は当たる」事象をAとすると,事象Aの余事象$\overline{A}$は「3本ともはずれる」

事象である。くじは全部で12本であり，この中から3本を引く引き方は

$_{12}C_3=220$（通り）

このうち，3本ともはずれる引き方は

$_{10}C_3=120$（通り）

よって，事象 $\overline{A}$ が起こる確率 $P(\overline{A})$ は

$$P(\overline{A})=\frac{_{10}C_3}{_{12}C_3}=\frac{120}{220}=\frac{6}{11}$$

よって，求める確率は

$$P(A)=1-P(\overline{A})=1-\frac{6}{11}=\boldsymbol{\frac{5}{11}}$$

100 3人の手の出し方の総数は

$3^3=27$（通り）

「2人だけが勝つ」事象を A とする。

勝つ2人の選び方は $_3C_2$ 通り，勝つときの手の出し方が，グー，チョキ，パーの3通りであるから，求める確率は

$$P(A)=\frac{_3C_2\times3}{27}=\frac{3\times3}{27}=\boldsymbol{\frac{1}{3}}$$

101 6個の球から3個の球を取り出す取り出し方は

$_6C_3=20$（通り）

(1) 「3個とも赤球である」事象を A，「3個とも白球である」事象を B とすると

$$P(A)=P(B)=\frac{_3C_3}{_6C_3}=\frac{1}{20}$$

事象 A と B は互いに排反であるから，求める確率は

$$P(A\cup B)=P(A)+P(B)=\frac{1}{20}+\frac{1}{20}=\boldsymbol{\frac{1}{10}}$$

(2) 「少なくとも1個は赤球である」事象は $\overline{B}$ であるから，求める確率は

$$P(\overline{B})=1-P(B)=1-\frac{1}{20}=\boldsymbol{\frac{19}{20}}$$

102 1個のさいころを投げる試行と，1枚の硬貨を投げる試行は，互いに独立である。

さいころで3以上の目が出る確率は $\frac{4}{6}$

硬貨で裏が出る確率は $\frac{1}{2}$

よって，求める確率は

$$\frac{4}{6}\times\frac{1}{2}=\boldsymbol{\frac{1}{3}}$$

103 各回の試行は，互いに独立である。

(1) 1回目に1の目が出る確率は $\frac{1}{6}$

2回目に2の倍数の目が出る確率は $\frac{3}{6}$

3回目に3以上の目が出る確率は $\frac{4}{6}$

よって，求める確率は

$$\frac{1}{6}\times\frac{3}{6}\times\frac{4}{6}=\boldsymbol{\frac{1}{18}}$$

(2) 1回目に6の約数が出る確率は $\frac{4}{6}$

2回目に3の倍数が出る確率は $\frac{2}{6}$

3回目はどの目が出てもよいから $\frac{6}{6}=1$

よって，求める確率は

$$\frac{4}{6}\times\frac{2}{6}\times1=\boldsymbol{\frac{2}{9}}$$

104 大きいさいころを投げる試行と，小さいさいころを投げる試行は，互いに独立である。

大きいさいころの目が3の倍数で，小さいさいころの目が3の倍数以外である確率は $\frac{2}{6}\times\frac{4}{6}$

大きいさいころの目が3の倍数以外で，小さいさいころの目が3の倍数である確率は $\frac{4}{6}\times\frac{2}{6}$

これらの事象は互いに排反であるから，求める確率は

$$\frac{2}{6}\times\frac{4}{6}+\frac{4}{6}\times\frac{2}{6}=\boldsymbol{\frac{4}{9}}$$

105 1枚の硬貨を1回投げて表が出る確率は $\frac{1}{2}$

6回のうち表が2回，裏が4回出る確率であるから

$$_6C_2\left(\frac{1}{2}\right)^2\left(1-\frac{1}{2}\right)^{6-2}=15\times\frac{1}{4}\times\frac{1}{16}=\boldsymbol{\frac{15}{64}}$$

106 さいころを1回投げるとき，3以上の目が出る確率は $\frac{4}{6}=\frac{2}{3}$

よって，求める確率は

$$_4C_2\left(\frac{2}{3}\right)^2\left(1-\frac{2}{3}\right)^{4-2}=6\times\frac{4}{9}\times\frac{1}{9}=\boldsymbol{\frac{8}{27}}$$

107　さいころを1回投げるとき，3の倍数の目が出る確率は　$\frac{2}{6}=\frac{1}{3}$

求める確率は，3の倍数の目が4回または5回出る確率であり，これらの事象は互いに排反であるから

$$ {}_5C_4\left(\frac{1}{3}\right)^4\left(1-\frac{1}{3}\right)^{5-4}+{}_5C_5\left(\frac{1}{3}\right)^5 $$
$$ =5\times\frac{1}{81}\times\frac{2}{3}+\frac{1}{243}=\boldsymbol{\frac{11}{243}} $$

108　5枚のカードから1枚を引くとき，奇数のカードを引く確率は　$\frac{3}{5}$

求める確率は，奇数のカードを2回または3回引く確率であり，これらの事象は互いに排反であるから

$$ {}_3C_2\left(\frac{3}{5}\right)^2\left(1-\frac{3}{5}\right)^{3-2}+{}_3C_3\left(\frac{3}{5}\right)^3 $$
$$ =3\times\frac{9}{25}\times\frac{2}{5}+\frac{27}{125}=\boldsymbol{\frac{81}{125}} $$

109　Aから赤球を取り出す確率は$\frac{3}{5}$，白球を取り出す確率は$\frac{2}{5}$，Bから赤球を取り出す確率は$\frac{4}{7}$，白球を取り出す確率は$\frac{3}{7}$である。

(1)　(赤，赤) の場合であるから

$$ \frac{3}{5}\times\frac{4}{7}=\boldsymbol{\frac{12}{35}} $$

(2)　(赤，白) と (白，赤) の場合であるから

$$ \frac{3}{5}\times\frac{3}{7}+\frac{2}{5}\times\frac{4}{7}=\boldsymbol{\frac{17}{35}} $$

(3)　(赤，赤) と (白，白) の場合であるから

$$ \frac{12}{35}+\frac{2}{5}\times\frac{3}{7}=\boldsymbol{\frac{18}{35}} $$

別解　(3)は(2)の余事象であるから

$$ 1-\frac{17}{35}=\boldsymbol{\frac{18}{35}} $$

110　「Bが少なくとも1回勝つ」事象は，「Bが3回とも負ける」事象の余事象である。Bが負ける確率はAが勝つ確率$\frac{4}{5}$であるから

$$ 1-\left(\frac{4}{5}\right)^3=1-\frac{64}{125}=\boldsymbol{\frac{61}{125}} $$

111　(1)　1個の球を取り出すとき，赤球が出る確率は　$\frac{4}{6}=\frac{2}{3}$　であるから，求める確率は

$$ {}_4C_2\left(\frac{2}{3}\right)^2\left(1-\frac{2}{3}\right)^{4-2}=6\times\frac{4}{9}\times\frac{1}{9}=\boldsymbol{\frac{8}{27}} $$

(2)　1個の球を取り出すとき，白球が出る確率は　$\frac{2}{6}=\frac{1}{3}$

求める確率は，白球を3回または4回取り出す確率であるから

$$ {}_4C_3\left(\frac{1}{3}\right)^3\left(1-\frac{1}{3}\right)^{4-3}+{}_4C_4\left(\frac{1}{3}\right)^4 $$
$$ =4\times\frac{1}{3^3}\times\frac{2}{3}+\frac{1}{3^4}=\frac{9}{3^4}=\boldsymbol{\frac{1}{9}} $$

112　「3以上の目が少なくとも1回出る」事象は，「3回とも2以下の目が出る」事象の余事象である。2以下の目が出る確率は　$\frac{2}{6}=\frac{1}{3}$　であり，3回とも2以下の目が出る確率は　$\left(\frac{1}{3}\right)^3$　であるから，求める確率は

$$ 1-\left(\frac{1}{3}\right)^3=1-\frac{1}{27}=\boldsymbol{\frac{26}{27}} $$

113　3回ジャンプを行う反復試行であり，1回あたりのジャンプが成功する確率は　$\frac{9}{10}$　であるから，失敗する確率は　$1-\frac{9}{10}=\frac{1}{10}$　である。求める確率は，2回または3回失敗する確率であるから

$$ {}_3C_2\left(\frac{1}{10}\right)^2\left(\frac{9}{10}\right)^{3-2}+{}_3C_3\left(\frac{1}{10}\right)^3 $$
$$ =3\times\frac{9}{1000}+\frac{1}{1000}=\boldsymbol{\frac{7}{250}} $$

114　考え方　Aが優勝する場合の勝ち方を考え，それぞれの確率の和を求める。

Aが優勝する場合は

(i)　3連勝

(ii)　3回目までに2勝1敗で4回目に勝つ

(iii)　4回目までに2勝2敗で5回目に勝つ

であるから

$$ \left(\frac{3}{5}\right)^3+{}_3C_2\left(\frac{3}{5}\right)^2\left(\frac{2}{5}\right)^{3-2}\times\frac{3}{5} $$
$$ +{}_4C_2\left(\frac{3}{5}\right)^2\left(\frac{2}{5}\right)^{4-2}\times\frac{3}{5} $$

$=\dfrac{27}{5^3}+3\times\dfrac{9}{5^2}\times\dfrac{2}{5}\times\dfrac{3}{5}+6\times\dfrac{9}{5^2}\times\dfrac{4}{5^2}\times\dfrac{3}{5}$

$=\dfrac{27}{5^3}+\dfrac{162}{5^4}+\dfrac{648}{5^5}$

$=\mathbf{\dfrac{2133}{3125}}$

115 さいころを1回投げて，「3以上の目が出る」事象をAとすると　$P(A)=\dfrac{4}{6}=\dfrac{2}{3}$

さいころを6回投げるとき，事象Aがr回起こるとすると，r回は$+2$動き，残りの$(6-r)$回は-3動く。

よって，点Pの座標は

$(+2)\times r+(-3)\times(6-r)=5r-18$

(1)　$5r-18=-8$ より　$r=2$

よって，求める確率は，さいころを6回投げるとき，事象Aがちょうど2回起こる確率であるから

$${}_6C_2\left(\frac{2}{3}\right)^2\left(\frac{1}{3}\right)^4=15\times\frac{4}{9}\times\frac{1}{81}=\mathbf{\frac{20}{243}}$$

(2)　$5r-18>0$ より　$r>3.6$

rは $0\leqq r\leqq 6$ の自然数であるから

$r=4,\ 5,\ 6$

これらの場合は互いに排反である。

よって，求める確率は

$${}_6C_4\left(\frac{2}{3}\right)^4\left(\frac{1}{3}\right)^2+{}_6C_5\left(\frac{2}{3}\right)^5\left(\frac{1}{3}\right)+{}_6C_6\left(\frac{2}{3}\right)^6$$

$$=15\times\frac{16}{81}\times\frac{1}{9}+6\times\frac{32}{243}\times\frac{1}{3}+\frac{64}{729}$$

$$=\mathbf{\frac{496}{729}}$$

116 (1)　さいころを1回投げるとき，4以下の目が出る確率は　$\dfrac{4}{6}=\dfrac{2}{3}$

各回の試行は互いに独立であるから，求める確率は

$$\left(\frac{2}{3}\right)^3=\mathbf{\frac{8}{27}}$$

(2)　(1)と同様に考えると，3回とも3以下の目が出る確率は　$\left(\dfrac{1}{2}\right)^3=\dfrac{1}{8}$

求める確率は，3回とも4以下の目が出る確率から，3回とも3以下の目が出る確率を引いて

$$\frac{8}{27}-\frac{1}{8}=\frac{64-27}{216}=\mathbf{\frac{37}{216}}$$

117 (1)　さいころを1回投げるとき，2以上の目が出る確率は　$\dfrac{5}{6}$

各回の試行は互いに独立であるから，求める確率は

$$\left(\frac{5}{6}\right)^3=\mathbf{\frac{125}{216}}$$

(2)　(1)と同様に考えると，3回とも3以上の目が出る確率は　$\left(\dfrac{2}{3}\right)^3=\dfrac{8}{27}$

求める確率は，3回とも2以上の目が出る確率から，3回とも3以上の目が出る確率を引いて

$$\frac{125}{216}-\frac{8}{27}=\frac{125-64}{216}=\mathbf{\frac{61}{216}}$$

別解　「3回とも2以上の目が出る」事象をA，「3回とも2の目が出ない」事象をBとすると，求める確率は$P(A\cap\overline{B})$である。

$$P(A)=\frac{125}{216},\ P(A\cap B)=\left(\frac{4}{6}\right)^3=\frac{8}{27}$$

であるから

$$P(A\cap\overline{B})=P(A)-P(A\cap B)$$

$$=\frac{125}{216}-\frac{8}{27}=\mathbf{\frac{61}{216}}$$

118 (1)　$n(U)=40$，$n(A\cap B)=9$ より

$$P(A\cap B)=\mathbf{\frac{9}{40}}$$

(2)　$n(A)=9+11=20$ より

$$P_A(B)=\frac{n(A\cap B)}{n(A)}=\mathbf{\frac{9}{20}}$$

(3)　$n(B)=14+9=23$ より

$$P_B(A)=\frac{n(B\cap A)}{n(B)}=\frac{n(A\cap B)}{n(B)}=\mathbf{\frac{9}{23}}$$

119 「1枚目に奇数が出る」事象をA，「2枚目に偶数が出る」事象をBとすると，求める確率は$P_A(B)$であり

$n(A)=5\times 8$，$n(A\cap B)=5\times 4$

よって　$P_A(B)=\dfrac{n(A\cap B)}{n(A)}=\dfrac{5\times 4}{5\times 8}=\mathbf{\dfrac{1}{2}}$

別解　1枚目に奇数が出たとき，残りのカードは奇数4枚，偶数4枚である。この中から偶数のカードを引く確率であるから

$$P_A(B)=\frac{4}{9-1}=\frac{4}{8}=\mathbf{\frac{1}{2}}$$

120　「aが赤球を取り出す」事象をA,「bが赤球を取り出す」事象をBとする。

(1)　求める確率は

$$P(A\cap B)=P(A)P_A(B)$$
$$=\frac{3}{8}\times\frac{3-1}{8-1}=\frac{3}{8}\times\frac{2}{7}=\mathbf{\frac{3}{28}}$$

(2)　「aが白球を取り出す」事象は$\overline{A}$であるから,求める確率は

$$P(\overline{A}\cap B)=P(\overline{A})P_{\overline{A}}(B)$$
$$=\frac{5}{8}\times\frac{3}{8-1}=\frac{5}{8}\times\frac{3}{7}=\mathbf{\frac{15}{56}}$$

121　「1枚目にエースを引く」事象をA,「2枚目に絵札を引く」事象をBとする。エースは4枚,絵札は12枚であるから,求める確率は

$$P(A\cap B)=P(A)P_A(B)$$
$$=\frac{4}{52}\times\frac{12}{52-1}=\frac{4}{52}\times\frac{12}{51}=\mathbf{\frac{4}{221}}$$

122　「白球を取り出す」事象をA,「偶数の番号のついた球を取り出す」事象をBとする。

(1)　$n(U)=7$, $n(A\cap B)=2$

であるから,求める確率は

$$P(A\cap B)=\mathbf{\frac{2}{7}}$$

(2)　$n(A)=4$ より,求める確率は

$$P_A(B)=\frac{n(A\cap B)}{n(A)}=\frac{2}{4}=\mathbf{\frac{1}{2}}$$

(3)　$n(B)=3$ より,求める確率は

$$P_B(A)=\frac{n(B\cap A)}{n(B)}=\frac{n(A\cap B)}{n(B)}=\mathbf{\frac{2}{3}}$$

123　「aが当たる」事象をA,「bが当たる」事象をBとする。

(1)　求める確率は

$$P(A\cap B)=P(A)P_A(B)$$
$$=\frac{4}{10}\times\frac{4-1}{10-1}=\frac{4}{10}\times\frac{3}{9}=\mathbf{\frac{2}{15}}$$

(2)　「bがはずれる」事象は,「aが当たり,bがはずれる」事象 $A\cap\overline{B}$ と,「a,bがともにはずれる」事象 $\overline{A}\cap\overline{B}$ の和事象であり,これらは互いに排反であるから,求める確率は

$$P(\overline{B})=P(A\cap\overline{B})+P(\overline{A}\cap\overline{B})$$
$$=P(A)P_A(\overline{B})+P(\overline{A})P_{\overline{A}}(\overline{B})$$
$$=\frac{4}{10}\times\frac{6}{10-1}+\frac{6}{10}\times\frac{6-1}{10-1}$$
$$=\frac{4}{10}\times\frac{6}{9}+\frac{6}{10}\times\frac{5}{9}=\mathbf{\frac{3}{5}}$$

124　「1枚目にハートのカードを引く」事象をA,「2枚目にハートのカードを引く」事象をBとする。

(1)　求める確率は

$$P(A\cap B)=P(A)P_A(B)$$
$$=\frac{13}{52}\times\frac{13-1}{52-1}=\frac{1}{4}\times\frac{12}{51}=\mathbf{\frac{1}{17}}$$

(2)　2枚ともハートのカードを引く場合と,1枚目がハート以外で2枚目がハートのカードを引く場合とがあり,これらは互いに排反である。

よって,求める確率は

$$P(B)=P(A\cap B)+P(\overline{A}\cap B)$$
$$=P(A)P_A(B)+P(\overline{A})P_{\overline{A}}(B)$$
$$=\frac{1}{17}+\frac{39}{52}\times\frac{13}{51}=\frac{1}{17}+\frac{13}{4\times17}=\mathbf{\frac{1}{4}}$$

125　取り出した1個の製品が,「工場aの製品である」事象をA,「工場bの製品である」事象をB,「不良品である」事象をEとすると

$$P(A)=\frac{60}{100},\ P(B)=\frac{40}{100}$$
$$P_A(E)=\frac{3}{100},\ P_B(E)=\frac{4}{100}$$

(1)　求める確率は

$$P(E)=P(A\cap E)+P(B\cap E)$$
$$=P(A)P_A(E)+P(B)P_B(E)$$
$$=\frac{60}{100}\times\frac{3}{100}+\frac{40}{100}\times\frac{4}{100}=\mathbf{\frac{17}{500}}$$

(2)　求める確率は$P_E(A)$であるから

$$P_E(A)=\frac{P(E\cap A)}{P(E)}=\frac{P(A\cap E)}{P(E)}$$
$$=\frac{P(A)P_A(E)}{P(E)}$$
$$=\frac{60}{100}\times\frac{3}{100}\div\frac{17}{500}=\mathbf{\frac{9}{17}}$$

126　引いたカードに書かれた数は1,3,5,7,9のいずれかであり,これらの数のカードを引く確率は,すべて$\frac{1}{5}$である。

よって,求める期待値は

$$1\times\frac{1}{5}+3\times\frac{1}{5}+5\times\frac{1}{5}+7\times\frac{1}{5}+9\times\frac{1}{5}$$
$$=\frac{25}{5}=\mathbf{5}$$

127 1枚の硬貨を続けて3回投げるとき，表が出る回数とその確率は，次の表のようになる。

表の回数	0	1	2	3	計
確率	$\frac{1}{8}$	$\frac{3}{8}$	$\frac{3}{8}$	$\frac{1}{8}$	1

よって，表が出る回数の期待値は

$$0\times\frac{1}{8}+1\times\frac{3}{8}+2\times\frac{3}{8}+3\times\frac{1}{8}=\frac{12}{8}=\mathbf{\frac{3}{2}}\ \textbf{(回)}$$

注意 1枚の硬貨を続けて3回投げるとき，表が r 回出る確率は

$${}_3C_r\left(\frac{1}{2}\right)^r\left(\frac{1}{2}\right)^{3-r}={}_3C_r\left(\frac{1}{2}\right)^3\quad(r=0,\ 1,\ 2,\ 3)$$

128 $1000\times\frac{1}{50}+500\times\frac{3}{50}+100\times\frac{11}{50}+10\times\frac{35}{50}$

$$=\frac{1000+1500+1100+350}{50}=\frac{3950}{50}=\mathbf{79}\ \textbf{(円)}$$

129 大小2個のさいころの目の和の表をつくると，次のようになる。

大＼小	⚀	⚁	⚂	⚃	⚄	⚅
⚀	2	3	4	5	6	7
⚁	3	4	5	6	7	8
⚂	4	5	6	7	8	9
⚃	5	6	7	8	9	10
⚄	6	7	8	9	10	11
⚅	7	8	9	10	11	12

この表から，大小2個のさいころを同時に投げるとき，出る目の和とその確率は，次の表のようになる。

目の和	2	3	4	5	6	7	8	9	10	11	12	計
確率	$\frac{1}{36}$	$\frac{2}{36}$	$\frac{3}{36}$	$\frac{4}{36}$	$\frac{5}{36}$	$\frac{6}{36}$	$\frac{5}{36}$	$\frac{4}{36}$	$\frac{3}{36}$	$\frac{2}{36}$	$\frac{1}{36}$	1

よって，出る目の和の期待値は

$$2\times\frac{1}{36}+3\times\frac{2}{36}+4\times\frac{3}{36}+5\times\frac{4}{36}+6\times\frac{5}{36}$$
$$+7\times\frac{6}{36}+8\times\frac{5}{36}+9\times\frac{4}{36}+10\times\frac{3}{36}$$
$$+11\times\frac{2}{36}+12\times\frac{1}{36}$$
$$=\frac{252}{36}=\mathbf{7}$$

130 取り出した3個の球に含まれる赤球の個数は，1個，2個，3個のいずれかである。

赤球が1個である確率は $\frac{{}_3C_1\times{}_2C_2}{{}_5C_3}=\frac{3}{10}$

赤球が2個である確率は $\frac{{}_3C_2\times{}_2C_1}{{}_5C_3}=\frac{6}{10}$

赤球が3個である確率は $\frac{{}_3C_3}{{}_5C_3}=\frac{1}{10}$

よって，もらえる点数とその確率は，次の表のようになる。

点数	500	1000	1500	計
確率	$\frac{3}{10}$	$\frac{6}{10}$	$\frac{1}{10}$	1

したがって，求める期待値は

$$500\times\frac{3}{10}+1000\times\frac{6}{10}+1500\times\frac{1}{10}=\frac{9000}{10}$$
$$=\mathbf{900}\ \textbf{(点)}$$

131 1個のさいころを投げるとき，5以上の目が出る確率は $\frac{2}{6}=\frac{1}{3}$

1個のさいころを続けて4回投げるとき，5以上の目が出る回数は，

0回，1回，2回，3回，4回

のいずれかである。

5以上の目が

0回出る確率は $\left(\frac{2}{3}\right)^4=\frac{16}{81}$

1回出る確率は ${}_4C_1\left(\frac{1}{3}\right)^1\left(\frac{2}{3}\right)^3=\frac{32}{81}$

2回出る確率は ${}_4C_2\left(\frac{1}{3}\right)^2\left(\frac{2}{3}\right)^2=\frac{24}{81}$

3回出る確率は ${}_4C_3\left(\frac{1}{3}\right)^3\left(\frac{2}{3}\right)^1=\frac{8}{81}$

4回出る確率は $\left(\frac{1}{3}\right)^4=\frac{1}{81}$

したがって，5以上の目が出る回数とその確率は，次の表のようになる。

回数	0	1	2	3	4	計
確率	$\frac{16}{81}$	$\frac{32}{81}$	$\frac{24}{81}$	$\frac{8}{81}$	$\frac{1}{81}$	1

よって，求める期待値は

$$0\times\frac{16}{81}+1\times\frac{32}{81}+2\times\frac{24}{81}+3\times\frac{8}{81}+4\times\frac{1}{81}=\frac{108}{81}$$
$$=\mathbf{\frac{4}{3}}\ \textbf{(回)}$$

132 (1) $x:4=3:(3+3)$ より　$\boldsymbol{x=2}$

$y:8=3:(3+3)$ より　$\boldsymbol{y=4}$

(2) $x:(9-x)=6:3$ より　$3x=6(9-x)$

よって　$\boldsymbol{x=6}$

$y:2=6:3$ より　$\boldsymbol{y=4}$

(3) $5:x=6:2$ より　$\boldsymbol{x=\frac{5}{3}}$

$4:y=6:8$ より　$\boldsymbol{y=\frac{16}{3}}$

133

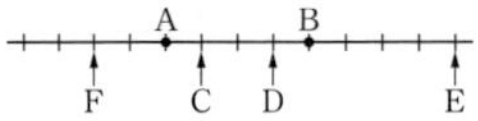

134　BD : DC＝AB : AC より

$x:(14-x)=16:12$

よって　$16(14-x)=12x$

したがって　$x=\mathbf{8}$

135　(1)　BD＝x とおくと　DC＝$6-x$

BD : DC＝AB : AC より　$x:(6-x)=7:3$

ゆえに　$7(6-x)=3x$

よって　$x=\dfrac{21}{5}$

すなわち　BD＝$\mathbf{\dfrac{21}{5}}$

(2)　CE＝y とおくと　BE＝$y+6$

BE : EC＝AB : AC より　$(y+6):y=7:3$

ゆえに　$7y=3(y+6)$

よって　$y=\dfrac{9}{2}$

すなわち　CE＝$\mathbf{\dfrac{9}{2}}$

(3)　DE＝DC＋CE

＝(BC−BD)＋CE

$=\left(6-\dfrac{21}{5}\right)+\dfrac{9}{2}=\mathbf{\dfrac{63}{10}}$

136　(1)　AC : CE＝BD : DF より

$5:x=4:8$

よって　$x=\mathbf{10}$

また，B から AE に平行な線を引き，CD，EF との交点をそれぞれ G，H とすると

CG＝EH＝AB＝4

GD : HF＝BD : BF より

$(7-4):(y-4)=4:(4+8)$

ゆえに　$y-4=9$

よって　$y=\mathbf{13}$

(2)　AC : AE＝CG : EF より

$3:(3+4)=x:7$

よって　$x=\mathbf{3}$

また，△FAB において

GD : AB＝FD : FB＝CE : AE より

$(5-3):y=4:(4+3)$

よって　$y=\mathbf{\dfrac{7}{2}}$

137　AP＝4，PB＝2 より

AP : PB＝4 : 2＝2 : 1

P は線分 AB を **2 : 1 に内分** する点である。

AQ＝10，QB＝4 より

AQ : QB＝10 : 4＝5 : 2

Q は線分 AB を **5 : 2 に外分** する点である。

AR＝2，RB＝8 より

AR : RB＝2 : 8＝1 : 4

R は線分 AB を **1 : 4 に外分** する点である。

138　(1)　DM は ∠AMB の二等分線であるから

AD : DB＝AM : BM ……①

ME は ∠AMC の二等分線であるから

AE : EC＝AM : CM ……②

①，②と BM＝CM より

AD : DB＝AE : EC

よって　DE∥BC

(2)　AD : DB＝AM : BM＝5 : 3 より

AD : AB＝5 : 8　であるから

DE : BC＝5 : 8

よって　DE＝$\dfrac{5}{8}$×BC＝$\dfrac{5}{8}\times6=\mathbf{\dfrac{15}{4}}$

139　G は △ABC の重心であるから

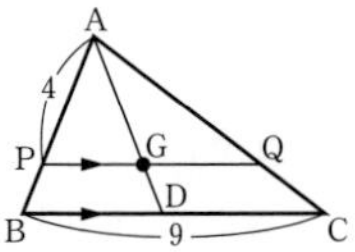

AG : GD＝2 : 1

△ABD において，

PG∥BD であるから

AP : PB＝AG : GD

よって　4 : PB＝2 : 1 より　PB＝**2**

また，△ABC において PQ∥BC であるから

PQ : BC＝AP : AB

よって　PQ : 9＝4 : 6 より　PQ＝**6**

140　P は △ABC の重心であるから

AP : PL＝AP : 2＝2 : 1

より　AP＝4

△ABL において，∠ALB＝90° であり

AL＝2＋4＝6，BL＝$\dfrac{6}{2}=3$

であるから，三平方の定理より

$AB^2=6^2+3^2=45$

AB＞0 より

AB＝$\sqrt{45}=3\sqrt{5}$

よって　AP＝**4**，AB＝$\mathbf{3\sqrt{5}}$

141 (1) Iは△ABCの内心であるから

$\angle IBA=\angle IBC=30°$

$\angle ICA=\angle ICB=20°$

$\angle IAC=\angle IAB=\theta$

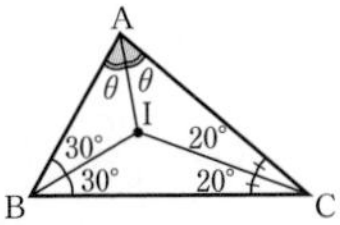

△ABCの内角の和は180°であるから

$2\times(\theta+30°+20°)=180°$

ゆえに　$\theta+50°=90°$

よって　$\theta=\mathbf{40°}$

(2) Iは△ABCの内心であるから

$\angle IAC=\angle IAB=45°$

$\angle IBA=\angle IBC=25°$

△ABCの内角の和は180°であるから

$2\times\angle ICA+2\times(45°+25°)=180°$

ゆえに　$\angle ICA=20°$

よって，△IACにおいて

$\theta+20°+45°=180°$

したがって　$\theta=\mathbf{115°}$

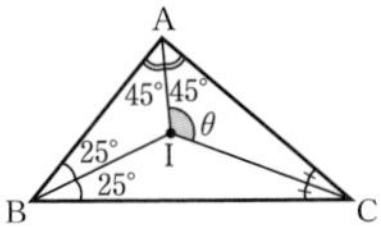

(3) $\angle IBC=\alpha$，$\angle ICB=\beta$ とおくと，△ABCの内角の和は180°であるから

$2\alpha+2\beta+80°=180°$

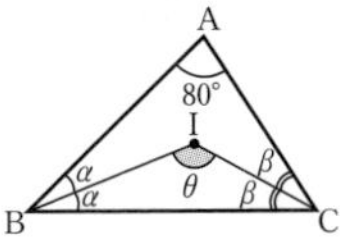

より　$\alpha+\beta=50°$

△IBCの内角の和は180°であるから

$\theta+\alpha+\beta=180°$

よって　$\theta=\mathbf{130°}$

142 (1) Oは△ABCの外心であるから

$\angle OBA=\angle OAB=20°$

$\angle OAC=\angle OCA=40°$

$\angle OCB=\angle OBC=\theta$

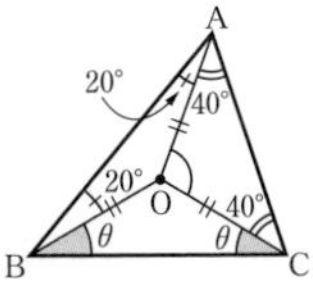

△ABCの内角の和は180°であるから

$2\times(\theta+20°+40°)=180°$

よって　$\theta=\mathbf{30°}$

(2) 右の図のように，AOの延長とBCの交点をDとし，

$\angle OAB=\angle OBA=\alpha$

$\angle OAC=\angle OCA=\beta$

とおくと

$\angle BOD=2\alpha$，$\angle COD=2\beta$

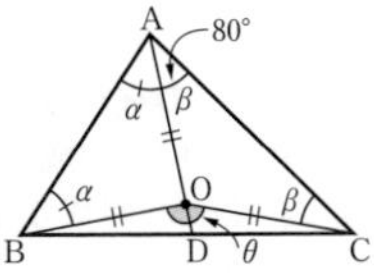

より　$\theta=\angle BOD+\angle COD$

$=2\alpha+2\beta=2(\alpha+\beta)$

ここで，$\alpha+\beta=80°$ であるから

$\theta=2\times80°=\mathbf{160°}$

別解 △ABCの外接円の円周角と中心角の関係から　$80°=\frac{1}{2}\theta$　よって　$\theta=\mathbf{160°}$

(3) △ABCの内角の和は180°であるから

$\angle ACB=180°-(120°+25°)=35°$

下の図のように　$\angle OBC=\angle OCB=\alpha$

とおくと

$\angle OAB=\angle OBA=25°+\alpha$

$\angle OAC=\angle OCA=35°+\alpha$

$\angle BAC=\angle OAB+\angle OAC=120°$

であるから　$(\alpha+25°)+(\alpha+35°)=120°$

ゆえに　$\alpha=30°$

△OBCの内角の和は180°であるから

$\theta+30°+30°=180°$

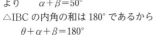

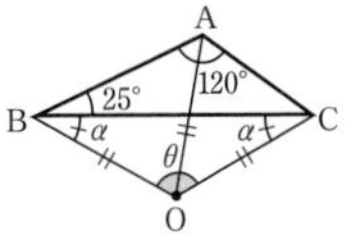

よって　$\theta=\mathbf{120°}$

別解 △ABCの外接円の円周角と中心角の関係から　$360°-\theta=2\times120°$

よって　$\theta=\mathbf{120°}$

143 BD=2BQ=2DQ より　BQ=DQ=3

また，AQ=QC より，PとRは△ABCと△ACDの中線の交点であるから，それぞれの重心である。

ゆえに　BQ：PQ=3：1

DQ：RQ=3：1

よって　$PQ=\frac{1}{3}BQ=1$，$RQ=\frac{1}{3}DQ=1$

したがって　PQ=**1**，PR=PQ+RQ=**2**

144 (1) △ABCにおいて，ADは∠Aの二等分線であるから

BD：DC=AB：AC=4：3

よって　$BD=\frac{4}{7}\times BC=\frac{4}{7}\times5=\mathbf{\frac{20}{7}}$

(2) △ABDにおいて，BIは∠Bの二等分線であるから，(1)より

$AI:ID=BA:BD=4:\frac{20}{7}$

よって　AI：ID=28：20=**7：5**

145 $\angle B=90°$ より，
△ABC の外接円は AC を直径とする円である。外心は AC の中点，すなわち
点 **P**

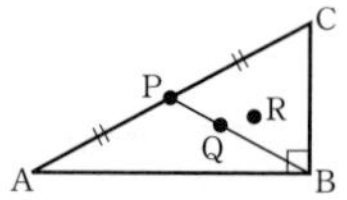

重心は中線 BP 上にあるから 点 **Q**
よって，内心は 点 **R**

146 (1) メネラウスの定理より

$$\frac{BP}{PC}\cdot\frac{CQ}{QA}\cdot\frac{AR}{RB}=\frac{x}{y}\cdot\frac{1}{1}\cdot\frac{1}{3}=1$$

ゆえに $\frac{x}{y}=3=\frac{3}{1}$

すなわち $x:y=\mathbf{3:1}$

(2) メネラウスの定理より

$$\frac{BP}{PC}\cdot\frac{CQ}{QA}\cdot\frac{AR}{RB}=\frac{3+2}{2}\cdot\frac{2}{4}\cdot\frac{x}{y}=1$$

ゆえに $\frac{x}{y}=\frac{4}{5}$

すなわち $x:y=\mathbf{4:5}$

(3) メネラウスの定理より

$$\frac{CP}{PB}\cdot\frac{BQ}{QA}\cdot\frac{AR}{RC}=\frac{2+1}{1}\cdot\frac{y}{x}\cdot\frac{2}{3}=1$$

ゆえに $\frac{y}{x}=\frac{1}{2}$

すなわち $x:y=\mathbf{2:1}$

147 (1) チェバの定理より

$$\frac{BP}{PC}\cdot\frac{CQ}{QA}\cdot\frac{AR}{RB}=\frac{x}{y}\cdot\frac{3}{2}\cdot\frac{4}{1}=1$$

ゆえに $\frac{x}{y}=\frac{1}{6}$

すなわち $x:y=\mathbf{1:6}$

(2) チェバの定理より

$$\frac{BP}{PC}\cdot\frac{CQ}{QA}\cdot\frac{AR}{RB}=\frac{5}{3}\cdot\frac{2}{3}\cdot\frac{x}{y}=1$$

ゆえに $\frac{x}{y}=\frac{9}{10}$

すなわち $x:y=\mathbf{9:10}$

(3) チェバの定理より

$$\frac{BP}{PC}\cdot\frac{CQ}{QA}\cdot\frac{AR}{RB}=\frac{5}{4}\cdot\frac{x}{y}\cdot\frac{3}{6}=1$$

ゆえに $\frac{x}{y}=\frac{8}{5}$

すなわち $x:y=\mathbf{8:5}$

148 (1) △ABD と直線 FC において，メネラウスの定理より

$$\frac{BC}{CD}\cdot\frac{DP}{PA}\cdot\frac{AF}{FB}=\frac{BC}{CD}\cdot\frac{3}{7}\cdot\frac{2}{3}=1$$

ゆえに，$\frac{BC}{CD}=\frac{7}{2}$ より　BC：CD＝7：2

よって　BD：DC＝(7－2)：2＝**5：2**

(2) △ABC において，チェバの定理より

$$\frac{BD}{DC}\cdot\frac{CE}{EA}\cdot\frac{AF}{FB}=\frac{5}{2}\cdot\frac{CE}{EA}\cdot\frac{2}{3}=1$$

ゆえに $\frac{CE}{EA}=\frac{3}{5}$

よって　AE：EC＝**5：3**

149 (1) △APC と直線 BQ において，メネラウスの定理より

$$\frac{CB}{BP}\cdot\frac{PO}{OA}\cdot\frac{AQ}{QC}=\frac{3+1}{1}\cdot\frac{PO}{OA}\cdot\frac{3}{2}=1$$

ゆえに $\frac{PO}{OA}=\frac{1}{6}$

すなわち　AO：OP＝**6：1**

(2) △OBC と △ABC は辺 BC を共有しているから

$$\frac{\triangle OBC}{\triangle ABC}=\frac{OP}{AP}=\frac{1}{6+1}=\frac{1}{7}$$

よって　△OBC：△ABC＝**1：7**

150 △ABC において，三平方の定理より

$$AB^2=3^2+4^2=5^2$$

$AB>0$ より　AB＝5

よって　AB：BC：CA＝5：3：4

また，AD は ∠A の二等分線であるから

BD：DC＝AB：AC＝5：4

(1) 辺 AB を共有しているから

△DAB：△ABC＝BD：BC＝**5：9**

(2) 辺 BD を共有しているから

△DBE：△DBA＝BE：BA＝1：2

(1)より　△DBE：△DBA：△ABC
＝5：10：18

よって　△DBE：△ABC＝**5：18**

151 (1) $7<2+4$ は成り立たないから，**存在しない。**

(2) $10<7+5$ が成り立つから，**存在する。**

(3) $8<3+5$ は成り立たないから，**存在しない。**

(4) $6<6+1$ が成り立つから，**存在する。**

152 (1) $c>a>b$ より　$\angle \mathbf{C}>\angle \mathbf{A}>\angle \mathbf{B}$

(2) $b>a>c$ より　$\angle \mathbf{B}>\angle \mathbf{A}>\angle \mathbf{C}$

(3) $a>c>b$ より　$\angle \mathbf{A}>\angle \mathbf{C}>\angle \mathbf{B}$

153 (1) $\angle C=180^\circ-(45^\circ+60^\circ)=75^\circ$

より　$\angle C>\angle B>\angle A$

よって　$\boldsymbol{c>b>a}$

(2) $\angle C=180^\circ-(115^\circ+50^\circ)=15^\circ$

より　$\angle A>\angle B>\angle C$

よって　$\boldsymbol{a>b>c}$

154 (1) $\angle C=90^\circ$ より　$\angle C$ が最大角

また，$a<b$ より　$\angle A<\angle B$

よって　$\boldsymbol{\angle C>\angle B>\angle A}$

(2) $\angle A=120^\circ$ より　$\angle A$ が最大角

また，$b<c$ より　$\angle B<\angle C$

よって　$\boldsymbol{\angle A>\angle C>\angle B}$

155 (1) 三角形が存在するのは

$6-5<x<6+5$

が成り立つときである。

よって　$\boldsymbol{1<x<11}$

(2) 三角形が存在するのは

$(x+1)-x<7<(x+1)+x$

すなわち　$1<7<2x+1$

が成り立つときである。

ここで　$1<7$

はつねに成り立つ。

また，$7<2x+1$ より　$-2x<-6$

よって　$\boldsymbol{x>3}$

156 △ABC において，$\angle C=90^\circ$ であるから辺 AB の長さが最大である。

よって　AC<AB

△APC において，$\angle C=90^\circ$ であるから辺 AP の長さが最大である。

よって　AC<AP　……①

△ABP において，

$\angle APB=\angle C+\angle CAP>90^\circ$ であるから辺 AB の長さが最大である。

よって　AP<AB　……②

したがって，①，②より　AC<AP<AB

157 △ABC において

AB>AC より　$\angle C>\angle B$

△PBC において

$\angle PBC=\dfrac{1}{2}\angle B,\ \angle PCB=\dfrac{1}{2}\angle C$

よって，$\angle PBC<\angle PCB$ となるから

PB>PC

158 (1) 円に内接する四角形の性質より，向かい合う内角の和は 180° であるから

$\alpha=180^\circ-75^\circ=\boldsymbol{105^\circ}$

$\angle ABC$ は $\angle ADC$ の外角に等しいから

$\beta=\boldsymbol{50^\circ}$

(2) 円に内接する四角形の性質より，$\angle BAD$ は $\angle BCD$ の外角に等しいから

$\alpha=\boldsymbol{100^\circ}$

△ABD において，内角の和は 180° であるから

$\beta=180^\circ-(45^\circ+100^\circ)=\boldsymbol{35^\circ}$

(3) 円に内接する四角形の性質より，向かい合う内角の和は 180° であるから

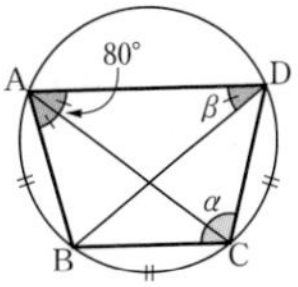

$\alpha=180^\circ-80^\circ=\boldsymbol{100^\circ}$

ここで，$\overset{\frown}{AB}=\overset{\frown}{BC}=\overset{\frown}{CD}$

より

$\beta=\angle BAC=\angle CAD$

$=\dfrac{1}{2}\times\angle BAD=\dfrac{1}{2}\times80^\circ=\boldsymbol{40^\circ}$

注意　$\overset{\frown}{AB}$ は弧 AB の長さのことである。

159 (ア) $\angle A+\angle C=90^\circ+70^\circ=160^\circ$

向かい合う内角の和が 180° でないから，四角形 ABCD は円に内接しない。

(イ) $\angle DAB=180^\circ-105^\circ=75^\circ$ より

$\angle DAB$ は $\angle BCD$ の外角に等しい。

ゆえに，四角形 ABCD は円に内接する。

(ウ) △BCD において内角の和は 180° であるから

$\angle C=180^\circ-(35^\circ+25^\circ)=120^\circ$

ゆえに　$\angle A+\angle C=60^\circ+120^\circ=180^\circ$

向かい合う内角の和が 180° であるから，四角形 ABCD は円に内接する。

よって，円に内接するのは

(イ)，(ウ)

160 AD∥BC より　$\angle A+\angle B=180^\circ$

$\angle B=\angle C$ より　$\angle A+\angle C=180^\circ$

よって，向かい合う内角の和が 180° であるから，台形 ABCD は円に内接する。

161 (1) 四角形 ABCD は円に内接するから

$\angle BCD=180^\circ-\angle BAD=180^\circ-110^\circ=70^\circ$

また　$\angle BDC=90^\circ$　(半円周に対する円周角)

よって，△BCD において内角の和は 180° であるから

$\theta=180^\circ-(70^\circ+90^\circ)=\boldsymbol{20^\circ}$

(2)　EとFを線分で結ぶ。

四角形ABFEは円に内接するから

$\angle DEF=\angle ABF=65^\circ$

四角形CDEFも円に内接するから

$\theta=180^\circ-\angle DEF=180^\circ-65^\circ=\mathbf{115^\circ}$

(3)　△DAEにおいて内角の和は180°であるから

$\angle ADC=180^\circ-(55^\circ+20^\circ)=105^\circ$

四角形ABCDは円に内接するから

$\angle DCF=\angle DAB=55^\circ$

また，$\angle ADC=\angle DFC+\angle DCF$

であるから

$105^\circ=\theta+55^\circ$

よって　$\theta=\mathbf{50^\circ}$

162　$\angle AED+\angle AFD$
$=180^\circ$

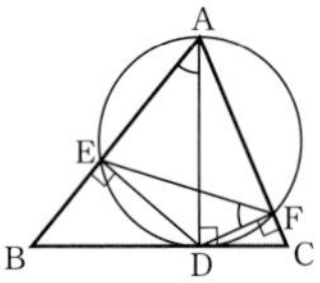

であるから，四角形AEDFは円に内接する。

ゆえに

$\angle EAD=\angle EFD$

よって，四角形BCFEにおいて

$\angle EBC+\angle EFC$

$=\angle EBC+\angle EFD+\angle DFC$

$=\angle EBC+\angle EAD+90^\circ$

$=90^\circ+90^\circ=180^\circ$　←$\angle ADB=90^\circ$

したがって，向かい合う内角の和が180°であるから，四角形BCFEは円に内接する。

よって，4点B，C，F，Eは同一円周上にある。

163　BR=BP より　BR=2

CQ=CP より　CQ=5

ゆえに　AQ=AC−CQ=8−5=3

AR=AQ より　AR=3

よって　AB=AR+RB

$=3+2=\mathbf{5}$

164　AR=x とすると

AQ=AR，AC=7 より

CQ=AC−AQ=7−x

よって，CP=CQ より

CP=7−x

また，AB=6 より

BR=AB−AR=6−x

よって，BP=BR より

BP=6−x

ここで，BP+CP=BC，BC=8 であるから

$(6-x)+(7-x)=8$

これを解いて　$x=\dfrac{5}{2}$

したがって　$AR=\mathbf{\dfrac{5}{2}}$

165　(1)　接線と弦のつくる角の性質より

$\theta=\mathbf{40^\circ}$

(2)　TAの延長上に点T′をとる。接線と弦のつくる角の性質より

$\theta=\angle CAT'$

$=90^\circ-55^\circ=\mathbf{35^\circ}$

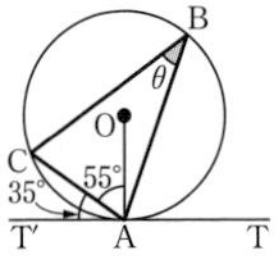

(3)　BCは直径であるから　$\angle CAB=90^\circ$

接線と弦のつくる角の性質より

$\angle ACB=\angle BAT=\theta$

△ABCにおいて内角の和は180°であるから

$\theta+30^\circ+90^\circ=180^\circ$

よって　$\theta=\mathbf{60^\circ}$

(4)　BCと円との交点をDとする。接線と弦のつくる角の性質より　$\angle DAB=25^\circ$

また，CDは直径であるから　$\angle CAD=90^\circ$

ゆえに　$\angle CAB=\angle CAD+\angle DAB$

$=90^\circ+25^\circ=115^\circ$

△ABCにおいて内角の和は180°であるから

$\angle ACB+\angle CAB+\theta=180^\circ$

$25^\circ+115^\circ+\theta=180^\circ$

よって　$\theta=180^\circ-140^\circ=\mathbf{40^\circ}$

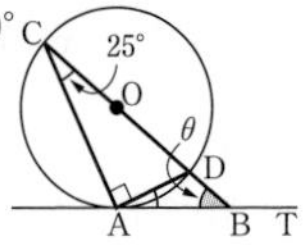

166　AP=AS=x とおく。

DR=DS=4−AS=4−x

CR=CQ=8−BQ=8−BP

$=8-(7-AP)=1+AP=1+x$

よって

$CD=CR+DR=(1+x)+(4-x)=\mathbf{5}$

167　(1)　接線と弦のつくる角の性質より

$\angle CAT=100^\circ$

△ACTにおいて内角の和は180°であるから

$\theta=180^\circ-(100^\circ+45^\circ)=\mathbf{35^\circ}$

(2)　接線と弦のつくる角の性質より

$\angle BAT=40^\circ$

ゆえに　$\angle DAB=180^\circ-(70^\circ+40^\circ)=70^\circ$

四角形ABCDは円Oに内接するから

$\theta=180^\circ-\angle DAB=180^\circ-70^\circ=\mathbf{110^\circ}$

(3) TA の延長上に点 T′ をとり，A と C を結ぶ線分を引く。接線と弦のつくる角の性質より

$\angle DCA=\angle DAT'=25°$

ゆえに　$\angle BCA=75°-25°=50°$

BC=BA より　$\angle BCA=\angle BAC=50°$

△ABC において内角の和は 180° であるから

$\angle ABC=180°-2\times 50°=80°$

四角形 ABCD は円Oに内接するから

$\theta=180°-\angle ABC=180°-80°=\mathbf{100°}$

168　四角形 AOBP において

$\angle OAP=\angle OBP=90°$

$\angle AOB=360°-2\times 115°$　←円周角の定理

$=130°$

四角形の内角の和は 360° であるから

$\theta=360°-(2\times 90°+130°)=\mathbf{50°}$

169　円周角の定理より

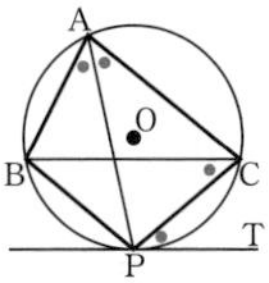

$\angle BAP=\angle BCP$　……①

接線と弦のつくる角の性質より

$\angle CAP=\angle CPT$　……②

AP は ∠BAC の二等分線であるから

$\angle BAP=\angle CAP$　……③

①，②，③より　$\angle BCP=\angle CPT$

したがって　BC∥PT

170　(1) PA・PB=PC・PD より

$x\cdot 4=6\cdot 2$

よって　$x=\mathbf{3}$

(2) PA・PB=PC・PD より

$3\cdot(x+3)=4\cdot(4+5)$

よって　$x+3=12$

より　$x=\mathbf{9}$

171　(1) $PT^2=PA\cdot PB$ より

$x^2=4\cdot(4+7)=44$

$x>0$ より

$x=\sqrt{44}=\mathbf{2\sqrt{11}}$

(2) $PA\cdot PB=PT^2$ より

$3\cdot(3+x)=6^2=36$

よって　$3+x=12$

より　$x=\mathbf{9}$

(3) $PA\cdot PB=PT^2$ より

$x\cdot(x+5)=6^2=36$

整理すると　$x^2+5x-36=0$

$(x+9)(x-4)=0$

$x>0$ より　$x=\mathbf{4}$

172　(1) PA・PB=PC・PD より

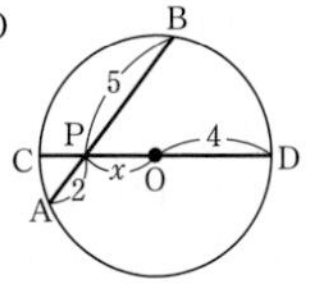

$2\cdot 5=(4-x)(4+x)$

整理すると　$10=16-x^2$

$x^2=6$

$x>0$ より　$x=\mathbf{\sqrt{6}}$

(2) 直線 OP と円の交点を C，D とする。

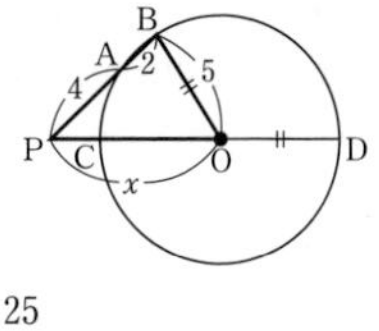

PA・PB=PC・PD より

$4\cdot(4+2)$

$=(x-5)(x+5)$

整理すると　$24=x^2-25$

$x^2=49$

$x>0$ より　$x=\sqrt{49}=\mathbf{7}$

173　**考え方**　円 O，円 O′ それぞれについて方べきの定理を用いる。

円Oにおいて　$PS^2=PA\cdot PB$

円 O′ において　$PT^2=PA\cdot PB$

よって　$PS^2=PT^2$

PS>0，PT>0 より　PS=PT

したがって，P は ST の中点である。

174　右の図のように，直線 OP と半径 5 の円の交点を C，D とすると

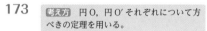

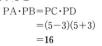

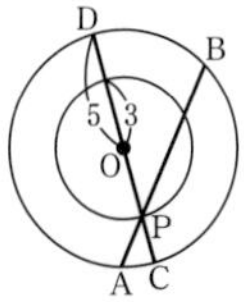

$PA\cdot PB=PC\cdot PD$

$=(5-3)(5+3)$

$=\mathbf{16}$

175　円Oにおいて

$PB\cdot PA=PX^2$　……①

円 O′ において

$PD\cdot PC=PX^2$　……②

①，②より　PB・PA=PD・PC

したがって，方べきの定理の逆より，4 点 A，B，C，D は同一円周上にある。

参考　方べきの定理の逆

PA・PB
＝PC・PD ……①
のとき △PAC と
△PDB において
　∠APC＝∠DPB
①より
　PA：PD＝PC：PB
ゆえに　　△PAC∽△PDB
よって　　∠PAC＝∠PDB

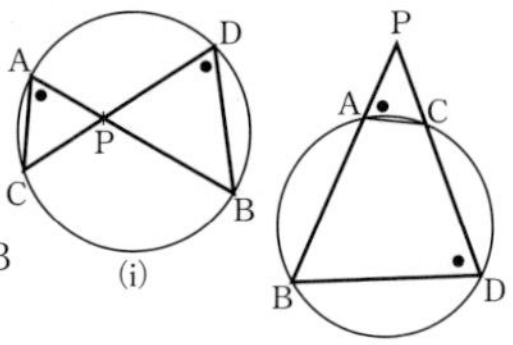

(i)　(ii)

したがって，(i)では円周角の定理の逆より，(ii)では四角形が円に内接する条件より，4点A，B，C，Dは同一円周上にある。

176　2つの円が外接するとき

$r+5=8$ より　$r=3$

2つの円が内接するときの中心間の距離を d とすると

$d=5-r$
$=5-3=\mathbf{2}$

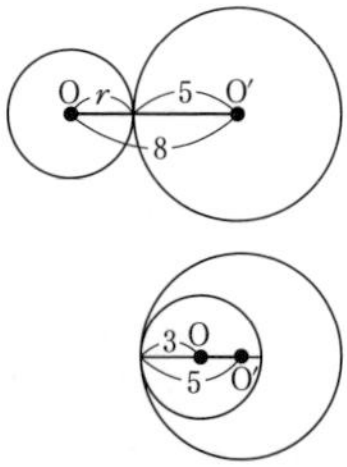

177　(1)　$13>7+4$ より，2円OとO′は **離れている**。よって，共通接線は **4本**。

(2)　$11=7+4$ より，2円OとO′は **外接する**。よって，共通接線は **3本**。

(3)　$7-4<6<7+4$ より，2円OとO′は **2点で交わる**。よって，共通接線は **2本**。

178　(1)　点O′から線分OAに垂線O′Hをおろすと

$OH=OA-O'B$
$=6-4=2$

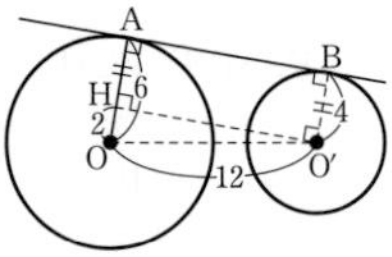

△OO′H は直角三角形であるから

$AB=O'H=\sqrt{12^2-2^2}=\sqrt{140}=\mathbf{2\sqrt{35}}$

(2)　(1)と同様に垂線O′Hをおろすと

$AB=O'H=\sqrt{9^2-(7-4)^2}=\sqrt{81-9}$
$=\sqrt{72}=\mathbf{6\sqrt{2}}$

179　点O′から直線OAに垂線O′Hをおろすと

$OH=OA+O'B$
$=4+5=9$

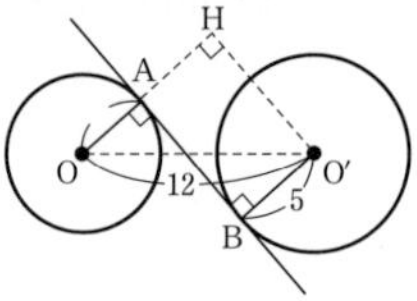

△OO′H は直角三角形であるから

$AB=O'H=\sqrt{12^2-9^2}$
$=\sqrt{144-81}=\sqrt{63}=\mathbf{3\sqrt{7}}$

180　接点Pにおける2円の共通接線をTT′とすると，円Oにおける接線と弦のつくる角の性質より

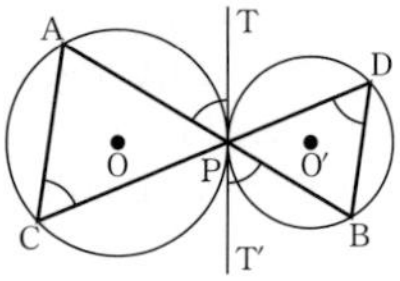

　∠ACP＝∠APT　　……①

円O′における接線と弦のつくる角の性質より

　∠BDP＝∠BPT′　　……②

ここで，∠APT＝∠BPT′ であるから　←対頂角

①，②より　　∠ACP＝∠BDP
すなわち　∠ACD＝∠BDC
よって　　AC∥DB

181　**1：2 に内分する点**

①　点Aを通る直線 l を引き，コンパスで等間隔に3個の点 C_1，C_2，C_3 をとる。

②　点 C_1 を通り，直線 C_3B に平行な直線を引き，線分ABとの交点をPとすれば，Pが求める点である。

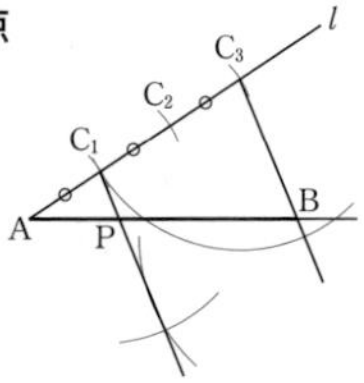

6：1 に外分する点

①　点Aを通る直線 l を引き，コンパスで等間隔に6個の点 D_1，D_2，D_3，……，D_6 をとる。

②　点 D_6 を通り，直線 D_5B に平行な直線を引き，線分ABの延長との交点をQとすれば，Qが求める点である。

(図のように，点 D_6 を通り，直線 D_5B に平行な直線を引くには，3点 D_6，D_5，B を頂点とする平行四辺形をかいてもよい。)

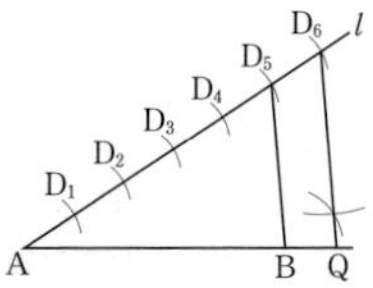

182

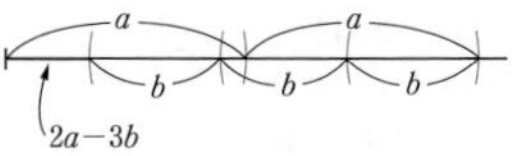

183　**長さ ab の線分**

①　点Oを通る直線 l，m を引き，l，m 上に $OA=a$,

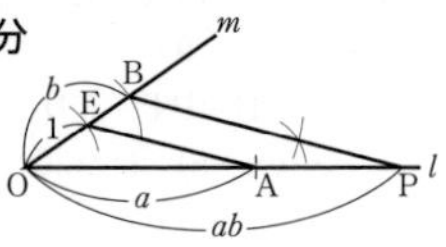

$OB=b$ となる点A，Bをそれぞれとる。
② 直線 m 上に $OE=1$ となる点Eをとる。
③ 点Bを通り，線分EAに平行な直線を引き，l との交点をPとすれば，$OP=ab$ となる。

長さ $\dfrac{ab}{c}$ の線分

④ さらに，直線 m 上に $OC=c$ となる点Cをとる。
⑤ 点Eを通り，線分CPに平行な直線を引き，l との交点をQとすれば，$OQ=\dfrac{ab}{c}$ となる。

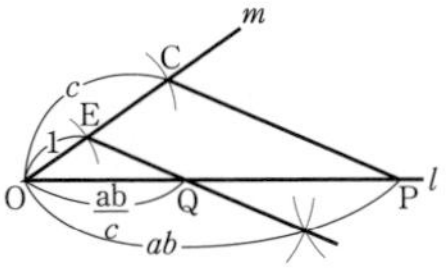

184 ① CD上にコンパスで等間隔に3個の点 E_1，E_2，E_3 をとる。
② 点 E_1 を通り，直線 AE_3 に平行な直線を引き，線分ACとの交点をFとすれば，△FBCが求める三角形である。

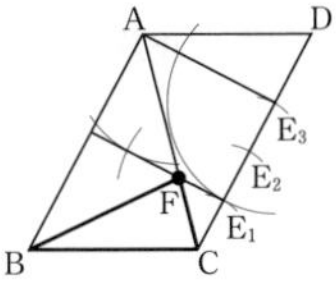

185 ① 長さ1の線分ABの延長上に，$BC=3$ となる点Cをとる。
② 線分ACの中点Oを求め，OAを半径とする円をかく。
③ 点Bを通り，ACに垂直な直線を引き，円Oとの交点をD，D′とすれば，$BD=BD'=\sqrt{3}$ である。

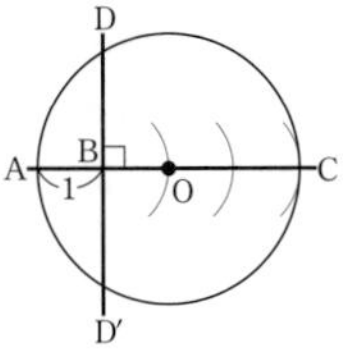

別解 右の図のように直角三角形をかく方法でも，長さ $\sqrt{3}$ の線分を作図できる。

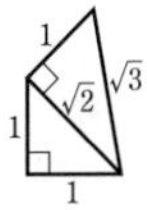

186 ① 線分BCの延長上に $CD=CE$ となる点Eをとる。
② 線分BEを直径とする円をかき，直線CDとの交点をF，F′とする。
③ 線分CFを1辺とする正方形FCGHが求める正方形である。

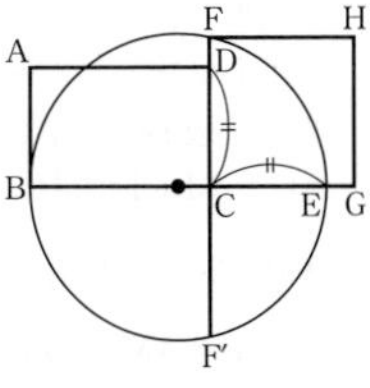

証明 上の図で，方べきの定理より

$CB\cdot CE=CF\cdot CF'$

であり，$CE=CD$，$CF=CF'$ であるから

$CB\cdot CD=CF^2$

よって，長方形ABCDの面積と正方形FCGHの面積は等しい。

187 辺ABと平行ではなく，交わることもない辺であればよい。
よって **CF，DF，EF**

188 (1) 2直線AD，BFのなす角は，2直線AD，AEのなす角に等しいから **90°**
(2) 2直線AB，EGのなす角は，2直線AB，ACのなす角に等しいから **45°**
(3) 2直線AB，DEのなす角は，2直線EF，DEのなす角に等しいから **90°**
(4) 2直線BD，CHのなす角は，2直線BD，BEのなす角に等しい。△BDEは正三角形であるから

$\angle DBE=60°$

よって **60°**

189 (1) **平面ABC**
(2) **平面ADEB，平面BEFC，平面ADFC**
(3) $\angle CAD=90°$ であるから **90°**
(4) $\angle ABC=60°$ であるから **60°**

190 (1) **BC，EH，FG**
(2) **AB，AE，DC，DH**
(3) **BF，CG，EF，HG**
(4) **平面BFGC，平面EFGH**
(5) **平面ABCD，平面AEHD**
(6) **平面AEFB，平面DHGC**

191 PH⊥平面ABC
より PH⊥BC
また AH⊥BC
よって，BCは平面PAH上の交わる2直線に垂直であるから

平面PAH⊥BC

したがって，BCは平面PAH上のすべての直線に垂直であるから

PA⊥BC

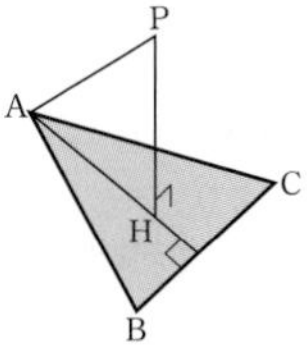

192 (1) AC, BE のなす角は，AC, CF のなす角に等しいから　**90°**

(2) BC, DF のなす角は，BC, AC のなす角に等しい。∠ACB=30° であるから　**30°**

(3) ∠CBE=90° であるから　**90°**

(4) ∠ACB=30° であるから　**30°**

193 $PA \perp \alpha$ より　$PA \perp l$

$PB \perp \beta$ より　$PB \perp l$

ゆえに，l は平面 PAB 上の交わる 2 直線 PA, PB に垂直であるから

$l \perp$ 平面 PAB

よって，l は平面 PAB 上のすべての直線に垂直であるから　$AB \perp l$

194 (1) $OB \perp OC$ より，△OBC は直角三角形である。ゆえに，三平方の定理より

$BC^2 = OB^2 + OC^2 = (2\sqrt{3})^2 + 2^2 = 16$

よって　$BC = 4$

ここで，△ODC∽△BOC より

$OD : OC = OB : BC$

すなわち　$OD : 2 = 2\sqrt{3} : 4$

したがって　$OD = \boldsymbol{\sqrt{3}}$

(2) $AO \perp OB$, $AO \perp OC$ より $AO \perp$ △OBC

また，$OD \perp BC$ であるから，

三垂線の定理より　$AD \perp BC$

(3) (2)より，$AO \perp$ △OBC であるから

∠AOD=90°

△AOD に三平方の定理を用いて

$AD^2 = OA^2 + OD^2$

$= 1^2 + (\sqrt{3})^2 = 4$

よって　$AD = \mathbf{2}$

(4) $\triangle ABC = \dfrac{1}{2} \times BC \times AD$

$= \dfrac{1}{2} \times 4 \times 2 = \mathbf{4}$

195 (1) $v = \mathbf{6}$, $e = \mathbf{9}$, $f = \mathbf{5}$ より

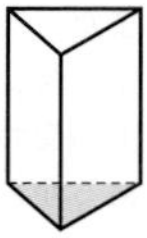

$v - e + f = 6 - 9 + 5$

$= 2$

(2) $v = \mathbf{5}$, $e = \mathbf{8}$, $f = \mathbf{5}$ より

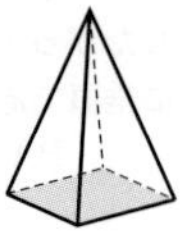

$v - e + f = 5 - 8 + 5$

$= 2$

196 $v = \mathbf{9}$, $e = \mathbf{16}$, $f = \mathbf{9}$ より

$v - e + f = 9 - 16 + 9 = 2$

197 $v = \boldsymbol{n+2}$

$e = n + n + n = \boldsymbol{3n}$

$f = n + n = \boldsymbol{2n}$

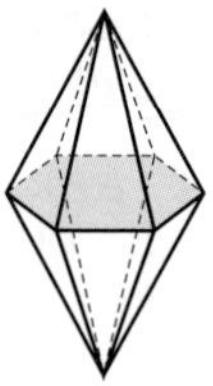

よって

$v - e + f = (n+2) - 3n + 2n$

$= 2$

198 3 つの面が集まっている頂点と，4 つの面が集まっている頂点があるから。(正多面体は，どの頂点にも面が同じ数だけ集まっている。)

199 **正八面体**

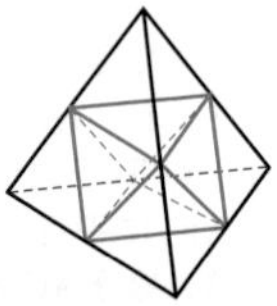

理由　この多面体の各辺は，正四面体の辺の中点を結んだ線分であるから，中点連結定理より，その長さは正四面体の辺の長さの $\dfrac{1}{2}$ である。

よって，この多面体の各辺の長さはすべて等しく，各面はすべて正三角形である。……①

また，この多面体のどの頂点にも 4 つの面が集まっている。……②

①，②より，この多面体は正多面体であり，面の数が 8 個あるから，正八面体である。

200 (1) 点Aから△BCD におろした垂線と△BCD の交点は，△BCD の外心である。ここで，△BCD は正三角形であるから，その外心は重心Gと一致する。辺 BC の中点を M とするとき，

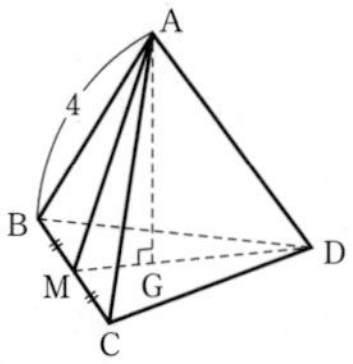

$AG \perp$ △BCD より，∠AGM=90° である。

$AM = 2\sqrt{3}$，$GM = \dfrac{1}{3}AM = \dfrac{2\sqrt{3}}{3}$ より

$AG^2 = AM^2 - GM^2$

$= (2\sqrt{3})^2 - \left(\dfrac{2\sqrt{3}}{3}\right)^2 = \dfrac{32}{3}$

ゆえに　$AG=\dfrac{4\sqrt{6}}{3}$

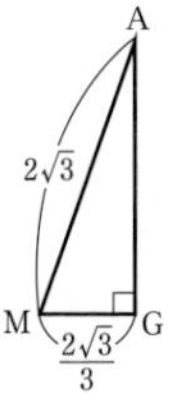

また　$\triangle BCD=\dfrac{1}{2}\times 4\times 2\sqrt{3}=4\sqrt{3}$

よって　$V=\dfrac{1}{3}\times\triangle BCD\times AG$

$=\dfrac{1}{3}\times 4\sqrt{3}\times\dfrac{4\sqrt{6}}{3}$

$=\mathbf{\dfrac{16\sqrt{2}}{3}}$

(2)　三角錐 OBCD の体積は

$\dfrac{1}{3}\times\triangle BCD\times r=\dfrac{1}{3}\times 4\sqrt{3}\times r=\dfrac{4\sqrt{3}}{3}r$

三角錐 OACD，三角錐 OABD，三角錐 OABC の体積も同じであるから

$V=4\times\dfrac{4\sqrt{3}}{3}r=\dfrac{16\sqrt{3}}{3}r$

よって，$\dfrac{16\sqrt{2}}{3}=\dfrac{16\sqrt{3}}{3}r$ より

$r=\dfrac{\sqrt{2}}{\sqrt{3}}=\mathbf{\dfrac{\sqrt{6}}{3}}$

201

(1)　$111_{(2)}=1\times 2^2+1\times 2+1\times 1$
$=4+2+1=\mathbf{7}$

(2)　$1001_{(2)}=1\times 2^3+0\times 2^2+0\times 2+1\times 1$
$=8+0+0+1=\mathbf{9}$

(3)　$10110_{(2)}=1\times 2^4+0\times 2^3+1\times 2^2+1\times 2+0\times 1$
$=16+0+4+2+0=\mathbf{22}$

202

(1)　$15=1\times 2^3+1\times 2^2$
$+1\times 2+1$
$=\mathbf{1111_{(2)}}$

2) 15
2) 7 … 1
2) 3 … 1
2) 1 … 1
　0 … 1

(2)　$33=1\times 2^5+0\times 2^4+0\times 2^3$
$+0\times 2^2+0\times 2+1$
$=\mathbf{100001_{(2)}}$

2) 33
2) 16 … 1
2) 8 … 0
2) 4 … 0
2) 2 … 0
2) 1 … 0
　0 … 1

(3)　$60=1\times 2^5+1\times 2^4+1\times 2^3$
$+1\times 2^2+0\times 2+0$
$=\mathbf{111100_{(2)}}$

2) 60
2) 30 … 0
2) 15 … 0
2) 7 … 1
2) 3 … 1
2) 1 … 1
　0 … 1

203

(1)　$143_{(5)}=1\times 5^2+4\times 5+3\times 1$
$=25+20+3=\mathbf{48}$

(2)　$13=1\times 3^2+1\times 3+1=\mathbf{111_{(3)}}$

3) 13
3) 4 … 1
3) 1 … 1
　0 … 1

204

$2100_{(3)}=2\times 3^3+1\times 3^2$
$+0\times 3+0\times 1=63$

$63=1\times 2^5+1\times 2^4+1\times 2^3+1\times 2^2$
$+1\times 2+1$
$=\mathbf{111111_{(2)}}$

2) 63
2) 31 … 1
2) 15 … 1
2) 7 … 1
2) 3 … 1
2) 1 … 1
　0 … 1

205

$123_{(n)}$ を 10 進法で表すと
$1\times n^2+2\times n+3=n^2+2n+3$
よって　$n^2+2n+3=51$
整理すると　$n^2+2n-48=0$
$(n+8)(n-6)=0$
n は 4 以上の整数であるから
$n=\mathbf{6}$

206

$abc_{(5)}$ を 10 進法で表すと
$a\times 5^2+b\times 5+c=25a+5b+c$
$cab_{(7)}$ を 10 進法で表すと
$c\times 7^2+a\times 7+b=7a+b+49c$
これらは N に等しいから
$25a+5b+c=7a+b+49c$
より　$9a+2b=24c$　……①
ここで，正の整数 a，b，c は，$a<5$，$b<5$，$c<5$ であるから
$24c\leqq 9\times 4+2\times 4=44$
ゆえに　$c=\mathbf{1}$
よって，①より　$a=\mathbf{2}$，$b=\mathbf{3}$
このとき N は
$2\times 5^2+3\times 5+1=50+15+1=\mathbf{66}$

207

(1)　$0.421_{(5)}=4\times\dfrac{1}{5}+2\times\dfrac{1}{5^2}+1\times\dfrac{1}{5^3}$
$=0.8+0.08+0.008$
$=\mathbf{0.888}$

(2)　$0.672=\dfrac{672}{1000}=\dfrac{84}{125}$
$=\dfrac{75+5+4}{125}=\dfrac{3}{5}+\dfrac{1}{25}+\dfrac{4}{125}$

$=3\times\frac{1}{5}+1\times\frac{1}{5^2}+4\times\frac{1}{5^3}=\mathbf{0.314_{(5)}}$

208 (1) $18=1\times18=(-1)\times(-18)$ より

$1,\ 18,\ -1,\ -18$ は18の約数

$18=2\times9=(-2)\times(-9)$ より

$2,\ 9,\ -2,\ -9$ は18の約数

$18=3\times6=(-3)\times(-6)$ より

$3,\ 6,\ -3,\ -6$ は18の約数

よって，18のすべての約数は

1, 2, 3, 6, 9, 18, −1, −2, −3, −6, −9, −18

(2) $63=1\times63=(-1)\times(-63)$ より

$1,\ 63,\ -1,\ -63$ は63の約数

$63=3\times21=(-3)\times(-21)$ より

$3,\ 21,\ -3,\ -21$ は63の約数

$63=7\times9=(-7)\times(-9)$ より

$7,\ 9,\ -7,\ -9$ は63の約数

よって，63のすべての約数は

1, 3, 7, 9, 21, 63, −1, −3, −7, −9, −21, −63

(3) $100=1\times100=(-1)\times(-100)$ より

$1,\ 100,\ -1,\ -100$ は100の約数

$100=2\times50=(-2)\times(-50)$ より

$2,\ 50,\ -2,\ -50$ は100の約数

$100=4\times25=(-4)\times(-25)$ より

$4,\ 25,\ -4,\ -25$ は100の約数

$100=5\times20=(-5)\times(-20)$ より

$5,\ 20,\ -5,\ -20$ は100の約数

$100=10\times10=(-10)\times(-10)$ より

$10,\ -10$ は100の約数

よって，100のすべての約数は

1, 2, 4, 5, 10, 20, 25, 50, 100, −1, −2, −4, −5, −10, −20, −25, −50, −100

参考 $18=2\times3^2$，$63=3^2\times7$，$100=2^2\times5^2$ より，教科書（数学A）21ページの応用例題2の考えを用いれば，正の約数の個数は

(1) $2\times3=6$（個）　(2) $3\times2=6$（個）

(3) $3\times3=9$（個）

209 整数 a，b は7の倍数であるから，整数 k，l を用いて　$a=7k$，$b=7l$

と表される。

$a+b=7k+7l=7(k+l)$

$a-b=7k-7l=7(k-l)$

ここで，$k+l$，$k-l$ は整数であるから，$7(k+l)$，$7(k-l)$ は7の倍数である。

よって，$a+b$ と $a-b$ は7の倍数である。

210 下2桁が4の倍数であるかどうかを調べる。

①　$32=4\times8$　③　$24=4\times6$

⑤　$68=4\times17$　⑥　$96=4\times24$

よって，4の倍数は　①，③，⑤，⑥

211 各位の数の和が3の倍数であるかどうかを調べる。

①　$1+0+2=3$

②　$3+6+9=18=3\times6$

④　$7+7+7=21=3\times7$

⑥　$6+5+4+3=18=3\times6$

よって，3の倍数は　①，②，④，⑥

212 各位の数の和が9の倍数であるかどうかを調べる。

③　$3+4+2=9$　④　$5+8+5=18=9\times2$

⑤　$3+8+8+8=27=9\times3$

よって，9の倍数は　③，④，⑤

213 1以外の約数をもつかどうかを調べる。

②　$39=3\times13$　④　$56=2\times28$

⑦　$87=3\times29$　⑧　$91=7\times13$

よって，素数は　①，③，⑤，⑥

214 (1) $78=\mathbf{2\times3\times13}$

(2) $105=\mathbf{3\times5\times7}$

(3) $585=\mathbf{3^2\times5\times13}$

(4) $616=\mathbf{2^3\times7\times11}$

215 考え方 根号内の値がある自然数の2乗になるような n を考える。

(1) 27を素因数分解すると　$27=3^3$

よって，求める最小の自然数 n は

$n=\mathbf{3}$

(2) 126を素因数分解すると

$126=2\times3^2\times7$

よって，求める最小の自然数 n は

$n=2\times7=\mathbf{14}$

(3) 378を素因数分解すると

$378=2\times3^3\times7$

よって，求める最小の自然数 n は

$n=2\times3\times7=\mathbf{42}$

216 (1) $128=2^7$ より

$1,\ 2,\ 2^2,\ 2^3,\ 2^4,\ 2^5,\ 2^6,\ 2^7$ の **8 個**

(2) $243=3^5$ より

$1,\ 3,\ 3^2,\ 3^3,\ 3^4,\ 3^5$ の **6 個**

(3) $648=2^3\times3^4$ より，648 の正の約数は

2^3 の正の約数 $1,\ 2,\ 2^2,\ 2^3$ の 1 つと

3^4 の正の約数 $1,\ 3,\ 3^2,\ 3^3,\ 3^4$ の 1 つとの積で表される。

よって，正の約数の個数は

$4\times5=$ **20（個）**

(4) $396=2^2\times3^2\times11$ より，396 の正の約数は

2^2 の正の約数 $1,\ 2,\ 2^2$ の 1 つと

3^2 の正の約数 $1,\ 3,\ 3^2$ の 1 つと

11 の正の約数 1，11 の 1 つとの積で表される。

よって，正の約数の個数は

$3\times3\times2=$ **18（個）**

217 (1) $140=2^2\times5\times7$ より，140 の 2 桁の約数は

10，14，20，28，35，70

であるから，n の

最小値は **10**，最大値は **70**

(2) 3 桁の 13 の倍数は

$13\times8,\ 13\times9,\ 13\times10,\ \cdots\cdots,\ 13\times76$

$13\times8=104,\ 13\times76=988$

であるから，n の

最小値は **104**，最大値は **988**

218 n は 3 の倍数であるから，

3	x	2

十の位の数を x とすると，

x は次の①，②を満たす。

$0\leqq x\leqq9$ ……①

$3+x+2=3k$（k は整数）……②

②より $x=3k-5$ ……③

よって，①より

$0\leqq3k-5\leqq9$

$5\leqq3k\leqq14$

k は整数であるから $k=2,\ 3,\ 4$

③に代入すると $x=1,\ 4,\ 7$

よって，十の位にあてはまる数は

1，4，7

219 (1) 下 2 桁が 4 の倍数 12，24，32 であればよい。

下 2 桁が 12 のとき 3412，4312

下 2 桁が 24 のとき 1324，3124

下 2 桁が 32 のとき 1432，4132

よって，N の

最大値は **4312**，最小値は **1324**

(2) 6 の倍数は，2 の倍数かつ 3 の倍数であるから，一の位の数が 2 または 4 で，各位の数の和が 3 の倍数であればよい。

一の位の数が 2 のとき

132，312，342，432

一の位の数が 4 のとき

234，324

よって，6 の倍数であるものは

132，234，312，324，342，432

220 (1) $12=2^2\times3$

$42=2\times3\times7$

より，最大公約数は

$2\times3=$ **6**

$$\begin{array}{r|rr} 2 & 12 & 42 \\ 3 & 6 & 21 \\ \hline & 2 & 7 \end{array}$$

(2) $26=2\times13$

$39=3\times13$

より，最大公約数は **13**

$$\begin{array}{r|rr} 13 & 26 & 39 \\ \hline & 2 & 3 \end{array}$$

(3) $28=2^2\times7$

$84=2^2\times3\times7$

より，最大公約数は

$2^2\times7=$ **28**

$$\begin{array}{r|rr} 2 & 28 & 84 \\ 2 & 14 & 42 \\ 7 & 7 & 21 \\ \hline & 1 & 3 \end{array}$$

(4) $54=2\times3^3$

$72=2^3\times3^2$

より，最大公約数は

$2\times3^2=$ **18**

$$\begin{array}{r|rr} 2 & 54 & 72 \\ 3 & 27 & 36 \\ 3 & 9 & 12 \\ \hline & 3 & 4 \end{array}$$

(5) $147=3\times7^2$

$189=3^3\times7$

より，最大公約数は

$3\times7=$ **21**

$$\begin{array}{r|rr} 3 & 147 & 189 \\ 7 & 49 & 63 \\ \hline & 7 & 9 \end{array}$$

(6) $128=2^7$

$512=2^9$

より，最大公約数は

$2^7=$ **128**

$$\begin{array}{r|rr} 2 & 128 & 512 \\ 2 & 64 & 256 \\ 2 & 32 & 128 \\ 2 & 16 & 64 \\ 2 & 8 & 32 \\ 2 & 4 & 16 \\ 2 & 2 & 8 \\ \hline & 1 & 4 \end{array}$$

221 (1) $12=2^2\times3$

$20=2^2\times5$

より，最小公倍数は

$2^2\times3\times5=$ **60**

$$\begin{array}{r|rr} 2 & 12 & 20 \\ 2 & 6 & 10 \\ \hline & 3 & 5 \end{array}$$

(2) $18=2\times3^2$
$24=2^3\times3$
より，最小公倍数は
$2^3\times3^2=$**72**

$$\begin{array}{r|rr} 2 & 18 & 24 \\ \hline 3 & 9 & 12 \\ \hline & 3 & 4 \end{array}$$

(3) $21=3\times7$
$26=2\times13$
より，最小公倍数は
$2\times3\times7\times13=$**546**

(4) $26=2\times13$
$78=2\times3\times13$
より，最小公倍数は
$2\times3\times13=$**78**

$$\begin{array}{r|rr} 2 & 26 & 78 \\ \hline 13 & 13 & 39 \\ \hline & 1 & 3 \end{array}$$

(5) $20=2^2\times5$
$75=3\times5^2$
より，最小公倍数は
$2^2\times3\times5^2=$**300**

$$\begin{array}{r|rr} 5 & 20 & 75 \\ \hline & 4 & 15 \end{array}$$

(6) $84=2^2\times3\times7$
$126=2\times3^2\times7$
より，最小公倍数は
$2^2\times3^2\times7=$**252**

$$\begin{array}{r|rr} 2 & 84 & 126 \\ \hline 3 & 42 & 63 \\ \hline 7 & 14 & 21 \\ \hline & 2 & 3 \end{array}$$

222 正方形のタイルを縦に m 枚，横に n 枚並べて，長方形に敷き詰めるとすると
$78=mx$，$195=nx$
よって，x の最大値は 78 と 195 の最大公約数である。
$78=2\times3\times13$
$195=3\times5\times13$
ゆえに，78 と 195 の最大公約数は
$3\times13=39$
よって，x の最大値は　**39**

223 上りと下りの電車が，次に同時に発車する時刻までの間隔は，12 と 16 の最小公倍数に等しい。
$12=2^2\times3$
$16=2^4$
であるから，12 と 16 の最小公倍数は
$2^4\times3=48$
よって，次に同時に発車するのは　**48 分後**

224 ① $6=2\times3$，$35=5\times7$
より　1 以外の正の公約数をもたない。
② $14=2\times7$，$91=7\times13$ より　最大公約数は 7
③ $57=3\times19$，$75=3\times5^2$ より　最大公約数は 3
よって，互いに素であるものは　①

225 $36=2^2\times3^2$
であるから，2 の倍数でも 3 の倍数でもなければ，36 と互いに素である。
よって
1，5，7，11，13，17，19，23，25，29，31，35

226 (1) $8=2^3$
$28=2^2\times7$
$44=2^2\times11$
より，最大公約数は
$2^2=$**4**

$$\begin{array}{r|rrr} 2 & 8 & 28 & 44 \\ \hline 2 & 4 & 14 & 22 \\ \hline & 2 & 7 & 11 \end{array}$$

(2) $21=3\times7$
$42=2\times3\times7$
$91=7\times13$
より，最大公約数は　**7**

$$\begin{array}{r|rrr} 7 & 21 & 42 & 91 \\ \hline & 3 & 6 & 13 \end{array}$$

(3) $36=2^2\times3^2$
$54=2\times3^3$
$90=2\times3^2\times5$
より，最大公約数は
$2\times3^2=$**18**

$$\begin{array}{r|rrr} 2 & 36 & 54 & 90 \\ \hline 3 & 18 & 27 & 45 \\ \hline 3 & 6 & 9 & 15 \\ \hline & 2 & 3 & 5 \end{array}$$

227 (1) $21=3\times7$
$42=2\times3\times7$
$63=3^2\times7$
より，最小公倍数は
$2\times3^2\times7=$**126**

$$\begin{array}{r|rrr} 3 & 21 & 42 & 63 \\ \hline 7 & 7 & 14 & 21 \\ \hline & 1 & 2 & 3 \end{array}$$

(2) $24=2^3\times3$
$40=2^3\times5$
$90=2\times3^2\times5$
より，最小公倍数は
$2^3\times3^2\times5=$**360**

$$\begin{array}{r|rrr} 2 & 24 & 40 & 90 \\ \hline 2 & 12 & 20 & 45 \\ \hline 2 & 6 & 10 & 45 \\ \hline 3 & 3 & 5 & 45 \\ \hline 5 & 1 & 5 & 15 \\ \hline & 1 & 1 & 3 \end{array}$$

(3) $50=2\times5^2$
$60=2^2\times3\times5$
$72=2^3\times3^2$
より，最小公倍数は
$2^3\times3^2\times5^2=$**1800**

$$\begin{array}{r|rrr} 2 & 50 & 60 & 72 \\ \hline 2 & 25 & 30 & 36 \\ \hline 3 & 25 & 15 & 18 \\ \hline 5 & 25 & 5 & 6 \\ \hline & 5 & 1 & 6 \end{array}$$

228 $64a=16\times448$　←$ab=GL$
より　$a=\dfrac{16\times448}{64}=$**112**

229 $91=7\times13$
であるから，7 の倍数でも 13 の倍数でもなければ，91 と互いに素である。
91 以下の自然数のうち，7 の倍数の個数は

$7\times1,\ 7\times2,\ 7\times3,\ \cdots\cdots,\ 7\times13$ の 13 個
13 の倍数の個数は
$13\times1,\ 13\times2,\ 13\times3,\ \cdots\cdots,\ 13\times7$ の 7 個
よって，91 以下の自然数のうち，91 と互いに素である自然数の個数は
$91-(13+7-1)=$**72 (個)**

230 求める 2 つの正の整数を a，b とし，$a<b$ とする。
a と b の最大公約数は 15 であるから，互いに素である 2 つの正の整数 a'，b' を用いて
$a=15a',\ b=15b'$ ……①
と表される。ただし，$0<a'<b'$ である。
このとき
$15a'\times15b'=15\times315$ ←$ab=GL$
より $a'b'=21$
ゆえに $a'=1,\ b'=21$ または $a'=3,\ b'=7$
したがって，求める 2 つの正の整数の組は
15, 315 と 45, 105

231 (1) $\mathbf{87=7\times12+3}$
(2) $\mathbf{73=16\times4+9}$
(3) $\mathbf{163=24\times6+19}$

232 (1) $a=12\times9+4=$**112**
(2) $190=a\times14+8$
ゆえに $14a=182$
よって $a=$**13**

233 a は整数 k を用いて
$a=6k+5$
と表される。変形すると
$a=6k+5=3(2k+1)+2$
ここで，$2k+1$ は整数であり，$0\leqq2<3$
よって，a を 3 で割ったときの余りは **2**

234 整数 n は，整数 k を用いて，次のいずれかの形で表される。
$3k,\ 3k+1,\ 3k+2$
(i) $n=3k$ のとき
$n^2-n=(3k)^2-3k=3k(3k-1)$
(ii) $n=3k+1$ のとき
$n^2-n=(3k+1)^2-(3k+1)$
$=(3k+1)\{(3k+1)-1\}$
$=3k(3k+1)$
(iii) $n=3k+2$ のとき
$n^2-n=(3k+2)^2-(3k+2)$
$=(3k+2)\{(3k+2)-1\}$
$=(3k+2)(3k+1)$
$=9k^2+9k+2$
$=3(3k^2+3k)+2$
以上より，(i)と(ii)の場合は余り 0，(iii)の場合は余り 2 である。
よって，n^2-n を 3 で割った余りは，0 または 2 である。

235 a，b は整数 k，l を用いて
$a=7k+6,\ b=7l+3$
と表される。
(1) $a+b=(7k+6)+(7l+3)=7k+7l+9$
$=7(k+l+1)+2$
ここで，$k+l+1$ は整数であり，$0\leqq2<7$
よって，$a+b$ を 7 で割ったときの余りは **2**
(2) $ab=(7k+6)(7l+3)$
$=49kl+21k+42l+18$
$=49kl+21k+42l+14+4$
$=7(7kl+3k+6l+2)+4$
ここで，$7kl+3k+6l+2$ は整数であり，
$0\leqq4<7$
よって，ab を 7 で割ったときの余りは **4**
(3) $a-b=(7k+6)-(7l+3)=7k-7l+3$
$=7(k-l)+3$
ここで，$k-l$ は整数であり，$0\leqq3<7$
よって，$a-b$ を 7 で割ったときの余りは **3**
(4) $b-a=(7l+3)-(7k+6)=7l-7k-3$
$=7l-7k-7+4$
$=7(l-k-1)+4$
ここで，$l-k-1$ は整数であり，$0\leqq4<7$
よって，$b-a$ を 7 で割ったときの余りは **4**

236 整数 a と正の整数 b について
$a=bq+r$ ただし，$0\leqq r<b$
となる整数 q と r が，a を b で割ったときの商と余りである。
$-26=7q+r$
を満たす q と r は，$0\leqq r<7$ より
$-26=7\times(-4)+2$
よって，商は **−4**，余りは **2** である。

237 $a+b$，ab は整数 k，l を用いて
$a+b=5k+1,\ ab=5l+4$
と表される。よって

$a^2+b^2=(a+b)^2-2ab$
$=(5k+1)^2-2(5l+4)$
$=25k^2+10k+1-10l-8$
$=25k^2+10k-10l-7$
$=5(5k^2+2k-2l-2)+3$

ここで，$5k^2+2k-2l-2$ は整数であり，$0\leqq3<5$
よって，a^2+b^2 を 5 で割った余りは　**3**

238

考え方　(2)「a，b とも 3 の倍数でない」と仮定し，背理法を用いる。

(1)　整数 n は，整数 k を用いて，次のいずれかの形で表される。

$3k$，$3k+1$，$3k+2$

(i)　$n=3k$ のとき
$n^2=(3k)^2=9k^2=3\times3k^2$

(ii)　$n=3k+1$ のとき
$n^2=(3k+1)^2=9k^2+6k+1$
$=3(3k^2+2k)+1$

(iii)　$n=3k+2$ のとき
$n^2=(3k+2)^2=9k^2+12k+4$
$=3(3k^2+4k+1)+1$

ゆえに，(i)の場合は余り 0，
(ii)，(iii)の場合は余り 1
よって，n^2 を 3 で割ったときの余りは 2 にならない。

(2)　$a^2+b^2=c^2$ を満たすとき，「a，b とも 3 の倍数でない。」と仮定する。
このとき，(1)の証明の(ii)，(iii)より，a^2，b^2 を 3 で割った余りは 1 である。ゆえに，整数 s，t を用いて

$a^2=3s+1$，$b^2=3t+1$

と表される。

$a^2+b^2=(3s+1)+(3t+1)=3(s+t)+2$

よって，a^2+b^2 を 3 で割った余りは 2 である。
一方，(1)より c^2 を 3 で割ったときの余りは 2 にならない。すなわち

$a^2+b^2\neq c^2$

これは，$a^2+b^2=c^2$ に矛盾する。
したがって，$a^2+b^2=c^2$ を満たすとき，a，b のうち少なくとも一方は 3 の倍数である。

239

(1)　$n^2+n+1=n(n+1)+1$
$n(n+1)$ は連続する 2 つの整数の積であるから 2 の倍数であり，整数 k を用いて

$n(n+1)=2k$

と表される。よって

$n^2+n+1=2k+1$

したがって，n^2+n+1 は奇数である。

(2)　$n^3+5n=n(n^2-1)+6n$
$=n(n+1)(n-1)+6n$
$=(n-1)n(n+1)+6n$

$(n-1)n(n+1)$ は連続する 3 つの整数の積であるから 6 の倍数であり，整数 k を用いて

$(n-1)n(n+1)=6k$

と表される。よって

$n^3+5n=6k+6n=6(k+n)$

$k+n$ は整数であるから，n^3+5n は 6 の倍数である。

240

(1)　積が 5 となる 2 つの整数は，
1 と 5 または -1 と -5 であるから

$(x+2,\ y-4)=(1,\ 5),\ (-1,\ -5),$
$(5,\ 1),\ (-5,\ -1)$

よって

$\boldsymbol{(x,\ y)=(-1,\ 9),\ (-3,\ -1),}$
$\boldsymbol{(3,\ 5),\ (-7,\ 3)}$

(2)　$xy-2x+y+3=0$ を変形すると

$(x+1)(y-2)+2+3=0$ より
$(x+1)(y-2)=-5$

積が -5 となる 2 つの整数は，
1 と -5 または -1 と 5 であるから

$(x+1,\ y-2)=(1,\ -5),\ (-5,\ 1),$
$(-1,\ 5),\ (5,\ -1)$

よって

$\boldsymbol{(x,\ y)=(0,\ -3),\ (-6,\ 3),}$
$\boldsymbol{(-2,\ 7),\ (4,\ 1)}$

(3)　$x\neq0$，$y\neq0$ より
$\dfrac{1}{x}+\dfrac{1}{y}=\dfrac{1}{3}$ の両辺に $3xy$ を掛けると

$3y+3x=xy$
$xy-3x-3y=0$
$(x-3)(y-3)-9=0$
$(x-3)(y-3)=9$

積が 9 となる 2 つの整数は，
1 と 9，-1 と -9，3 と 3，-3 と -3
である。
また，$x\neq0$，$y\neq0$ より

$x-3\neq-3$，$y-3\neq-3$

よって

$(x-3,\ y-3)$
$=(1,\ 9),\ (9,\ 1),\ (-1,\ -9),\ (-9,\ -1),\ (3,\ 3)$

したがって

$(x,\ y)=(4,\ 12),\ (12,\ 4),\ (2,\ -6),$
$(-6,\ 2),\ (6,\ 6)$

241 $135=15\times 9$ より
ア：**9**　イ：**0**　ウ：**15**

242
$133=91\times 1+42$　ア：**42**
$91=42\times 2+7$　イ：**7**
$42=7\times 6$　ウ：**0**
エ：**7**

243
$897=208\times 4+65$　ア：**4**，イ：**65**
$208=65\times 3+13$　ウ：**3**，エ：**13**
$65=13\times 5$　オ：**5**
カ：**13**

244 (1) $273=63\times 4+21$
$63=21\times 3$
よって　**21**

(2) $319=99\times 3+22$
$99=22\times 4+11$
$22=11\times 2$
よって　**11**

(3) $325=143\times 2+39$
$143=39\times 3+26$
$39=26\times 1+13$
$26=13\times 2$
よって　**13**

(4) $414=138\times 3$
よって　**138**

(5) $570=133\times 4+38$
$133=38\times 3+19$
$38=19\times 2$
よって　**19**

(6) $615=285\times 2+45$
$285=45\times 6+15$
$45=15\times 3$
よって　**15**

245 (1) $312=182\times 1+130$
$182=130\times 1+52$
$130=52\times 2+26$
$52=26\times 2$
よって，最大公約数は　**26**
ここで，最小公倍数を L とすると
$312\times 182=26L$　←$ab=GL$
したがって
$$L=\frac{312\times 182}{26}=\mathbf{2184}$$

(2) $816=374\times 2+68$
$374=68\times 5+34$
$68=34\times 2$
よって，最大公約数は　**34**
ここで，最小公倍数を L とすると
$816\times 374=34L$　←$ab=GL$
したがって
$$L=\frac{816\times 374}{34}=\mathbf{8976}$$

246 $an=1424,\ bn=623$
よって，n の最大値は，1424 と 623 の最大公約数に等しい。
$1424=623\times 2+178$
$623=178\times 3+89$
$178=89\times 2$
したがって，1424 と 623 の最大公約数，すなわち n の最大値は　**89**
このとき
$$a=\frac{1424}{89}=\mathbf{16},\ b=\frac{623}{89}=\mathbf{7}$$

247 縦も横も等しい間隔 x m で，縦に $m+1$ 本，横に $n+1$ 本の木を植えるとすると
$mx=448,\ nx=1204$
よって，木と木の間隔 x の最大値は，
448 と 1204 の最大公約数に等しい。
$1204=448\times 2+308$
$448=308\times 1+140$
$308=140\times 2+28$
$140=28\times 5$
よって，448 と 1204 の最大公約数は　28
したがって，木と木の間隔は最大で　**28 m**

248 (1) $3x-4y=0$ より　$3x=4y$
3 と 4 は互いに素であるから
$\boldsymbol{x=4k,\ y=3k}$　**（k は整数）**

(2) $9x-2y=0$ より　$9x=2y$
9 と 2 は互いに素であるから
$\boldsymbol{x=2k,\ y=9k}$　**（k は整数）**

(3) $2x+5y=0$ より　$2x=-5y$
2 と 5 は互いに素であるから

第3章 数学と人間の活動

$x=5k,\ y=-2k$ （kは整数）

(4)　$4x+9y=0$ より　　$4x=-9y$

4 と 9 は互いに素であるから

$x=9k,\ y=-4k$ （kは整数）

(5)　$12x+7y=0$ より　　$12x=-7y$

12 と 7 は互いに素であるから

$x=7k,\ y=-12k$ （kは整数）

(6)　$8x-15y=0$ より　　$8x=15y$

8 と 15 は互いに素であるから

$x=15k,\ y=8k$ （kは整数）

249　(1)　$2y=1-3x$

より，$1-3x$ が偶数となるように x をとると

$x=1,\ y=-1$

(2)　$4x=5y+1$

より，$5y+1$ が偶数となるように y をとると

$x=-1,\ y=-1$

(3)　$5y=-7x+1$

より，$-7x+1$ が 5 の倍数となるように x をとると　**$x=-2,\ y=3$**

(4)　$5x=4y+2$

より，$4y+2$ が 5 の倍数となるように y をとると　**$x=2,\ y=2$**

(5)　$13y=-4x+3$

より，$-4x+3$ が 13 の倍数となるように x をとると　**$x=4,\ y=-1$**

(6)　$11x=6y+4$

より，$6y+4$ が 11 の倍数となるように y をとると　**$x=2,\ y=3$**

250　(1)　$2x+5y=1$　……①

の整数解を 1 つ求めると

$x=-2,\ y=1$

これを①の左辺に代入すると

$2\times(-2)+5\times1=1$　……②

①－② より

$2(x+2)+5(y-1)=0$

$2(x+2)=-5(y-1)$

2 と 5 は互いに素であるから，整数 k を用いて

$x+2=5k,\ y-1=-2k$

と表される。

よって，すべての整数解は

$x=5k-2,\ y=-2k+1$ （kは整数）

(2)　$3x-8y=1$　……①

の整数解を 1 つ求めると

$x=3,\ y=1$

これを①の左辺に代入すると

$3\times3-8\times1=1$　……②

①－② より

$3(x-3)-8(y-1)=0$

$3(x-3)=8(y-1)$

3 と 8 は互いに素であるから，整数 k を用いて

$x-3=8k,\ y-1=3k$

と表される。

よって，すべての整数解は

$x=8k+3,\ y=3k+1$ （kは整数）

(3)　$11x+7y=1$　……①

の整数解を 1 つ求めると

$x=2,\ y=-3$

これを①の左辺に代入すると

$11\times2+7\times(-3)=1$　……②

①－② より

$11(x-2)+7(y+3)=0$

$11(x-2)=-7(y+3)$

11 と 7 は互いに素であるから，整数 k を用いて

$x-2=7k,\ y+3=-11k$

と表される。

よって，すべての整数解は

$x=7k+2,\ y=-11k-3$ （kは整数）

(4)　$2x-5y=3$　……①

の整数解を 1 つ求めると

$x=4,\ y=1$

これを①の左辺に代入すると

$2\times4-5\times1=3$　……②

①－② より

$2(x-4)-5(y-1)=0$

$2(x-4)=5(y-1)$

2 と 5 は互いに素であるから，整数 k を用いて

$x-4=5k,\ y-1=2k$

と表される。

よって，すべての整数解は

$x=5k+4,\ y=2k+1$ （kは整数）

(5)　$3x+7y=6$　……①

の整数解を 1 つ求めると

$x=2,\ y=0$

これを①の左辺に代入すると

$3\times2+7\times0=6$　……②

①－② より

$3(x-2)+7y=0$

$3(x-2)=-7y$

3 と 7 は互いに素であるから，整数 k を用いて

$x-2=7k,\ y=-3k$

と表される。
よって，すべての整数解は
$x=7k+2,\ y=-3k$ （kは整数）

(6) $17x-3y=2$ ……①
の整数解を1つ求めると
$x=1,\ y=5$
これを①の左辺に代入すると
$17\times1-3\times5=2$ ……②
①−② より
$17(x-1)-3(y-5)=0$
$17(x-1)=3(y-5)$
17と3は互いに素であるから，整数kを用いて
$x-1=3k,\ y-5=17k$
と表される。
よって，すべての整数解は
$x=3k+1,\ y=17k+5$ （kは整数）

251 (1) $17x-19y=1$
$19=17\times1+2$ より $2=19-17\times1$ ……①
$17=2\times8+1$ より $1=17-2\times8$ ……②
②より $17-2\times8=1$ ……③
③の2を①で置きかえると
$17-(19-17\times1)\times8=1$
$17\times9-19\times8=1$
よって，$17x-19y=1$ の整数解の1つは
$x=9,\ y=8$

(2) $34x-27y=1$
$34=27\times1+7$ より $7=34-27\times1$ ……①
$27=7\times3+6$ より $6=27-7\times3$ ……②
$7=6\times1+1$ より $1=7-6\times1$ ……③
③より $7-6\times1=1$ ……④
④の6を②で置きかえると
$7-(27-7\times3)\times1=1$
$7\times4-27\times1=1$ ……⑤
⑤の7を①で置きかえると
$(34-27\times1)\times4-27\times1=1$
$34\times4-27\times5=1$
よって，$34x-27y=1$ の整数解の1つは
$x=4,\ y=5$

(3) $31x+67y=1$
$67=31\times2+5$ より $5=67-31\times2$ ……①
$31=5\times6+1$ より $1=31-5\times6$ ……②
②より $31-5\times6=1$ ……③
③の5を①で置きかえると
$31-(67-31\times2)\times6=1$
$31\times13-67\times6=1$
$31\times13+67\times(-6)=1$
よって，$31x+67y=1$ の整数解の1つは
$x=13,\ y=-6$

(4) $90x+61y=1$
$90=61\times1+29$ より $29=90-61\times1$ ……①
$61=29\times2+3$ より $3=61-29\times2$ ……②
$29=3\times9+2$ より $2=29-3\times9$ ……③
$3=2\times1+1$ より $1=3-2\times1$ ……④
④より $3-2\times1=1$ ……⑤
⑤の2を③で置きかえると
$3-(29-3\times9)\times1=1$
$3\times10-29\times1=1$ ……⑥
⑥の3を②で置きかえると
$(61-29\times2)\times10-29\times1=1$
$61\times10-29\times21=1$ ……⑦
⑦の29を①で置きかえると
$61\times10-(90-61\times1)\times21=1$
$61\times31-90\times21=1$
$90\times(-21)+61\times31=1$
よって，$90x+61y=1$ の整数解の1つは
$x=-21,\ y=31$

252 (1) $17x-19y=2$ ……①
$17x-19y=1$ の整数解の1つは
$x=9,\ y=8$ であるから
$17\times9-19\times8=1$
両辺を2倍して
$17\times18-19\times16=2$ ……②
①−② より
$17(x-18)-19(y-16)=0$
$17(x-18)=19(y-16)$
17と19は互いに素であるから，整数kを用いて
$x-18=19k,\ y-16=17k$
と表される。
よって，すべての整数解は
$x=19k+18,\ y=17k+16$ （kは整数）

(2) $34x-27y=3$ ……①
$34x-27y=1$ の整数解の1つは
$x=4,\ y=5$ であるから
$34\times4-27\times5=1$
両辺を3倍して
$34\times12-27\times15=3$ ……②
①−② より
$34(x-12)-27(y-15)=0$
$34(x-12)=27(y-15)$
34と27は互いに素であるから，整数kを用いて

$x-12=27k,\ y-15=34k$
と表される。
よって，すべての整数解は
$\boldsymbol{x=27k+12,\ y=34k+15}$ （$\boldsymbol{k}$ **は整数**）

(3) $31x+67y=4$ ……①
$31x+67y=1$ の整数解の1つは
$x=13,\ y=-6$ であるから
$31\times13+67\times(-6)=1$
両辺を4倍して
$31\times52+67\times(-24)=4$ ……②
①−② より
$31(x-52)+67(y+24)=0$
$31(x-52)=-67(y+24)$
31と67は互いに素であるから，整数 k を用いて
$x-52=67k,\ y+24=-31k$
と表される。
よって，すべての整数解は
$\boldsymbol{x=67k+52,\ y=-31k-24}$ （$\boldsymbol{k}$ **は整数**）

(4) $90x+61y=2$ ……①
$90x+61y=1$ の整数解の1つは
$x=-21,\ y=31$ であるから
$90\times(-21)+61\times31=1$
両辺を2倍して
$90\times(-42)+61\times62=2$ ……②
①−② より
$90(x+42)+61(y-62)=0$
$90(x+42)=-61(y-62)$
90と61は互いに素であるから，整数 k を用いて
$x+42=61k,\ y-62=-90k$
と表される。
よって，すべての整数解は
$\boldsymbol{x=61k-42,\ y=-90k+62}$ （$\boldsymbol{k}$ **は整数**）

253 $x,\ y$ は0以上の整数で次の式を満たす。
$90x+120y=1500$
両辺を30で割ると
$3x+4y=50$ ……①
①の整数解の1つは，$x=10,\ y=5$ であるから
$3\times10+4\times5=50$ ……②
①−② より
$3(x-10)+4(y-5)=0$
$3(x-10)=-4(y-5)$
3と4は互いに素であるから，整数 k を用いて
$x-10=4k,\ y-5=-3k$
と表される。
ゆえに
$x=4k+10,\ y=-3k+5$ （k は整数）
$x,\ y$ は0以上の整数であるから
$4k+10\geqq0,\ -3k+5\geqq0$
より $-\dfrac{5}{2}\leqq k\leqq\dfrac{5}{3}$
よって $k=-2,\ -1,\ 0,\ 1$
したがって，求める菓子A，Bの個数の組は
$\boldsymbol{(x,\ y)=(2,\ 11),\ (6,\ 8),\ (10,\ 5),\ (14,\ 2)}$

254 (1) $6x+3y=1$
$x,\ y$ が整数のとき，左辺は
$6x+3y=3(2x+y)$
より3の倍数であるが，右辺の1は3の倍数でないから，等号は成り立たない。
よって，$6x+3y=1$ を満たす整数解は **ない**。

(2) $4x-2y=2$
両辺を2で割ると
$2x-y=1$
$y=2x-1$
よって，$4x-2y=2$ を満たすすべての
整数解は
$\boldsymbol{x=k,\ y=2k-1}$ （$\boldsymbol{k}$ **は整数**）

(3) $3x-6y=3$
両辺を3で割ると
$x-2y=1$
$x=2y+1$
よって，$3x-6y=3$ を満たすすべての
整数解は
$\boldsymbol{x=2k+1,\ y=k}$ （$\boldsymbol{k}$ **は整数**）

(4) $4x+8y=3$
$x,\ y$ が整数のとき，左辺は
$4x+8y=4(x+2y)$
より4の倍数であるが，右辺の3は4の倍数でないから，等号は成り立たない。
よって，$4x+8y=3$ を満たす整数解は **ない**。

255 (1) $x+4y+7z=16$ より
$x+4y=16-7z$ ……①
$x,\ y$ は1以上の整数であるから $x+4y\geqq5$
よって，①より
$16-7z\geqq5$
$7z\leqq11$
z は1以上の整数であるから $z=1$
①に $z=1$ を代入すると
$x+4y=9$ ……②
②を満たす正の整数 $x,\ y$ の組は

$(x,\ y)=(1,\ 2),\ (5,\ 1)$

よって，求める正の整数 $x,\ y,\ z$ の組は

$(\boldsymbol{x},\ \boldsymbol{y},\ \boldsymbol{z})=(\mathbf{1},\ \mathbf{2},\ \mathbf{1}),\ (\mathbf{5},\ \mathbf{1},\ \mathbf{1})$

(2) $x+7y+2z=15$ より

$x+2z=15-7y$ ……①

$x,\ z$ は正の整数であるから　$x+2z\geqq 3$

よって，①より

$15-7y\geqq 3$

$7y\leqq 12$

y は1以上の整数であるから　$y=1$

①に $y=1$ を代入して

$x+2z=8$ ……②

②を満たす正の整数 $x,\ z$ の組は

$(x,\ z)=(2,\ 3),\ (4,\ 2),\ (6,\ 1)$

よって，求める正の整数 $x,\ y,\ z$ の組は

$(\boldsymbol{x},\ \boldsymbol{y},\ \boldsymbol{z})$

$=(\mathbf{2},\ \mathbf{1},\ \mathbf{3}),\ (\mathbf{4},\ \mathbf{1},\ \mathbf{2}),\ (\mathbf{6},\ \mathbf{1},\ \mathbf{1})$

256 ① $39-7=32=2\times 16$

であるから，正しい。

② $22-53=-31$

であるから，正しくない。

③ $37-27=10$

であるから，正しくない。

④ $128-32=96=8\times 12$

であるから，正しい。

よって，正しいのは　**①，④**

257 (1) $34\equiv 1\ (\mathrm{mod}\,3)$，$71\equiv 2\ (\mathrm{mod}\,3)$

よって　$34\times 71\equiv 1\times 2=2\ (\mathrm{mod}\,3)$　← $ac\equiv bd\ (\mathrm{mod}\,m)$

より，余り　**2**

(2) $41\equiv 2\ (\mathrm{mod}\,3)$，$83\equiv 2\ (\mathrm{mod}\,3)$

よって　$41\times 83\equiv 2\times 2=4\equiv 1\ (\mathrm{mod}\,3)$　← $ac\equiv bd\ (\mathrm{mod}\,m)$

より，余り　**1**

(3) $51\equiv 0\ (\mathrm{mod}\,3)$，$112\equiv 1\ (\mathrm{mod}\,3)$

よって　$51\times 112\equiv 0\times 1=0\ (\mathrm{mod}\,3)$　← $ac\equiv bd\ (\mathrm{mod}\,m)$

より，余り　**0**

258 (1) $4\equiv 1\ (\mathrm{mod}\,3)$

よって　$4^5\equiv 1^5=1\ (\mathrm{mod}\,3)$　← $a^n\equiv b^n\ (\mathrm{mod}\,m)$

より，余り　**1**

(2) $5\equiv 2\ (\mathrm{mod}\,3)$

よって　$5^6\equiv 2^6\ (\mathrm{mod}\,3)$　← $a^n\equiv b^n\ (\mathrm{mod}\,m)$

ここで，$2^6=64\equiv 1\ (\mathrm{mod}\,3)$ であるから

$5^6\equiv 1\ (\mathrm{mod}\,3)$

より，余り　**1**

259 (1) $35\equiv 2\ (\mathrm{mod}\,3)$　より　**2，5，8**

(2) $75\equiv 3\ (\mathrm{mod}\,4)$ より　**3，7**

(3) $41\equiv 1\ (\mathrm{mod}\,5)$ より　**1，6**

(4) $84\equiv 0\ (\mathrm{mod}\,6)$ より　**6**

260 (1) $17\equiv 2\ (\mathrm{mod}\,3)$，$47\equiv 2\ (\mathrm{mod}\,3)$，$59\equiv 2\ (\mathrm{mod}\,3)$

よって

$17\times 47\times 59\equiv 2\times 2\times 2=8\equiv 2\ (\mathrm{mod}\,3)$

より，余り　**2**

(2) $7\equiv 1\ (\mathrm{mod}\,3)$

よって　$2^4\times 7^3\equiv 2^4\times 1^3\ (\mathrm{mod}\,3)$

ここで，$2^4\times 1^3=16\equiv 1\ (\mathrm{mod}\,3)$ であるから

$2^4\times 7^3\equiv 1\ (\mathrm{mod}\,3)$

より，余り　**1**

261 (1) $25\equiv 4\ (\mathrm{mod}\,7)$，$44\equiv 2\ (\mathrm{mod}\,7)$

ゆえに　$25\times 44\equiv 4\times 2=8\equiv 1\ (\mathrm{mod}\,7)$

また　$69\equiv 6\ (\mathrm{mod}\,7)$

よって

$(25\times 44)+69\equiv 1+6=7\equiv 0\ (\mathrm{mod}\,7)$

より，余り　**0**

(2) $37\equiv 2\ (\mathrm{mod}\,7)$，$61\equiv 5\ (\mathrm{mod}\,7)$

ゆえに　$37^2\equiv 2^2=4\ (\mathrm{mod}\,7)$

$61^2\equiv 5^2=25\equiv 4\ (\mathrm{mod}\,7)$

よって　$37^2+61^2\equiv 4+4=8\equiv 1\ (\mathrm{mod}\,7)$

より，余り　**1**

262 (1) (i) $n=1$ のとき

$3^1=3\equiv 3\ (\mathrm{mod}\,4)$

(ii) $n\geqq 2$ のとき

ある自然数 m を用いて $n=2m$ または $n=2m+1$ と表される。

$n=2m$ のとき

$3^2=9\equiv 1\ (\mathrm{mod}\,4)$ より

$3^{2m}=(3^2)^m=9^m\equiv 1^m=1\ (\mathrm{mod}\,4)$

$n=2m+1$ のとき

$3^{2m+1}=3^{2m}\times 3\equiv 1\times 3=3\ (\mathrm{mod}\,4)$

(i)，(ii)より，3^n を4で割ったときの余りは1または3である。

(2) (1)より　$3^{2n+1}+1\equiv 3+1=4\equiv 0\ (\mathrm{mod}\,4)$

よって　$3^{2n+1}+1$ は4の倍数である。

263 n を5で割ったときの余りは

0，1，2，3，4のいずれかである。

第3章 数学と人間の活動

(i)　$n\equiv 0 \pmod 5$ のとき
$n^2\equiv 0^2=0 \pmod 5$
(ii)　$n\equiv 1 \pmod 5$ のとき
$n^2\equiv 1^2=1 \pmod 5$
(iii)　$n\equiv 2 \pmod 5$ のとき
$n^2\equiv 2^2=4 \pmod 5$
(iv)　$n\equiv 3 \pmod 5$ のとき
$n^2\equiv 3^2=9\equiv 4 \pmod 5$
(v)　$n\equiv 4 \pmod 5$ のとき
$n^2\equiv 4^2=16\equiv 1 \pmod 5$
よって，n^2 を5で割ったときの余りは0，1，4のいずれかである。

264　(1)　△ABC∽△DEF より
$6:2=x:1.5$
ゆえに　$2x=9$
よって　$x=\mathbf{\dfrac{9}{2}}$
また　$6:2=5:y$
ゆえに　$6y=10$
よって　$y=\mathbf{\dfrac{5}{3}}$
(2)　△ABC∽△DEF より　$4:7=x:5$
ゆえに　$7x=20$
よって　$x=\mathbf{\dfrac{20}{7}}$
また　$4:7=3:y$
ゆえに　$4y=21$
よって　$y=\mathbf{\dfrac{21}{4}}$

265　右の図において，
△ABC∽△DEF である。
ゆえに
BC：EF＝AC：DF
すなわち
24：0.6＝AC：1.8
より　0.6×AC＝24×1.8
よって　AC＝72
したがって，ビルの高さは
72 m

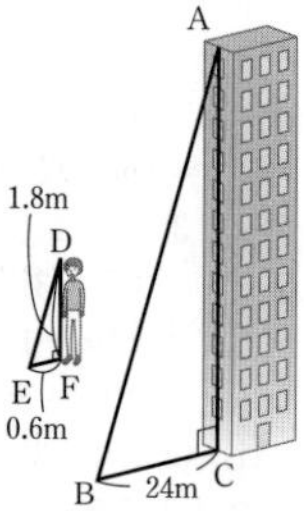

266　(1)　三平方の定理より　$x^2+2^2=4^2$
$x>0$ であるから
$x=\sqrt{4^2-2^2}=\sqrt{12}=\mathbf{2\sqrt{3}}$
(2)　三平方の定理より　$x^2+x^2=5^2$
$x>0$ であるから
$x=\sqrt{\dfrac{25}{2}}=\dfrac{5}{\sqrt{2}}=\mathbf{\dfrac{5\sqrt{2}}{2}}$

267　右の図において，花火が開いた位置Bから音が聞こえた地点Aまでの距離ABは

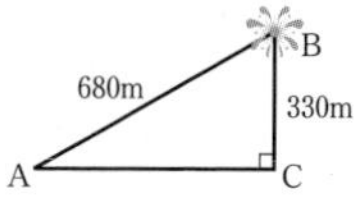

AB＝340×2＝680 (m)
ゆえに，打ち上げ地点をCとすると，三平方の定理より
$AC^2+330^2=680^2$
よって
$AC=\sqrt{680^2-330^2}$
$=\sqrt{353500}\fallingdotseq 594.55$
したがって　**595 m**

268
$PT=\sqrt{(6378+0.15)^2-6378^2}$
$=\sqrt{1913.4225}\fallingdotseq 43.74$
よって　**43.7 km**

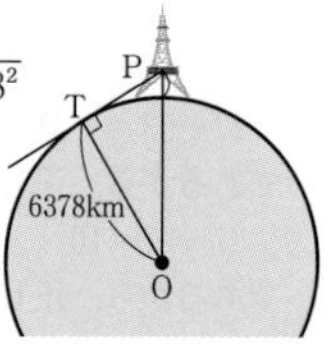

269

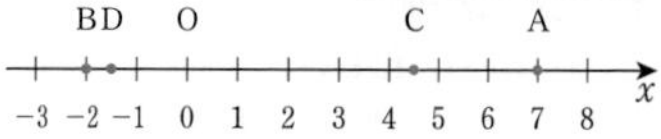

270　**B(3, 2)，C(−3, −2)，D(−3, 2)**

271　**P(3, 2, 4)，Q(3, 2, 0)，R(0, 2, 4)，S(3, 0, 4)，T(−3, 2, 4)**

272　①　三平方の定理より，坂の垂直距離は
$\sqrt{703^2-700^2}=\sqrt{4209}=64.8768\cdots\cdots$
このとき，坂の勾配は $\dfrac{64.8768\cdots\cdots}{700}\fallingdotseq 0.093$
この値は $\dfrac{1}{12}=0.08333\cdots\cdots$ より大きい。
よって，基準を **満たしていない。**
②　三平方の定理より，坂の垂直距離は
$\sqrt{602^2-600^2}=\sqrt{2404}=49.0306\cdots\cdots$
このとき，坂の勾配は $\dfrac{49.0306\cdots\cdots}{600}\fallingdotseq 0.082$
この値は $\dfrac{1}{12}=0.08333\cdots\cdots$ より小さい。
よって，基準を **満たしている。**